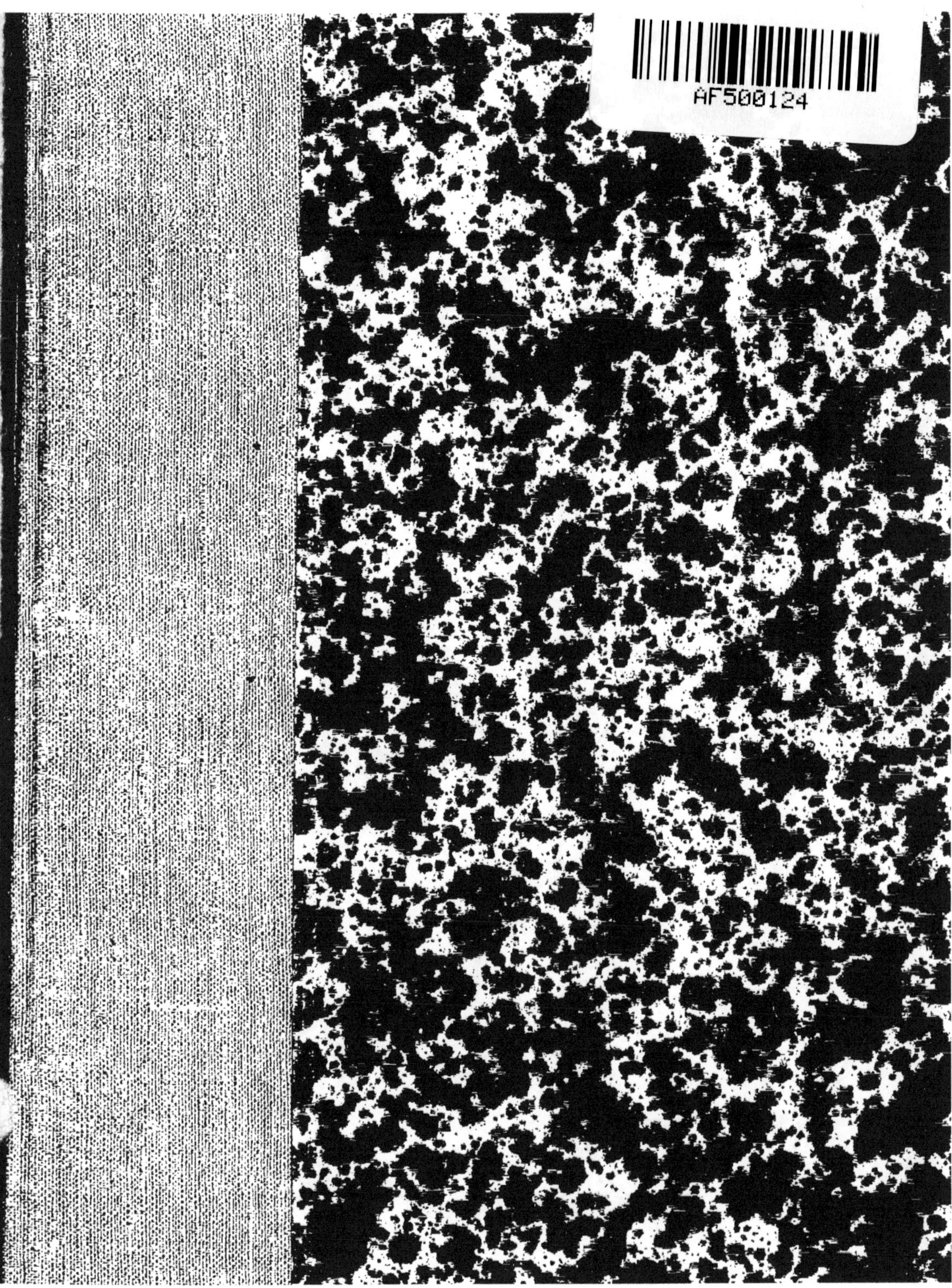

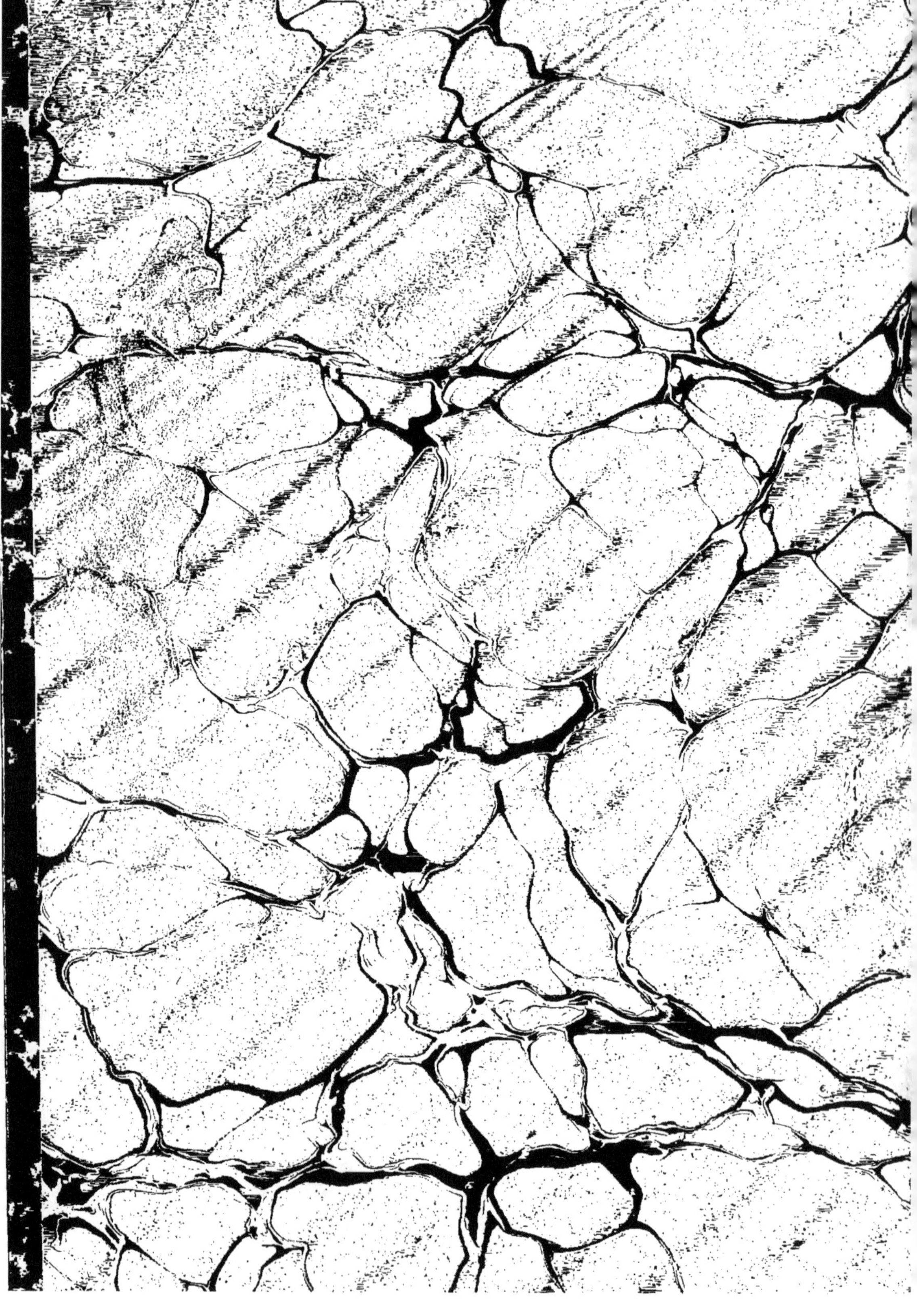

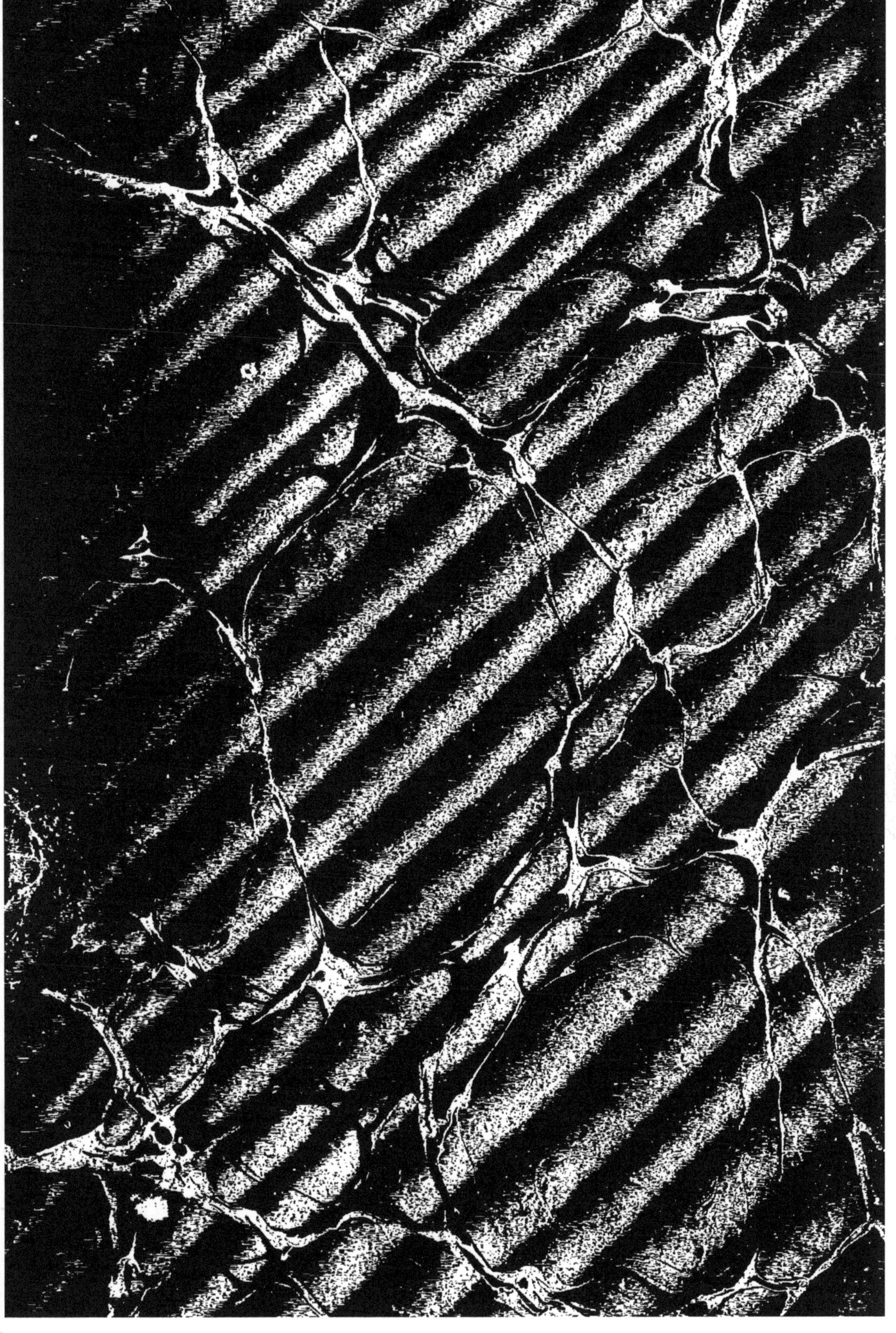

LE DEMI-SANG

DU MÊME AUTEUR

EN COLLABORATION AVEC M. EDMOND CUROT

LE PUR SANG. — Hygiène, — Lois naturelles, — Croisement, — Élevage, — Entraînement, — Alimentation. Un volume in-8 raisin, de VIII-768 pages, avec 26 illustrations. Broché.................... 30 fr.

(LUCIEN LAVEUR, Éditeur.)

LE DEMI-SANG

TROTTEUR ET GALOPEUR

THÉORIES GÉNÉRALES. — ÉLEVAGE. — ENTRAINEMENT.
ALIMENTATION

PAR

Paul FOURNIER (ORMONDE)

ANCIEN CHEF DE TRAVAUX DE PHYSIOLOGIE,
RÉDACTEUR AU « SPORT UNIVERSEL ILLUSTRÉ », A LA « DÉPÊCHE DE TOULOUSE », ETC...

AVEC 26 ILLUSTRATIONS

PARIS
LUCIEN LAVEUR, ÉDITEUR
13, RUE DES SAINTS-PÈRES (VIe)
1907

PRÉFACE

En livrant à la publicité ce nouveau livre, je m'empresse, avant tout, d'exprimer mes plus vifs remerciements pour l'accueil extrêmement favorable que mon premier ouvrage (en collaboration avec M. Ed. CUROT) a rencontré, dès son apparition, de la part des lecteurs et particulièrement de la critique. J'ai surtout éprouvé la surprise la plus agréable en constatant que *le Pur Sang* avait été l'objet de l'intérêt le plus vif et de l'approbation la plus précieuse, non seulement parmi les sportsmen théoriciens, mais précisément aussi dans les cercles de l'élevage et de l'entraînement pratiques, ainsi que j'ai pu m'en convaincre par les nombreux assentiments qui me sont parvenus oralement ou par lettre, mais aussi et avant tout par la critique des journaux spéciaux de la France et de l'Étranger. J'y vois avec une grande satisfaction l'indice que l'élevage et l'entraînement de notre époque ont reconnu la haute importance que présentent les données de la science pour l'intelligence des phénomènes que provoque l'exploitation du cheval de course. Ce qui me confirme d'autant plus dans cette opinion, c'est que je puis constater, et non sans plaisir, que les applications basées sur les méthodes que j'ai exposées ont augmenté dans une notable proportion durant l'année 1906. Aussi me suis-je efforcé dans le présent ouvrage de tenir compte des découvertes les plus importantes, qui peuvent être introduites pratiquement dans la production et l'exploitation du *Pur Sang* comme du *Demi-Sang*.

En écrivant ce nouveau livre, j'ai donc voulu donner une suite naturelle au *Pur Sang*, afin de ne pas m'attarder dans une investigation spécialisée qui, bornée à la seule race pure, s'enfoncerait dans des champs improductifs pour ainsi dire, perdrait le contact avec les branches voisines et deviendrait, par là même, incapable de coopérer à l'amélioration des méthodes de reproduction, communes à toutes les races chevalines. A présent que l'on constate de jour en jour davantage que le champ des observations habituelles devient trop étroit, en raison de l'extension que les importants problèmes économiques prennent sur ce terrain, l'élevage du cheval en général réclame d'une manière pressante une méthode comparative, afin d'écarter de sa route les généralisations illogiques et fausses, et de continuer à se développer plus librement.

Je commençai à tracer le plan de ce livre lors d'un voyage que j'entrepris, il y a deux ans, en vue de recherches zootechniques, sur divers points de l'Europe hippique. Mes conférences m'offrirent, à mon retour, l'occasion d'en coordonner les matériaux. Cependant la plus grande partie du travail me restait encore à accomplir, lorsque je commençai le manuscrit de l'ouvrage. Bien que je me sois occupé de préférence depuis plus de dix ans, des problèmes relatifs au cheval de pur sang, et que je me sois efforcé, dans une série de mémoires, de fournir des documents pour la solution des questions qui se rapportent à cette branche de l'industrie chevaline, il y avait un tel intérêt à écrire un livre sur le *Demi-Sang*, que j'ai entrepris avec plaisir ce travail qui consistait à rassembler, vérifier, choisir, compléter et mettre en ordre les matériaux nécessaires à son élaboration. Les impressions que j'ai éprouvées pendant la rédaction des divers chapitres ont été très variables. Je me suis demandé parfois avec inquiétude, si les développements accordés au sujet, répondaient bien à l'enthousiasme et au plaisir avec lesquels j'ai abordé l'ensemble. Mais en cela je n'ai qu'à m'en rapporter au jugement de mes lecteurs. Un ouvrage qui, pour la première fois, au point de vue de l'étude du demi-sang dans le monde, réunit en un domaine propre, des matériaux qui n'ont jamais été l'objet d'une synthèse ne saurait évidemment répondre à la perfection. Je ne m'abandonne donc pas à l'idée d'avoir réussi.

Ce que le lecteur doit exiger aujourd'hui d'un livre écrit sur cette importante question du demi-sang, c'est un aperçu pris d'un point de vue élevé sur ses fins et résultats, en quelque sorte un travail qui puisse, à chaque instant, servir à son orientation dans les voies nouvelles.

Tous ceux qui s'intéressent aux progrès de l'élevage du cheval dans notre pays, regrettaient depuis longtemps que la bonne volonté et l'enthousiasme des hommes séduits par l'élevage et désireux d'en entreprendre l'expérience, fussent entravés dès le début par l'absence d'ouvrages généraux, à la fois élémentaires et scientifiques capables de guider leurs premiers pas.

Un jeune éleveur qui voudrait aujourd'hui apprendre son métier sans étayer ses connaissances pratiques sur les données de la théorie pourrait arriver à réaliser empiriquement son projet. Mais il ne tarderait pas à dévoiler les importantes lacunes d'une pareille entreprise. L'élevage et l'exploitation du cheval, en général, ne se pratiquent point comme la prose de M. Jourdain : il faut, pour mener à bien les industries qui ont le cheval pour objet, de sérieux et solides matériaux scientifiques. Ne voyons-nous pas, en effet, dans le domaine du cheval de course, les plus grands succès revenir à ceux qui appliquent les méthodes rationnelles indiquées par la zootechnie. C'est pour servir de guide aux éleveurs et sportsmen soucieux de bien faire que ce livre a été écrit. C'est pour mettre entre leurs mains le compendium nécessaire, la base inévitable de toute entreprise hippique. Il répond également aux besoins de tous les gens du monde qui, curieux des choses de l'*hygiène*, de l'*élevage*, de l'*entraînement* du cheval, veulent avec raison asseoir sur un fondement résistant leur désir de connaître.

Quand on parcourt les nombreux ouvrages publiés sur le demi-sang, on constate qu'une foule de problèmes d'un intérêt puissant y sont à peine touchés et que maintes questions qui offrent avec l'exploitation des différentes variétés, les connexions les plus étroites, en sont plus ou moins exclues. Le lecteur y trouve de nombreux renseignements historiques et sportifs; mais il n'y trouve que bien peu de documents relatifs aux entreprises économiques. Quand on veut se rendre compte de l'état de nos connaissances sur ces importantes questions, on est obligé de recourir à la littérature spéciale.

Les manuels anciens ne sont pas en harmonie avec les exigences actuelles. Je n'en sais point d'ailleurs qui traitent de ces questions au point de vue où je me suis placé; et puis ils sont d'ordinaire à la fois incomplets, peu au courant et aussi ardus que les gros traités. Un livre permettant aux sportsmen, aux esprits cultivés de se mettre au courant des questions hippiques générales n'existe pas encore, je crois. Aussi, en faisant celui-ci, ai-je cherché à le composer de manière à combler cette lacune.

La cause de cette situation est facile à découvrir : elle réside surtout dans la négligence des problèmes pratiques qui n'ont jamais préoccupé les auteurs qui ont écrit sur le cheval.

Dans le présent ouvrage, je me suis attaché à abandonner les sentiers battus et, afin de bien faire ressortir mon intention, j'ai adjoint au titre principal : *le Demi Sang*, ces sous-titres : *Trotteur et Galopeur. Théories générales*, *Élevage*, *Entraînement*, *Alimentation*. Je puis dire de cette publication, qu'elle est, dans ses parties essentielles, l'expression même de mes observations personnelles, auxquelles sont venues s'ajouter les opinions des auteurs les plus compétents. L'exposé de quelques-uns des chapitres, a fait l'objet d'un certain nombre d'articles parus dans le *Sport Universel illustré*, *la Dépêche de Toulouse*, l'*Élevage scientifique*.

En le publiant, j'ai cédé non seulement au désir de communiquer à un cercle plus étendu de lecteurs, les idées que j'ai souvent exposées dans la presse, mais encore au désir de résumer les résultats de recherches disséminés dans des revues et de nombreux ouvrages.

Dans cet exposé que je me suis appliqué à rendre aussi clair et aussi intelligible que possible, je ne me suis avant tout laissé guider que par des considérations scientifiques, qui peuvent avoir leur application courante et immédiate au haras ou à l'écurie. Mon but a été aussi de chercher à établir l'état actuel de la science en ce qui concerne le cheval en général et le demi-sang en particulier.

Pour les principales théories, j'ai tenté de donner un aperçu succinct de leur développement; dans les questions qui sont encore indécises, j'ai souvent exposé les diverses manières de voir. Si, ce qui est bien naturel, mes propres idées sont généralement mises à l'avant-plan, et si, çà et là je m'écarte des vues et des opinions d'auteurs éminents et que je tiens en haute estime cependant, je crois devoir avouer que je n'entends nullement par là prétendre que je considère la manière de voir que j'ai défendue comme étant absolument la vraie, et moins encore que je ne fais aucun cas des opinions contraires aux miennes. Je pense que la diversité des opinions est nécessaire, et comme je l'ai fait ressortir à diverses reprises dans le cours de cet ouvrage, la contradiction des méthodes et des observations concourt précisément à faire progresser rapidement l'amélioration des races. C'est le fait de notre nature même que presque toutes nos observations et les conclusions que nous en tirons sont unilatérales et doivent, par cela même, être constamment corrigées. Ce que je viens de dire est surtout vrai quand il s'agit des questions dont j'ai entrepris l'étude en m'appuyant sur les théories que l'on ne peut approfondir que péniblement et qui progressent de jour en jour.

Les pratiques de l'élevage et de l'exploitation générale du cheval demandent de l'imagination et de la pénétration autant que des connaissances techniques. Ce que l'on a appelé l'expérience décisive est souvent aussi difficile à concevoir qu'à exécuter et si un écrivain la conseille et qu'un praticien la mène à bien, il pourra se faire que le premier n'ait pas la moindre part dans le succès. Nul n'oserait cependant nier qu'il ait rendu d'importants services à la cause du cheval.

P. FOURNIER.

Paris, le 31 décembre 1906.

PREMIÈRE PARTIE

THÉORIES GÉNÉRALES ET MÉTHODES DE REPRODUCTION

CHAPITRE PREMIER

L'ESPÈCE. — LA RACE. — LA VARIÉTÉ LA VARIATION

En étudiant dans un autre ouvrage[1] les phénomènes de la précocité, en examinant les méthodes de sélection, consanguinité, etc., nous avons considéré l'individu pris isolément ou rattaché simplement à sa famille.

La notion de famille et de descendance est si claire quand il s'agit du cheval de race pure, qu'on a pu poser avec précision la base des faits étudiés ; il n'en est pas de même si l'on passe à l'application des méthodes de reproduction relatives aux métis dérivés du pur sang qui nécessitent la définition de l'espèce, de la race, de la variété et, partant, de la variation.

L'espèce. — La notion d'espèce est une notion spontanée qui résulte naturellement chez l'homme de l'examen rapide des êtres qui l'entourent. Nos ancêtres ont eu cette notion dès le début ; et le problème de la parenté des espèces, de leur origine commune, de leur descendance d'ancêtres communs a toujours préoccupé les naturalistes et tous les animalculteurs en général.

Chacun prend parti, qui pour, qui contre la théorie transformiste ; mais les plus acharnés adversaires de cette théorie, les plus chauds partisans de la création séparée de chaque espèce sont obligés d'admettre dans l'espèce une certaine variabilité que l'observation de tous les jours permet de constater. Seulement, disent-ils, cette variabilité indéniable ne va jamais jusqu'à la formation d'es-

1. *Le Pur Sang.*

pèces nouvelles ; il apparaît seulement des variétés, des races, jamais des espèces. Demandez-leur quelle différence ils établissent entre les variétés et les espèces, ils vous répondront précisément qu'ils réunissent dans une espèce les variétés susceptibles de dériver les unes des autres, de se transformer les unes dans les autres.

Darwin lui-même a conclu à l'impossibilité de définir l'espèce : « Nous serons obligés de reconnaître, dit-il, que la seule distinction à établir entre les espèces et les variétés bien tranchées consiste seulement en ce que l'on sait ou que l'on suppose que ces dernières sont actuellement reliées les unes aux autres par des gradations intermédiaires, tandis que les espèces ont dû l'être autrefois. En conséquence, sans négliger de prendre en considération l'existence présente de degrés intermédiaires entre deux formes quelconques, nous serons conduits à peser avec plus de soin les différences qui les séparent et à leur attribuer une plus grande valeur. Il est fort possible que des formes, aujourd'hui reconnues comme de simples variétés, soient plus tard jugées dignes d'un nom spécifique ; dans ce cas, le langage scientifique et le langage ordinaire se trouveront d'accord. Bref, nous aurons à traiter les espèces comme de simples combinaisons artificielles inventées pour une plus grande commodité. Cette perspective n'est peut-être pas consolante, mais nous serons au moins débarrassés des vaines recherches auxquelles donne lieu la définition absolue non encore trouvée et introuvable du terme espèce. »

La plupart des auteurs ne séparent pas la question de la définition de l'espèce de cette autre question que les produits sont, par hérédité, de même espèce que leurs parents. Cuvier a défini l'espèce : « la collection de tous les êtres organisés descendus l'un de l'autre ou de parents communs, et de ceux qui leur ressemblent autant qu'ils se ressemblent entre eux ».

Si l'on acceptait cette définition, il deviendrait impossible d'affirmer l'identité spécifique de deux individus sans connaître leur histoire ; de plus, comment faire accorder cette définition avec le problème transformiste? Voici, en effet, comment se poserait ce problème avec la définition de Cuvier : Nous appelons êtres de même espèce, des êtres qui descendent d'un ancêtre commun, et nous voulons démontrer que beaucoup d'espèces actuellement vivantes descendent d'un ancêtre commun, autrement dit que des êtres d'espèces différentes sont de même espèce.

Il faut séparer la définition de l'espèce de la démonstration de la transmission héréditaire de l'espèce; il faut surtout que cette transmission héréditaire ne serve pas à la définition.

L'établissement de la valeur relative du terme a déterminé de nombreuses discussions et l'accord n'est pas encore parfait; nous ne reproduirons pas les différentes opinions émises à ce sujet; aussi bien, ces définitions sont purement conventionnelles et sans intérêt pratique. Nous dirons simplement que tout être vivant provenant d'une simple cellule, on peut affirmer que dans les conditions données cette cellule centrale détermine complètement l'être qui en sortira. On doit donc pouvoir définir complètement l'espèce à laquelle appartient l'animal adulte par l'espèce à laquelle appartient son œuf; or l'œuf est une simple cellule que nous pouvons étudier chimiquement.

Indépendamment de toute autre considération, nous concevons donc, d'ores et déjà, que l'espèce des êtres supérieurs soit susceptible d'une définition qualitative, celle des œufs qui leur donnent naissance; et même, parlant le langage chimique le plus rigoureux, nous constatons que le développement de l'œuf, c'est-à-dire la série des phénomènes par lesquels l'œuf donne naissance à l'adulte, est la réaction la plus précise et la plus caractéristique parmi les réactions chimiques qui nous servent à étudier l'œuf; nous pourrons donc renverser notre proposition et conclure de la similitude des adultes à la similitude des œufs d'où ils proviennent; tout cela forme un ensemble d'une harmonie parfaite que nous nous contentons d'indiquer.

L'œuf, simple cellule, se multiplie par bipartitions successives en donnant un nombre croissant d'éléments cellulaires qui restent agglomérés et dont l'ensemble constitue l'individu issu de l'œuf. Seulement, au lieu de rester tous semblables, ces éléments cellulaires sont l'objet de variations quantitatives. De sorte que tous les éléments d'un adulte sont de même espèce que l'œuf d'où ils proviennent, mais de variétés différentes (variété muscle, variété nerf, etc.). Donc, l'adulte lui-même, composé d'une agglomération de cellules de même espèce que l'œuf, est de même espèce que l'œuf, c'est-à-dire qu'il est formé uniquement de substances de l'œuf avec des coefficients variables. Il est bien entendu qu'il n'est ici question et ne peut être question que des substances vivantes qui entrent dans la constitution de l'individu. C'est la question fondamentale de la biologie, que la détermination de ce qui, dans un être donné, est substance vivante et la distinction de cette substance vivante d'avec les substances alimentaires squelettiques et excrémentielles.

Ces rapides considérations nous montrent que l'étude de l'espèce, définie qualitativement, est délicate et difficile, mais aussi qu'elle est possible ; l'étude des phénomènes sexuels et des croisements facilite singulièrement cette étude chimique, mais je ne puis dire comment, sans faire appel à des considérations nouvelles et fort complexes, qui ne sont pas de mise dans un ouvrage comme celui-ci.

La race. — De même que la définition d'espèce, peu de notions sont devenues plus confuses que celle de la race, depuis que les savants en ont voulu donner une définition. Auparavant cette notion était d'une clarté merveilleuse. Dans l'esprit de tout le monde, la race et la famille étaient deux choses de même ordre, ne différant que par l'étendue. La première était tout simplement une extension de la seconde. Le noble, pouvant se glorifier d'une longue suite d'aïeux, parlait de sa race, comme les historiens parlent de la race des rois Carlovingiens et de celle des Capétiens. Voltaire, un écrivain qu'on n'accusera point de n'employer pas toujours le mot propre dit quelque part ceci : « Le fait est que la race d'Ismaël a été infiniment plus favorisée de Dieu que celle de Jacob. L'une et l'autre race a produit, à la vérité, des voleurs, mais les voleurs arabes ont été prodigieusement supérieurs aux voleurs juifs. Les descendants de Jacob ne conquirent qu'un très petit pays qu'ils ont perdu; et les descendants d'Ismaël ont conquis une partie de l'Asie, de l'Europe et de l'Afrique, ont établi un empire plus vaste que celui des Romains et ont chassé les Juifs de leurs cavernes, qu'ils appelaient la terre de promission. » Buffon qui passe généralement pour avoir su, lui aussi, le français, a dit dans son *Histoire naturelle des oiseaux :* « L'espèce de l'aigle commun est moins pure, et la race en paraît moins noble que celle du grand aigle. »

On voit qu'il ne s'agit, en tout cela, que de la notion de descendance. Le terme de race n'évoquait alors que l'idée d'une suite de générations de même origine. Le sens nouveau que ce terme a pris en zoologie ne paraît pas remonter plus loin que le commencement de notre siècle. Il serait embarrassant de décider si la faute en est aux éleveurs d'animaux qui s'en servent, ou si c'est eux qui ont obéi à une impulsion partie des régions scientifiques. A coup sûr, la définition acceptée par l'usage et que nous aurons à examiner ne vient point d'eux. Ils devaient être évidemment bien disposés à la recevoir, ou, tout au moins, à se conduire comme si elle eût été exacte, et c'est pour cela qu'elle a fait fortune; mais il est sans doute plus juste d'en faire remonter la responsabilité jusqu'aux naturalistes et particulièrement jusqu'à ceux qui se sont occupés spécialement d'anthropologie. Les autres, par leurs classifications se contentaient de la catégorie d'espèce, avec Linné, n'y faisant même pas entrer les variétés dites naturelles.

Le besoin de rattacher toutes les populations humaines du globe à une seule espèce et de les en faire dériver quel que pût être l'écart, exigeait davantage. De là, vint la nouvelle notion de la race qui ne pouvait manquer de s'imposer dans les sphères officielles, en ce qui concerne les chevaux. Le mal qu'elle y a fait durant longtemps en présence d'une zootechnie à peu près exclusivement empirique ne se voit peut-être point du premier coup. On ne saisit pas, à première vue, la relation nécessaire entre la façon de comprendre la notion de race et la conduite à suivre dans les opérations de production animale. Il semble, avant toute réflexion, que ce soient là choses de mince importance, de simples questions de mots, comme on le dit si volontiers. Que ceux dont l'intérêt public est le moindre souci, bien qu'ils en soient cependant chargés, pensent ainsi, cela se comprend. Il leur est de la sorte plus commode de donner satisfaction aux intérêts privés qui les sollicitent. Mais on ignore trop que les fortes notions, fondées sur la réalité, sont toujours, en toute chose, les guides les plus sûrs. Dans les choses pratiques, la meilleure voie à suivre ne peut être indiquée que par la connaissance exacte et précise des objets sur lesquels il y a lieu d'opérer. Que, dans le domaine de la spéculation pure, où il ne s'agit, en somme, que des satisfactions recherchées par certains genres d'esprits, on hésite entre des solutions également plausibles mais également indémontrables aussi, cela ne présente, en vérité, aucun inconvénient. Les définitions de rechange y sont de mise. Ce n'est pas là de la science proprement dite, en tous cas, point de la science expérimentale. Celle-ci ne se fonde que sur les faits. Or, la race est un des faits fondamentaux de la zootechnie et c'est pourquoi il importe grandement, pour l'établissement solide de ses méthodes que ce fait soit mis en complète évidence. Mal compris ou méconnu, il entraîne les plus déplorables méprises ayant pour conséquence infaillible la perte du temps et des capitaux. Ces derniers se reconstituent par de nouveaux efforts mieux combinés. Le temps, lui, une fois perdu, ne se répare plus. C'est l'étoffe dont la vie est faite.

Étudions la race, c'est-à-dire, en prenant ce terme dans sa plus large acception, les rapports des individus avec la nature et entre eux, dans les groupes établis par leur filiation généalogique.

Cette définition de la race implique la descendance et l'on se demandera de quel droit nous l'employons sans avoir prouvé que nous en avions le droit. Nous écarterons, ici, la théorie de la descendance pour considérer la descendance et le problème au point de vue purement zootechnique. Les races sont des formes anormales à caractères mélangés et souvent régressifs, produites par le croisement de formes naturelles et entretenues artificiellement par l'homme. L'influence du croisement est ici tout à fait capitale; les races contiennent toujours le sang de deux ou plusieurs variétés naturelles et ce croisement est la cause des particularités que l'homme entretient et majore par une sélection attentive et des mariages judicieux.

Nous emprunterons à Sanson la définition de la race au point de vue zootechnique tout en nous gardant d'adopter pleinement son hypothèse nullement conforme, sur certains points, à nos opinions biologiques.

Si la notion d'espèce a donné et donne encore lieu à tant d'incertitude, attestée par les si nombreuses définitions qui en ont été proposées, on ne peut guère l'attribuer cependant à une véritable difficulté du sujet. A voir tant de naturalistes éminents échouer, selon la remarque d'Isidore Geoffroy-Saint-Hilaire dans l'éclaircissement de ce sujet, on serait volontiers tenté de qualifier d'outrecuidant celui qui le considérerait comme très clair par lui-même. En vérité, il en est pourtant ainsi. En l'envisageant d'un certain point de vue qui est le bon évidemment, on s'aperçoit qu'il a été obscurci comme à plaisir par des complications tout à fait superflues. La préoccupation des auteurs, depuis Buffon jusqu'à Cuvier, a été de trouver une formule qui fût particulièrement applicable à la notion de l'espèce organique et plus spécialement même à celle de l'espèce zoologique. Ils ont, avant tout, tenu à y faire intervenir la faculté qu'ont les êtres vivants de se reproduire par génération. Quelques-uns même, entre autres Frédéric Cuvier et Flourens, ce dernier croyant ainsi interpréter la pensée de Buffon, n'y ont envisagé que cette faculté, le reste étant laissé de côté. La propriété de donner, par l'accouplement, des suites indéfiniment fécondes, devait suffire pour caractériser l'espèce. Il n'eût pas été nécessaire que ces suites se ressemblassent entre elles, comme le voulait, d'ailleurs, Buffon, comme le voulait aussi Cuvier et tous ceux auxquels sa grande autorité s'est imposée, autant dire presque tous les naturalistes du siècle dernier.

Il faut, pourtant, bien s'apercevoir que la notion d'espèce n'est point particulière aux corps organisés. Elle est universelle. Elle s'applique aux corps bruts comme à ceux-là. Elle est un des premiers besoins de l'esprit humain, sinon le premier de tous. Dès que l'homme se trouve en présence des objets, il éprouve l'insurmontable nécessité de les distinguer, de les rattacher à leur espèce, même pour nier la notion l'on est obligé de s'en servir. Ceux qui croient pouvoir s'en passer sont dupes de leur propre illusion. Dès qu'il commence à fonctionner, l'œil saisit d'abord confusément, puis de plus en plus distinctement, les similitudes et les différences que présentent les corps. Il arrive ensuite à les reconnaître d'après les propriétés qui ont été ainsi abstraites peu à peu, en commençant par les plus frappantes et les plus facilement saisissables. Les différences d'abord, puis les similitudes. Les corps se groupent par celles-ci précisément en rapprochant tous les similaires. De là, naît la notion d'espèce exprimée en toute langue par un mot appliqué aux objets d'un ordre quelconque, le même pour les corps bruts et pour les corps organisés, pour les minéraux comme pour les végétaux et les animaux. Aucun objet évidemment qui ne soit d'une espèce particulière, c'est-à-dire qui ne présente des caractères à l'aide desquels il puisse être distingué parmi ceux du même genre. La table sur laquelle ceci s'écrit, par exemple, est de l'espèce des tables carrées, qui n'est point celle des tables rondes. La plume qui trace sur le papier les caractères de l'écriture est de l'espèce des plumes de fer, qui n'est point celle des plumes d'oie.

Mais tout le monde est d'accord sur cela. La notion vulgaire est une évidence, comme, du reste, toutes les notions vulgaires. C'est en s'appliquant aux corps organisés qu'elle devient moins claire, sinon obscure, sans doute pour cause de moins facile analyse des caractères différentiels. Elle ne change toutefois point, pour cela, de sens. Avec la croyance qui s'imposait de son temps et dont la science s'est depuis affranchie, la laissant en dehors de son domaine, Linné l'a formulée, cette notion, d'une façon dont la netteté ne saurait être surpassée. « Nous comptons autant d'espèces qu'il a été créé de formes diverses à l'origine. » Ce qui revient à dire que la notion d'espèce est identique à celle de formes originelles, d'où que celles-ci puissent d'ailleurs venir et de quelque façon qu'elles se soient réalisées, même à quelque temps qu'elles remontent. En un mot, la notion d'espèce et la notion de formes distinctes sont, pour Linné, une seule et même chose. On a joint, depuis, pour ce qui concerne les êtres vivants, à cette notion précise celle de la transmission à la descendance qui n'est qu'une complication superflue, ou, pour mieux dire, une cause de confusion.

En effet, l'idée répandue maintenant, au sujet de l'espèce zoologique est que cette espèce est une collection ou une suite d'individus issus les uns des autres et se ressemblant entre eux. Ce qui domine dans une telle définition, c'est la notion de collectivité, n'ayant pourtant rien de nécessairement commun avec celle dont il s'agit. Un objet peut fort bien être seul de son espèce, ou autrement dit n'avoir de caractères communs avec aucun autre. Ce n'est pas le cas parmi les êtres vivants parce qu'ils ont la propriété de se reproduire en transmettant leurs caractères à leur descendance, mais leur qualité spécifique ne change point pour cela. Elle reste, ce qu'elle est dans tous les autres corps, exclusivement une qualité de forme.

En définitive, la notion d'espèce pour tous ceux qui en ont voulu donner une définition objective, n'a jamais été que la notion de type ou de modèle, d'un ensemble de lignes occupant une certaine partie de l'espace. L'accessoire de la reproduction indéfinie devenue pour Flourens le principal sous le nom de fécondité continue n'y pouvait rien ajouter. Considérée en soi, cette faculté de reproduction ne supporte pas un seul instant l'examen comme critérium spécifique. Les espèces notoirement distinctes qui, en s'accouplant, donnent des suites indéfiniment fécondes, ne se comptent plus. C'est donc la notion de type qui subsiste seule, et c'est la vraie pour tout le monde consciemment ou inconsciemment. L'espèce est aux êtres vivants ce que le type d'imprimerie est aux œuvres typographiques, ce que le coin est à la médaille ou à la monnaie. On ne peut pas s'en faire une plus juste idée que par ces comparaisons, qui se suivent même jusqu'à la reproduction par le tirage ou par la frappe en un nombre indéfini d'exemplaires. C'est ce qu'on appelle une parfaite illustration de l'idée.

Mais pour serrer de plus près notre notion, pour la définir en un mot, où est, chez les animaux, la caractéristique du type spécifique ou type naturel? Car encore une fois, type naturel ou espèce, c'est une seule et même chose pour tout le monde, qu'on s'en rende compte clairement ou non. Nous ne perdrons pas ici notre temps à nous égarer au milieu des nébulosités de la prétendue philosophie : à prendre parti entre les doctrines du créationnisme et du tranformisme ou de l'évolutionnisme. Sur l'origine première des choses, j'avoue pour mon compte, sans le moindre détour, ma complète ignorance. Je m'en tiens à la constatation des faits accessibles à l'observation, comme pouvant seuls fournir à la science des assises

Hadda, jument barbe.

solides. En tout cas, si les types dont nous constatons l'existence ne sont, en réalité, que transitoires, par rapport à l'éternité, le temps qu'ils paraissent avoir duré depuis le moment où leurs premiers restes ont été déposés dans les couches terrestres est plus que suffisant pour nous autoriser à les qualifier de naturels. A plus forte raison si nous nous plaçons au point de vue de nos études spéciales, au sujet desquelles il y aurait presque du ridicule à faire intervenir les hypothèses cosmogoniques. N'oublions pas qu'il s'agit ici simplement d'arriver à l'exacte définition de la race, sur laquelle nos méthodes zootechniques doivent s'exercer, non pas d'exécuter des variations plus ou moins brillantes sur le thème offert aux virtuoses de la pensée. Ceux-là seuls peuvent s'y laisser aller qui ont plus de souci de mettre en évidence leur souplesse d'esprit que de servir les véritables intérêts de la science.

Où donc, disons-nous, est le type naturel en zoologie? où sont les formes spécifiques? plutôt où est la caractéristique de l'espèce chez les animaux vertébrés dont nous avons seulement à nous occuper ici? Il n'est pas, à ma connaissance, que les naturalistes qui ont tant discouru ou disserté sur la notion de l'espèce se soient posé d'une manière suffisamment précise cette question qui est cependant la principale. Indépendamment du principe, à lire les descriptions de la faune, on s'aperçoit sans peine qu'une caractéristique déterminée a toujours fait défaut. Les distinctions spécifiques y ont toujours un caractère flagrant d'arbitraire. Elles sont établies tantôt sur un système organique, tantôt sur un autre. On n'y reconnaît aucun type véritablement naturel. Les formes spécifiques y sont souvent méconnues, alors que de simples caractères de variété sont érigés au rang de caractères d'espèce. Les uns distinguent, dans un même genre, des espèces avec une véritable prodigalité, tandis que les autres les confondent comme à plaisir pour en restreindre le nombre. Les exemples s'offriraient en foule pour le montrer.

L'expérience, qui est le seul juge dans les sciences positives, a fait voir que les types naturels dépendent exclusivement du squelette, dont les formes ne varient point normalement d'une manière durable. Il y a longtemps, d'ailleurs, que les paléontologistes s'en sont aperçus, n'ayant point d'autres bases pour leurs diagnoses. Et dans le squelette, ces formes spécifiques, déterminantes de type, appartiennent surtout au rachis et à la tête, qui en sont les parties évidemment fondamentales et les parties essentielles. Dans l'embranchement des vertébrés, toutes les autres ou quelques-unes d'entre elles manquent à des classes entières : celles-là ne font jamais défaut, sauf chez l'*Amphyoxus*, ce vertébré ambigu, ce vertébré sans vertèbres.

Entre les types naturels ou spécifiques, le nombre des pièces rachidiennes et leur forme diffèrent parfois, mais non pas toujours. Dans chaque genre, il y a des groupes d'espèces se rattachant à un type rachidien, d'autres à un type différent. Chez les chevaux, par exemple on constate un type à trente-six vertèbres vraies, un autre à trente-cinq seulement. A ce dernier appartiennent tous les asiniens sans exception ; à l'autre la plupart des caballins. D'irrégularités qui se présentent parfois et dont quelques-unes sont facilement attribuables à des conflits d'hérédité, si la condition déterminante des autres nous échappe, on s'est cru autorisé à douter de la valeur caractéristique attribuée à cette partie de squelette. Il faudrait, pour cela, n'avoir guère le sens zoologique, je ne veux pas dire philosophique, à cause de l'abus qui a été fait du terme. Il suffit, en tout cas, de posséder la notion de ce qui est l'état normal, pour reconnaître à ces irrégularités leur signification purement accidentelle, n'altérant en rien la constitution du type naturel. Dira-t-on que la classe des mammifères est établie arbitrairement, parce qu'on y aura rencontré un sujet accidentellement dépourvu de mamelles? Les irrégularités en question appartiennent à la tératologie, non à la zoologie. Elles ne peuvent enlever au type rachidien aucune parcelle de sa valeur.

Cette valeur, cependant, pour le motif qui vient d'être dit de la communauté entre plusieurs espèces, n'est pas à mettre en parallèle avec celle du type céphalique en comprenant par là tout l'ensemble de la tête osseuse. Celle-ci fournit, dans tous les cas, les formes véritablement spécifiques, celles qui caractérisent sûrement le type naturel. La caractéristique de celui-ci ressortit donc finalement à la craniologie. Tel crâne, telle espèce de vertébré, peut-on dire. Dans chaque espèce, les formes du crâne encéphalique et celles du crâne facial sont toujours absolument semblables. Les os y ont les mêmes directions de surface, les mêmes contours et les mêmes dimensions proportionnelles. Le crâne cérébral est court ou allongé, ce qui fait que, dans tous les genres, les espèces se groupent en deux types céphaliques. Il y en a aussi de brachycéphales et de dolichocéphales ainsi que Retzius l'a reconnu le premier, pour les crânes humains. Avec chacun de ces types céphaliques, les formes faciales, dépendantes des frontaux, des os du nez, des lacrymaux, des zygomatiques, des grands et des petits sus-maxillaires, sont toujours également typiques ou différentielles, imprimant à chaque espèce sa physionomie propre. Quelques-unes le sont tellement, qu'isolées elles suffisent pour faire reconnaître l'espèce à laquelle elles ont appartenu.

Cette caractéristique craniologique, d'abord contestée chez nous par esprit évident d'opposition, est aujourd'hui admise partout en Europe, mais surtout sous la forme craniométrique qui n'est cependant point la meilleure. Cela est dû principalement à l'autorité de Rütimeyer, qui l'a saisie à peu près en même temps que nous en étudiant la faune des habitations lacustres de la Suisse. Dans une certaine mesure, les hippologues l'avaient aperçue bien longtemps auparavant, lorsqu'ils signalaient les diverses formes de tête, dont la signification leur avait toutefois échappé. Tous les connaisseurs en bétail en avaient la notion synthétique et ils s'en servaient pour distinguer les races, non point quand ils avaient à les décrire assurément, mais d'une façon en quelque sorte inconsciente. Ils reconnaissaient les types empiriquement.

En vain essaierait-on, du reste, de nier sa réalité. La pratique de l'enseignement zootechnique permet d'en vérifier chaque jour le fondement. Elle est, en effet, véritablement expérimentale car en présence d'un type naturel quelconque, dont l'analyse fait établir la diagnose, la recherche de l'origine ne manque jamais de la confirmer. Ce n'est pas arbitrairement que les caractères craniologiques ont été proclamés typiques ou spécifiques. Ils ont été reconnus tels parce qu'ils se transmettent infailliblement par l'hérédité, dans la suite des générations. Qu'une influence intrinsèque les trouble ou les altère, la réversion ne manque point de les faire réapparaître. Il est sans exemple, quoi qu'on ait pu dire pour les besoins d'une thèse préconçue, qu'aucun type naturel ait été authentiquement altéré d'une façon durable. Les faits cités, comme celui du chien bouledogue entre autres, ne sont que de pures affirmations. Nul n'a jamais pu remonter avec certitude jusqu'à sa première apparition. De même pour celui des bœufs sans cornes, dont l'existence est établie, dès la plus haute antiquité. Les explications qu'on en donne ne sont que des efforts d'imagination capables seulement de satisfaire les esprits peu difficiles sur les preuves.

Les seules modifications que le type craniologique puisse subir, comme, du reste, toutes les autres parties du squelette ne sont que des amplifications ou des réductions totales. Dans ces amplifications ou ces réductions, les proportions respectives des parties étant conservées, le type demeure intact, comme il en est de la statuette qui devient statue, ou inversement de la médaille ou de la monnaie qui change de module sans que son effigie soit elle-même changée.

Ce qu'il faut donc retenir de tout ce qui précède c'est que l'espèce est purement et simplement le type morphologique naturel que présentent chez les animaux vertébrés tous les individus de même origine. Aussi loin que nos observations puissent remonter (et cela va jusque par delà les temps quaternaires pour la faune qui nous intéresse directement), nous constatons que ce type se transmet sans changement de génération en génération, qu'il jouit, par conséquent, d'une fixité contre laquelle il n'y a aucun argument scientifique à opposer. Mais il importe surtout, l'espèce étant ainsi définie comme type morphologique, d'affranchir sa définition de toute idée de collectivité. La notion d'espèce en est absolument indépendante. Chaque espèce animale est, en fait, représentée, au moment actuel et dans la suite du temps, par une collection plus ou moins nombreuse d'individus, dont chacun reproduit son type ou en est un exemplaire, mais encore un coup elle le serait tout aussi bien et tout autant par un seul. Cette collection se rapporte à la notion de la race, que nous pouvons maintenant aborder avec tous les moyens de la rendre aussi claire qu'il est permis de le désirer.

Après ce qui vient d'être dit, il est à peine besoin d'ajouter que l'ensemble des individus de même type naturel ou de même espèce, forme la race de cette espèce. Chaque espèce a ainsi naturellement sa race plus ou moins nombreuse, considérée au moment actuel ou dans le passé, en voie de prospérité ou de décadence selon que les circonstances lui ont été plus ou moins favorables de même que chaque race est d'une espèce particulière. Il y a des espèces de races, comme il y a des espèces de cannes ou de chapeaux. Dans chaque genre d'animaux, nous comptons tout autant de races que d'espèces, ni plus ni moins.

Par cela seul que les vertébrés mammifères jouissent de la faculté de se reproduire et d'augmenter de nombre avec le temps, suivant une progression géométrique, c'est-à-dire de se multiplier; par cela seul aussi qu'en se reproduisant ils transmettent infailliblement leur type spécifique, comme nous l'avons vu, il nous est possible par le raisonnement de remonter avec certitude jusqu'à la première manifestation de ce type de race et de savoir sous quel état il n'a pu manquer de se manifester. De son origine propre nous ignorons tout, et dans l'état actuel de la science, on doit considérer comme sage de s'abstenir de la rechercher. Sur un tel sujet aucune hypothèse n'est vérifiable et, par conséquent, légitime. Des doctrines en présence, aucune ne dépasse les limites de la vraisemblance. Ce n'est pas assez pour l'esprit scientifique auquel la probabilité ne suffit même point. Laissons donc ce problème insondable à ceux qui se croient plus avancés parce qu'ils se leurrent de solutions hypothétiques. Chacun a, du reste, pour ce qui le concerne personnellement, sur ce sujet, pleine liberté.

La raison de la progression d'après laquelle les types naturels de mammifères se sont multipliés a été nécessairement variable puisque, d'une part, les générations s'y succèdent à des intervalles inégaux et que, de l'autre, le nombre d'individus produits à chaque génération est très différent. Les uns n'en font qu'un par gestation, les autres en font dix et au delà. Peu importe étant donné le nombre des représentants de la race au moment présent, il est évident parce que cela est nécessaire que ce nombre ne peut être autre chose que le résultat d'une progression géométrique ascendante. Celle-ci implique, par son caractère même, conséquence d'une propriété naturelle, une série descendante de même ordre, qui lui correspond nécessairement. Le plus grand nombre actuel, si l'on fait fonctionner en sens inverse les éléments qui l'ont formé conduit forcément jusqu'au plus petit. Ce plus petit nombre ici ne peut pas être moindre que deux, pour la raison que deux individus de sexe différent sont nécessaires pour la reproduction. Il est donc clair, d'après cela, que la race considérée a commencé par le couple et qu'elle n'a pu commencer autrement. En raison, d'ailleurs, des lois de l'hérédité, déjà visées, l'identité de type à tous les moments en est, elle aussi, une preuve irrécusable.

Il est donc facile de définir très simplement la race en disant que c'est la descendance d'un couple primitif. Sachant que ce couple primitif est d'un type naturel quelconque, on ne peut être surpris que celui-ci se perpétue dans sa descendance. Il en est ainsi pour l'excellente raison qu'il n'en peut être autrement. Le couple a donné une première famille qui est allée grandissant avec le temps d'après sa loi naturelle jusqu'à constituer la race à son état actuel. Et c'est ainsi que la notion réelle de race n'est pas autre chose que l'extension de celle de famille. La race est, en somme, un groupe de familles d'une même espèce, dont la population est d'importance essentiellement variable, selon qu'elle a rencontré pour se propager des conditions plus ou moins favorables, selon que le rapport entre la natalité et la mortalité a été dans un sens ou dans l'autre. Nous observons, au moment présent, des races en décadence et d'autres qui vont sans cesse prospérant. Il y en a qui sont complètement éteintes depuis longtemps, moins toutefois qu'on ne le croit en général, la connaissance exacte des types naturels comme nous les avons définis ayant montré parfaitement vivants encore plusieurs d'entre eux qui étaient considérés comme n'existant plus qu'à l'état fossile.

Mais telle n'est point l'opinion commune, au sujet de la notion de race. On ne songe pas, en général, que cette notion et celle de l'espèce se rapportent, en réalité, aux mêmes objets envisagés seulement à des points de vue différents l'un étant le point de vue morphologique, le point de vue du type naturel ou spécifique, l'autre, celui de la succession des générations qui le représentent dans le temps. Pour l'espèce, c'est exclusivement une question de forme; pour la race, une question de nombre. La première notion est concrète; la seconde est purement abstraite. Dans l'opinion commune, l'espèce, si confusément définie, est prise pour une collectivité d'individus, ce qui est, ainsi que nous venons de le voir, le propre de la race véritable, l'espèce, au contraire, se divise en races plus ou moins nombreuses plutôt plus que moins, car il semble y avoir une tendance insurmontable à en grossir le nombre. L'espèce et la race deviennent ainsi des choses de même ordre : l'une et l'autre des catégories morphologiques.

Des naturalistes contemporains, M. de Quatrefages paraît être le seul qui ait donné de la race ainsi comprise une définition claire. C'est sans doute à cause des besoins de sa spécialité anthropologique. Tous, pour des raisons difficiles à dégager répugnent à augmenter le nombre des espèces animales admises et semblent, au contraire, disposés à ne jamais trouver trop grand celui des races auxquelles, d'ailleurs, ils ne s'intéressent guère. Il n'en est pas de même, on le comprend sans peine, au sujet des races humaines dont l'étude est pleine d'intérêt. Les anthropologistes se divisent en deux groupes nettement distincts dont l'un n'admet qu'une seule espèce d'hommes, tandis que l'autre en reconnaît plusieurs. Dans notre champ particulier, où le nombre des races cataloguées va s'augmentant sans cesse, on dit aussi volontiers l'espèce chevaline, bovine, ovine, caprine et porcine que les anthropologistes du premier groupe disent, avec M. de Quatrefages, l'espèce humaine.

Pour lui, la race est une variété constante de l'espèce, ou encore une variété de l'espèce devenue héréditaire. Ce qui donc distingue la race de la simple variété c'est la fixité ou constance acquise, par transmission héréditaire, des caractères variables. Dans la variété, ces caractères sont instables, dans la race, ils sont devenus constants.

La valeur de cette définition est tout entière subordonnée à la question de savoir s'il y a, en fait, des caractères variables, des caractères de variété qui puissent ainsi acquérir la constance. Il ne suffit point de l'affirmer il faut le prouver. Or, je ne crains pas d'avancer qu'aucune observation valable ne pourrait être invoquée à l'appui d'une telle affirmation. Celles que l'auteur a tant de fois citées, sur la foi d'anciennes assertions, ne supportent pas un examen tant soit peu approfondi. La plus topique de toutes, à ses yeux, concernant la création de la prétendue race de mérinos à laine soyeuse de Mauchamp, peut donner une idée des autres. On sait que sa caractéristique consistait en ce que, au début, les sujets au lieu d'avoir la toison normale des mérinos formée de brins à courbures alternes, opposées et rapprochées en mèches denses et carrées, l'avaient en mèches pointues et constituées par des brins faiblement onduleux et à éclat soyeux. Le laboratoire de zootechnie de l'École de Grignon possède deux échantillons de laine, pris il y a longtemps sur le troupeau de la bergerie de Gevrolles, où était entretenue par l'État la prétendue race de Mauchamp. L'un de ces échantillons présente tous les caractères de la toison normale du mérinos. Ils sont là précisément pour montrer aux élèves le défaut de constance du caractère en question.

Quelque soin de sélection qu'on ait pris durant de longues années, pour maintenir le lainage soyeux, il a été impossible de s'opposer au fonctionnement de la loi de réversion. Du reste, les mérinos de Mauchamp n'existent plus, ce qui n'a pas empêché notre auteur d'en parler dans son dernier ouvrage comme s'il s'agissait d'une race parfaitement acquise et en pleine prospérité. Ne présente-t-on pas de même sur la foi de Darwin, la race des bœufs ñatos des Pampas de Buenos-Ayres, qui n'a jamais été représentée que par quelques sujets très accidentellement dans les troupeaux là comme en Europe, particulièrement en Normandie.

Herm von Nathusius, le zootechniste le plus renommé de l'Allemagne, a consacré tout un long mémoire à nier la constance dans les races comprises à la façon commune dans le sens de variété. Elles sont, selon lui, essentiellement variables; et de fait il y a quelque chose de contradictoire dans l'association des deux idées de constance et de variété. Il n'y a, en réalité, point de variété qui ne soit susceptible de varier encore. Je n'en connais, pour ma part, aucune qui se soit montrée fixe, depuis que je l'observe, de quelque sorte qu'elle soit; on voit varier sans cesse tous les caractères des animaux, sauf ceux que nous avons qualifiés de spécifiques, sauf les traits fondamentaux du squelette. Sauf cela, rien n'est constant, tout est variable. Je ne pense pas qu'un seul zootechniste digne du nom, en Europe, s'inscrive contre l'assertion. Il y aurait plutôt tendance à renchérir, à y comprendre ce que nous exceptons. Comment admettre, après cela, que la définition puisse être acceptée?

Sans doute, on constate l'hérédité de certains effets de variation. Les cas en sont même nombreux ; et cela est, en vérité, fort heureux pour la pratique zootechnique. C'est ainsi que nous pouvons créer des variétés de plus en plus aptes à satisfaire nos besoins. Mais il ne s'agit là malheureusement que d'une hérédité toujours précaire et momentanée donnant large prise à la réversion contre laquelle il faut sans cesse lutter. Ce n'est point cette hérédité naturelle de race, cet atavisme qui maintient imperturbablement le type spécifique, ou le rétablit quand des influences extrinsèques l'ont troublé ou altéré. En ce sens de la conservation indéfinie ou même seulement très prolongée, les variétés ne deviennent donc point héréditaires. Elles restent seulement temporaires et, par conséquent, de simples variétés, dont le maintien est toujours subordonné à la continuité des influences qui les ont formées, influences d'ailleurs parfaitement déterminées pour la plupart.

En vérité, l'on peut conclure d'après tout ce que nous savons en zootechnie que les prétendues variétés réellement constantes de M. de Quatrefages sont de véritables espèces, ainsi que le reconnaissent maintenant les anthropologistes affranchis du préjugé monogéniste, et que les prétendues races animales de la plupart des auteurs, dont la variabilité est notoire sont purement et simplement des variétés d'un nombre déterminé de types naturels ou spécifiques de race.

On conçoit difficilement que de bons esprits qu'aucun préjugé doctrinal n'engage, puissent résister à l'évidence de tels faits ; que des définitions si claires et si simples de l'espèce et de la race, si manifestement conformes à l'état naturel des choses, qu'elles se bornent à traduire au profit incontestable de la pratique zootechnique aussi bien que de la vérité scientifique, n'aient pas depuis longtemps pris la place de la confusion commune. Cela n'est vraiment explicable que par la puissance de l'habitude qui dispense d'examiner ce qui est généralement admis. Je ne doute toutefois pas que l'avenir leur soit assuré. La vérité finit toujours par prévaloir; c'est pourquoi l'on ne doit point se lasser de la mettre en évidence par tous les moyens qui nous sont offerts. Celles en question ici peuvent être tenues pour incontestables puisqu'elles n'ont encore, à ma connaissance, rencontré aucune objection fondée sur un fait réel.

Il y a donc, dans chaque genre d'animaux, des races de diverses espèces, en plus ou moins grand nombre formant ou non des groupes secondaires, comme ceux, par exemple, des ânes, des chevaux, des hémiones et des zèbres dans le genre des équidés; des taureaux ou bœufs, des buffles, des zèbres et des yacks dans celui des bovidés; des brebis et des chèvres dans celui des ovidés. Ces races, dont chacune est d'un type déterminé et ainsi caractérisée en son espèce, se divisent en variétés qui sont dites naturelles ou artificielles ou encore zoologiques ou zootechniques.

Les premières se montrent chez les animaux sauvages comme chez les domestiques. Ce sont principalement des variétés de taille, dues à l'influence des variations dans la richesse du sol. Il y en a aussi de pelage, auxquelles le climat n'est pas sans doute étranger. Les secondes, les variétés artificielles résultent exclusivement de l'application des méthodes zootechniques. Ce sont des variétés d'aptitudes. Ces dernières variétés, à leur tour, se subdivisent en familles distinguées par les mérites particuliers de leur chef et établies à l'aide des livres généalogiques. Dans le langage des éleveurs, on dit que les membres de ces familles sont du sang de celui-là.

De la sorte, on voit que la race est, comme nous l'avons dit en commençant, un ensemble de familles distinctes ou non selon qu'on a pris le soin de leur dresser un état ou qu'on l'a négligé (ce qui est le cas le plus général) mais se groupant d'abord en variétés d'après leurs caractères de taille, de conformation corporelle, de couleur ou d'aptitude, toutes choses indifférentes pour la morphologie spécifique constituante du type naturel de la race. C'est d'après ce type que sont construits tous les descendants du couple primitif qui a été le point de départ de la population dont chaque individu n'est, selon une élégante formule de Baudement, qu'un exemplaire, tiré une fois de plus, d'une page une fois pour toutes stéréotypée.

Dans la nomenclature zootechnique, les races sont nommées en langue française, ainsi que les variétés, et autant que possible en conservant, pour celles-ci surtout, abusivement considérées d'ordinaire comme des races, les noms adoptés par l'usage. En fait de langage, il convient de ne rompre avec la tradition que quand cela est absolument nécessaire. Les objets restant les mêmes, les noms peuvent demeurer, tout en désignant des valeurs différentes, sur lesquelles il suffit de s'être au préalable entendu. Les espèces, dont la notion est purement zoologique, sur lesquelles nos méthodes n'ont aucune prise et dont elles subissent au contraire la loi, reçoivent des noms latins, conformément à l'usage universel. Étant aussi nombreuses que les races, puisque nous avons vu que chacune de celles-ci est d'une espèce particulière que l'espèce et le type d'après lequel sont construits tous les individus de la même race, il va de soi que les noms admis en zoologie pour les genres dont nous nous occupons ne pouvaient pas être suffisants. Dans le genre des équidés, par exemple, où ne figure qu'une seule espèce chevaline appelée E. caballus, il y en a en réalité huit parfaitement caractérisées. Il a bien fallu les nommer. De même pour les autres. Lorsque nous nous servons du nom latin, nous sommes dans le domaine de la zoologie pure, nous n'entendons désigner que le type naturel, que l'espèce, comme s'il s'agissait d'un animal sauvage. Ce nom correspond aux seuls caractères distinctifs du type de race. Le nom français, au contraire, désigne l'ensemble de la population de ce type avec toutes les variétés sous lesquelles il se présente.

Aire géographique de la race. — Piètrement, dans les savantes recherches préhistoriques et historiques où il a magistralement établi les rapports des chevaux avec les mouvements des populations humaines, a reconnu combien ces recherches lui avaient été facilitées par la découverte des types naturels et des aires géographiques de leurs races. Ne l'eût-il pas avoué avec sa loyauté bien connue, il suffirait pour s'en apercevoir de comparer son premier ouvrage sur le sujet avec le second, véritable monument d'érudition où l'histoire est venue confirmer tout ce que la zoologie des espèces chevalines nous avait fait conjecturer de leurs migrations. Il n'a pas été le seul à rendre sur ce point justice à nos efforts. Nombre de fois à la Société d'anthropologie de Paris, notamment, ont éclaté les concordances entre les migrations des races animales et celles des populations humaines, les deux ordres d'études se prêtant un mutuel concours (Sanson)[1].

Ce n'est pas uniquement à ces points de vue élevés de l'ethnogénie des nations que la connaissance des aires géographiques des races animales a de l'intérêt. La pratique zootechnique y est, elle aussi, grandement intéressée. Entre ces races et le lieu d'habitat qui leur est en quelque sorte naturel, pour lequel elles ont du

1. *Nouveau Dictionnaire de Médecine vétérinaire.*

moins une longue accoutumance, les relations sont tellement étroites qu'il est bien difficile de les rompre sans qu'elles en subissent un dommage plus ou moins grand. Parmi tant de vérités scientifiques ignorées ou méconnues, en ce qui les concerne c'est peut-être celle-là qui l'a été et qui l'est encore le plus souvent, ne voyons-nous pas à chaque instant préconiser ou même pratiquer le déplacement des races sans aucun souci des différences de milieu qui peuvent exister? Il semble que les êtres vivants aient une puissance propre, indépendante de tout ce qui les entoure, qu'ils soient capables de s'approprier un milieu quelconque, en y conservant intacts tous leurs attributs. Rien n'est cependant plus faux, et il faudrait tout un volume pour énumérer seulement les cas dans lesquels l'expérience est venue cruellement démentir les prétentions nées de l'ignorance du fait que nous visons.

Chaque race animale s'est répandue sur le globe autour d'un point qui a été son berceau et c'est l'espace occupé par ses représentants qu'on nomme son aire géographique. Cette aire est entièrement naturelle ou en partie artificielle. Elle est naturelle lorsque le peuplement ne s'est effectué qu'en vertu de la propre loi d'extension de la race; artificielle quand l'homme est intervenu dans les déplacements. Les races sauvages n'ont que des aires géographiques naturelles. Elles les partagent avec d'autres de genres différents : non point, à notre connaissance, avec des races de même genre. Le cas de partage ne se présente que pour les races domestiques auxquelles il a été et est encore imposé ainsi que l'histoire et l'observation nous l'apprennent. La race chevaline asiatique, par exemple, dont l'aire naturelle est relativement restreinte, a été étendue dès les temps préhistoriques et aussi aux premiers temps de l'antiquité, sur la presque totalité de l'ancien continent.

Certes cette notion des aires géographiques n'est pas nouvelle en zoologie. De tout temps, les naturalistes ont constaté que certaines espèces animales avaient ainsi un habitat déterminé, ne les rencontrant nulle part ailleurs. La géographie zoologique a été l'objet de remarquables travaux. Mais elle n'était connue que dans ses grandes lignes, avant que fût établie la caractéristique précise des types naturels, permettant de distinguer nettement les espèces d'un même genre qui avaient été auparavant confondues.

Ne pensant pas sans doute avec raison que la progéniture d'un seul couple pût atteindre, quel que soit le temps admis, l'extension jusqu'aux distances où l'on voit des représentants de ce que l'on croyait une même espèce, Agassiz en était arrivé à la conviction que chaque espèce avait dû commencer sur plusieurs points à la fois. Le pin, disait-il, a commencé par la forêt, la bruyère par la lande, l'abeille par l'essaim ou la ruche. Il interprétait ainsi les les actes de ce qu'il nommait l'intelligence créatrice. Si les sujets sur lesquels se fondait sa conviction eussent été, en effet, de même espèce, comme le croyaient à peu près tous les naturalistes avec lui, l'argumentation d'Agassiz serait en effet assez difficile à réfuter. Créées ou non, des populations qui s'étendent de nos rivages occidentaux à ceux de la Chine, ne pouvaient guère être issues d'un couple unique, étant données surtout les nombreuses causes de destruction contre lesquelles elles ont eu toujours à lutter. Que la progéniture d'Adam et d'Ève ait de la sorte, d'après le récit biblique, peuplé le globe, cela n'ayant rien de commun avec la science, peut être admis, pourvu qu'on ne cherche point à le comprendre. De même pour cet autre récit de l'arche de Noé. Mais dans le domaine scientifique on a l'obligation d'être plus exigeant.

La difficulté soulevée par Agassiz disparaît dès lors qu'il est constaté que là où il ne voyait qu'une seule espèce il y en a en réalité plusieurs. Les berceaux ont été bien nombreux, comme il le pensait, mais chacun était celui d'une race multipliant sa propre espèce. Avec ce que nous savons maintenant des types et des lois de leur reproduction, il n'y a aucune vraisemblance qu'il y ait eu pour chacun plus d'un berceau. De ce berceau la race s'est irradiée dans toutes les directions et sa population s'est étendue aussi longtemps et aussi loin qu'aucun obstacle ne lui a été opposé. Ainsi s'est formée son aire géographique naturelle. L'extension de cette aire était pour elle une obligation, en raison de la loi du rapport nécessaire entre la population et les subsistances, de cette loi de population que les économistes appellent encore la loi de Malthus, dont Darwin a tiré si grand parti pour l'établissement de sa doctrine sur l'origine des espèces.

Le *Struggle for life* est une nécessité fatale. Les êtres vivants se multiplient et les subsistances s'additionnent seulement. Un moment vient fatalement où le sol ne peut plus produire assez de subsistances pour la population. Il faut émigrer ou périr. Tant que l'espace est libre autour du berceau, la lutte pour la vie n'a pas de motif, la race envahit les territoires vacants, et cela se continue jusqu'à ce qu'elle rencontre un obstacle naturel. Jusque-là sa prospérité n'a pas connu de bornes. La natalité a toujours largement surpassé la mortalité. La lutte pour la vie a été nulle ou à peu près. Elle ne commence qu'à partir du moment où, les limites de l'aire étant fixées, la loi de population entre en fonction. A ce moment-là, il n'y aura plus de place pour tous ceux qui naîtront, les subsistances seront seulement pour les plus forts. La mortalité compensera la natalité.

Parmi les obstacles à l'extension des aires géographiques, il va de soi que s'est nécessairement trouvé celui résultant de la rencontre, à un moment donné, des races émigrant en sens inverse. Ce moment ne pouvait pas manquer d'arriver plus tôt ou plus tard, selon la distance à laquelle étaient situés les berceaux. Ce que nous observons sur les confins des aires géographiques actuelles des races porte à penser qu'après un temps de lutte plus ou moins prolongé, sans doute avec des fortunes diverses, il est enfin intervenu entre les deux races voisines un *modus vivendi*, un véritable traité de frontière. Le plus souvent, toutefois, c'est le climat qui paraît s'être chargé de marquer la limite, rendant ainsi toute dispute de terrain inutile. Mais cela n'a rien à voir dans ce qui concerne les aires des races chevalines, sur lesquelles notre attention doit surtout se porter.

Ces aires-là nous présentent une autre difficulté plus grande, qui est celle de la recherche du lieu de berceau, recherche importante en raison de ce que ce lieu influe nécessairement beaucoup sur l'aptitude plus ou moins étendue de la race au cosmopolitisme. Qu'elle soit due à la constitution originelle ou à l'accoutumance, c'est cette aptitude qu'il faut surtout apprécier exactement pour ne pas s'exposer à tenter avec la race des entreprises dont le succès est impossible. Il ne suffit point que l'acclimatement sur un lieu nouveau puisse finalement se réaliser, comme l'histoire des races nous en offre l'exemple, pour qu'il soit sage de le tenter de propos délibéré, s'il ne devait être atteint qu'au prix d'un amoindrissement de la race, mieux vaudrait s'en abstenir. En bien des cas, en outre, ce qui se passe pour des acclimatements effectués n'en a nullement le caractère, la différence étant nulle ou à peu près entre le climat du milieu nouveau et celui du berceau de la race. C'est ce qui rend si utile pour la zootechnie pratique la connaissance aussi exacte que possible des lieux des berceaux des races domestiques et, tout au moins, de leurs aires géographiques naturelles, connaissance qui a été durant si longtemps négligée, parce que son importance était absolument méconnue.

La recherche de ces lieux d'apparition ou de formation des types naturels de ce que nous avons nommé l'origine ethnique des espèces, indépendamment de toute conjecture sur les causes mêmes de leur apparition ou de leur formation, n'est vraiment pas au-dessus des ressources de la science actuelle. Elle peut être conduite avec toutes les chances d'aboutir, en n'y faisant intervenir que les faits connus et sans avoir recours aux conceptions hypothétiques dont on abuse tant maintenant en ces matières. Encore une fois, nous nous résignons à ignorer ce que personne ne peut, en vérité, savoir, laissant à leur aise disserter sur ces choses insondables ceux qui s'intitulent ou créationnistes ou évolutionnistes. Nous prenons les faits tels que l'observation nous les offre, parce que les faits sont la seule base solide pour la science, ne nous croyant pas du tout obligé d'opter entre des hypothèses également indémontrables.

Il est connu d'abord que les espèces dont nous nous occupons appartiennent à la faune de la fin des temps tertiaires du globe, à cette période que Lyell a nommée post-pliocène. Avant la formation des terrains de cette période on n'en retrouve aucune trace. Les restes osseux n'ont été constatés que dans des gisements quaternaires où sans cesse des fouilles nouvelles en font découvrir. Il est clair, d'après cela, que le berceau d'aucune de leurs races n'a pu être là où ces terrains font défaut. De l'aire géographique actuelle il faut donc éliminer tout ce qui est de formation plus ancienne. Il est certain, par exemple, que pas une des races animales qui peuplent présentement notre Bretagne n'a eu là son berceau. Toutes y sont venues nécessairement d'ailleurs. Elles s'y sont étendues ou elles y ont été transportées ou plutôt conduites par des migrations humaines. C'est du reste ce que nous avons établi pour l'une d'entre elles, la race chevaline venue d'Asie avec les constructeurs de monuments mégalithiques. Si un seul point de l'aire présente la formation géologique dont il s'agit, il ne peut pas y avoir de doute : là est le berceau ; c'est de là que la race s'est irradiée. Les meilleures conditions de vie pour la race s'y trouvent d'ailleurs réunies. Les sujets encore aujourd'hui, dans les conditions naturelles, y atteignent le développement le plus complet.

Mais le cas ne se montre maintenant que d'une façon exceptionnelle et pour les races dont l'extension a été exclusivement naturelle, par conséquent en général assez limitée. Le plus souvent, la formation se trouve sur deux ou plusieurs points de l'aire actuelle, qui alors n'est plus continue. Il arrrive que ses portions sont séparées par la mer et alors on constate que la séparation est due à un phénomène géologique postérieur à l'extension naturelle de la race. C'est ce que nous voyons notamment pour les Iles Britanniques. Sur des aires exclusivement continentales, les espaces intermédiaires plus ou moins nombreux et plus ou moins étendus sont occupés par d'autres races. En ce dernier cas, l'histoire des migrations et des invasions humaines est un guide sûr pour conduire au berceau. C'est ainsi que nous voyons la race chevaline germanique sur tous les points où les envahisseurs germains se sont établis dans les premiers siècles de notre ère. L'ethnogénie animale et l'ethnogénie humaine marchent à peu près toujours de front. En l'absence de faits historiques, reste notre première donnée. Entre deux lieux possibles sur la même aire géographique, les plus grandes probabilités sont évidemment en faveur de celui qui présente pour la race les meilleures conditions de vie. On se rattache de plus en plus dans les sciences naturelles, en géologie surtout, à ce qu'on nomme la doctrine des causes actuelles. On pense que les phénomènes se sont toujours passés comme ils se passent à présent et c'est en ce sens que la théorie de l'évolution prenant la place de celle des révolutions et des cataclysmes est celle qui a le plus de chances d'être vraie. Là où la race vit le mieux dans ses conditions naturelles, là a dû être son berceau. En la prenant vers un point quelconque de la périphérie et la suivant vers l'intérieur de son aire, on la voit toujours aller s'améliorant jusqu'à un point culminant qui se montre sur le lieu même du berceau. Cela, bien entendu, ne s'applique qu'à l'aire naturelle et reste en dehors de l'intervention des méthodes zootechniques.

En s'irradiant à partir du berceau, à la recherche des subsistances, les races n'ont pu manquer de rencontrer des conditions variées, différentes de celles de leur point de départ, les plus favorables nécessairement. A ces conditions variées il leur a fallu s'accommoder. L'étude des limites de l'accommodation à des milieux nouveaux nous intéresse au plus haut point. C'est encore là des données fondamentales de la zootechnie scientifique, dont nos devanciers ne se sont pas suffisamment occupés. Il serait plus exact de dire qu'ils ne s'en préoccupaient à aucun degré. Le cosmopolitisme absolu des races semblait être pour eux une sorte d'article de foi.

A leurs yeux, les agents d'amélioration héréditaire pouvaient être pris n'importe où. Les considérations de sol et de climat ne comptaient pas. C'était, du reste, la conséquence obligée de l'absence de notion des aires géographiques. L'observation des races en partant, au contraire, de cette notion va nous permettre de déterminer avec une grande précision les limites de l'accommodation et de donner ainsi de ce chef aux opérations zootechniques des bases certaines.

L'accommodation concerne à la fois les fonctions de relation et les fonctions de nutrition. Celle des premières est certainement intéressante à étudier, mais seulement à l'égard des animaux sauvages. Nous nous en tiendrons ici aux fonctions de nutrition plus spécialement zootechniques. Ces fonctions sont influencées par la puissance productive du sol qui règle les subsistances et par les conditions atmosphériques de température, de pression et d'hygrométricité.

L'observation des races sur les différents points de leur aire géographique montre que l'organisme jouit, sous le rapport des besoins alimentaires, d'une grande élasticité. Les jeunes qui se développent avec une alimentation restreinte, en quantité ou en qualité, eu égard aux ressources du berceau de leur race, subissent tout simplement une réduction de taille et de volume proportionnelle à la restriction. Les exemples sont nombreux qui montrent que cette réduction peut aller fort loin. En comparant notamment les poneys des îles Shetland à ceux du pays de Galles, qui sont les uns et les autres de la même race irlandaise, ou encore les vaches de la Fionie à celles de la Frise néerlandaise de la race des Pays-Bas, mieux encore certains chevaux d'Andalousie et des Maremmes de la Toscane à ceux du Holstein, ou les bœufs des vallées des Hautes-Pyrénées à ceux du pays garonnais, on constate des écarts qui vont parfois du simple au double. Dans tous les cas, il est clair qu'en changeant de milieu la race s'est accommodée à une alimentation moins riche et que ses besoins nutritifs se sont réduits. Entre les extrêmes comme ceux que nous venons de citer pour rendre le fait plus frappant, on observe toutes les transitions intermédiaires, montrant que le phénomène s'est accompli lentement et progressivement à mesure que l'extension de la race se faisait. En ce sens il est permis de penser que la limite d'accommodation n'est guère posée que par la complète stérilité du sol. Le passage brusque de l'abondance à la disette met à coup sûr l'organisme à une épreuve difficile, sinon impossible à supporter. Mais pourvu que les transitions soient ménagées durant une suite suffisamment longue de générations il est évident qu'il n'y a point là d'obstacle insurmontable à l'extension des races. L'appareil digestif essentiellement actif jouit au plus haut degré de la faculté de s'accommoder. La race s'amoindrit jusqu'aux dernières limites, à mesure que les subsistances diminuent, mais tant qu'il en reste, si peu que ce soit, elle ne périt point. Le fait est certain. Le squelette n'acquiert que le développement proportionné à la richesse du sol en acide phosphorique et en chaux et c'est lui qui commande tout le reste de l'organisme, dont il forme la base. Étant donnée la composition d'un sol on en peut conclure à coup sûr la taille des animaux qui l'habitent et jusqu'à un certain point leurs aptitudes. En ce sens la géographie physique est donc une des connaissances les plus précieuses pour les études zoologiques. Elle doit être considérée comme un des éléments indispensables pour l'appréciation complète des races.

Quand on envisage les écarts de température atmosphérique comme ceux qui existent entre les régions tropicales et les boréales ou les australes, même seulement celles dites tempérées, on est conduit par les faits à reconnaître que les races de l'une de ces régions sont dans l'impossibilité d'accommoder leur organisme aux conditions de l'autre. Il ne peut pas se plier à des écarts si grands. Les animaux des pays tropicaux meurent de consomption dans les régions froides. Ils ne peuvent pas davantage supporter les hivers des climats tempérés. Leur organisme s'use à dégager de la chaleur. Ceux des pays froids succombent dans les régions tropicales à la nutrition insuffisante qu'occasionnent les troubles intestinaux. Il n'y a pas, croyons-nous, d'exemple d'une accommodation de ce genre, même à la suite de transitions ménagées par un long temps et de lentes migrations.

Mais en deçà de ces écarts extrêmes il n'en est plus ainsi. Quelques degrés de différence dans la température moyenne du lieu ne paraissent pas être pour l'accommodation un obstacle insurmontable. Nous voyons entre autres la race bovine des steppes supporter les hivers longs et rigoureux de la Russie méridionale et vivre également depuis l'antiquité en Égypte et dans l'Italie centrale. Elle est, selon toutes les probabilités, originaire de l'Extrême-Orient, par conséquent d'un climat chaud. Elle a donc dû s'accommoder aux hivers russes. Les rennes qui, dans les temps quaternaires, étaient abondants au Sud de la Gaule comme en témoignent les nombreux restes qu'ils y ont laissés ne se trouvent plus que vers les régions boréales.

On croit communément qu'ils y ont émigré pour la raison d'un changement dans le climat. C'est possible, mais bien d'autres motifs peuvent aussi avoir contribué à les faire disparaître de leur ancien habitat. Le peu de difficulté qu'ils éprouvent à se maintenir dans nos ménageries, semble prouver que l'élévation de la température n'aurait pas suffi pour les faire disparaître. Quoi qu'il en soit il est bien certain que les faibles écarts se présentent assez fréquemment.

De même pour les écarts dans la pression atmosphérique, si la différence d'altitude dépasse 2.000 mètres, on observe des phénomènes que Jourdanet d'abord, puis Paul Bert ont bien étudiés sous le nom d'anoxyhémie. L'air raréfié n'alimente plus suffisamment en oxygène l'hémoglobine du sang habitué à une ration plus forte. L'organisme lutte durant un certain temps, mais il finit toujours par succomber. On en connaît, au contraire, plusieurs qui se sont accommodées de différences d'altitude d'un millier de mètres environ. Nous avons une race en France qui est dans ce cas, celle de nos monts d'Auvergne. Il y en a aussi en Suisse, celles des Alpes et du Jura. La première vit également sur les plaines du Languedoc et sur les Pyrénées ariégeoises : la seconde sur l'Oberland bernois et sur la vallée de la Saône ou les herbages du Nivernais.

L'expérience montre qu'entre ces limites les transitions ne sont même point indispensables. L'accommodation si elle est nécessaire n'est toutefois pas sensible. On voit à chaque instant des sujets transportés brusquement de la montagne sur la plaine y conserver la plénitude de leurs attributs.

Bien différentes sont, au contraire, les conditions à l'égard de l'état hygrométrique de l'atmosphère. Le moindre écart suffit pour que l'accommodation paraisse impossible, aussi bien dans un sens que dans l'autre. Les races originaires des climats humides périclitent sous les climats secs ; celles dont le berceau est un climat sec, périssent encore plus vite quand on les transporte en un lieu saturé d'humidité. Ici rien en effet ne les met en mesure de réagir. Contre de telles influences, l'organisme est absolument passif, accoutumé à une certaine diffusion de son eau dans l'atmosphère par les poumons et par la peau, dépendante de la qualité de l'air qui l'entoure, il ne peut rien contre les changements qui se produisent dans le milieu intérieur par suite de la rupture de son équilibre normal. L'histoire de l'extension des races ovines dans le courant de ce siècle, particulièrement de celle des mérinos nous en fournit des preuves frappantes.

En présence des avantages considérables obtenus par l'introduction en France des bêtes à laine d'Espagne, vers la fin du XVIIIe siècle, le Premier Consul voulut que notre pays en fût doté dans toutes ses régions.

Par son ordre des bergeries nationales furent à cet effet établies en grand nombre, en vue de leur propagation. Pour des causes diverses certaines ne prospérèrent pas, mais le point intéressant, que nous visons, c'est que du côté de l'ouest on vit bientôt périr tous les mérinos établis au delà de la ligne où commence le climat océanien. Cette ligne bien connue des météorologistes marque la limite infranchissable (région septentrionale des mérinos français). Toutes les tentatives depuis lors ont échoué pour la leur faire franchir. Sous le climat océanien les mérinos originaires des régions méditerranéennes succombent infailliblement à l'hydrohémie. Ils ne peuvent s'accommoder à une atmosphère saturée (Sanson).

En somme, on voit qu'au point de vue de l'histoire naturelle pure, les races n'ont rencontré dans leur extension que des obstacles peu nombreux. La grande étendue de leur aire géographique en fait foi. Les variétés qu'elle présente montrent en outre les modifications auxquelles elles se sont prêtées pour s'accommoder aux conditions nouvelles. Si le cosmopolitisme n'est pas absolu, l'étude des types et l'histoire des migrations de bon nombre d'entre eux nous apprennent qu'il reste toutefois une grande marge. On se tromperait fort cependant et l'on commettrait une grave faute, si l'on déduisait du fait ainsi constaté la conclusion zootechnique qu'il semblerait comporter. Tout ce qui est possible en effet n'est pas nécessairement possible. En zootechnie comme en toute chose industrielle l'utile seul doit être entrepris. Le succès final ne suffit pas : il faut se demander à quel prix il pourra être obtenu. L'accommodation à un milieu nouveau est toujours le résultat d'une lutte dont nous devons payer les frais, dans la plupart des cas, sinon toujours, ces frais dépassent la valeur du bénéfice qui peut être tiré du résultat acquis. L'histoire de la zootechnie nous en fournirait de nombreux exemples au besoin. Tant que dure la lutte pour l'accommodation, qu'on appelle plus volontiers l'acclimatement bien que le terme soit moins approprié, la machine animale travaille pour elle en vue de sa propre conservation et non point pour nous. Pratiquement, il n'y a en vérité point de cas où l'avantage de faire les frais de cette lutte soit évident. Ce qui est évident, au contraire, c'est la notion toujours favorable que présente l'exploitation des races dans leur propre aire géographique. Là du moins on est sûr d'avoir constamment pour soi l'influence du sol et celle du climat et de n'avoir à lutter contre aucune circonstance naturelle contraire et par conséquent d'atteindre le but des méthodes zootechniques pourvu que l'application en soit faite convenablement. Le moins qu'il puisse advenir des sujets d'une race ainsi exploitée dans les limites de son aire naturelle, c'est qu'ils conservent leurs aptitudes normales. Et c'est à ce point de vue essentiellement pratique que la notion de l'aire géographique de la race a surtout un si grand intérêt.

La variété. — Après ce que nous venons de voir, nous pourrons appeler variété un groupe d'individus de même race se distinguant des autres par un ou plusieurs caractères qui sont des effets de la variation.

Les variétés, d'après cela, ne peuvent avoir et n'ont en effet qu'une fixité relative. Leur maintien est subordonné à celui des conditions dans lesquelles elles se sont formées. Elles ne subsistent qu'aussi longtemps que celles-ci ne varient point. On distingue dans les races, des variétés naturelles et des variétés artificielles. Les premières sont zoologiques et les secondes zootechniques. Ces dernières seules nous intéressent. Elles se produisent, soit sous l'influence des changements de fertilité du sol, ou, soit par l'application des méthodes zootechniques. Dans presque toutes les races animales domestiques on en constate de ces diverses sortes. L'objet essentiel de la zootechnie est d'en créer qui soient le plus possible aptes à satisfaire les besoins de la société, à répondre aux exigences du progrès.

La plupart des variétés animales existantes sont, dans l'état actuel des choses, généralement prises pour des races véritables et qualifiées en conséquence, non seulement dans le langage courant, mais encore dans les ouvrages spéciaux. Cela tient surtout à la fausse définition qui a été donnée de la race et que l'autorité de ses auteurs a fait passer dans la science. D'après cette définition, la race serait une variété constante de l'espèce. On ne s'est pas aperçu qu'elle implique une contradiction même dans les termes. Par cela seul que la variété est un effet de variation, elle ne peut pas cesser de varier pour devenir constante. Il a été dit aussi que la race est une variété héréditaire. La variété réelle est assurément héréditaire, mais sauf variation nouvelle, contre laquelle l'éleveur vise parfois à lutter, mais qu'il cherche au contraire à provoquer dans bon nombre de cas. Nous savons maintenant que seuls les caractères spécifiques sont constants. L'idée de constance et celle de variété ne peuvent donc point s'associer logiquement. En fait, parmi les variétés connues il n'y en a pas une seule dont la constance puisse être établie même pour une courte série d'années. Les exemples qu'on en a quelquefois cités se rapportent au type spécifique, caractéristique de la race véritable, non pas à des effets réels de variation.

En réalité, dans les divers genres d'animaux il y a un certain nombre d'espèces naturelles, dont chacune est représentée, dans le temps et dans l'espace, par sa race, c'est-à-dire par la descendance du premier couple qui l'a manifestée à son début. Dans cette race il s'est formé et se forme encore, par variation naturelle ou artificielle, des variétés distinctes par la taille, par les formes corporelles, par la couleur ou les combinaisons de couleurs, par telle ou telle aptitude plus ou moins développée. La race de chaque espèce est donc toujours actuellement représentée par des variétés dont le nombre est d'autant plus grand que son aire géographique est plus étendue et qu'elle comporte des conditions de milieu plus variées.

La variation. — Le produit, disions-nous en commençant l'étude de la race, est semblable à ses parents, il ne leur est pas identique. Les ressemblances sont la part de l'hérédité, les différences sont celles de la variation.

Pour que la distinction ainsi établie soit vraie, il faut prendre le mot parents dans son acception la plus étendue, comprenant toute la lignée ascendante, depuis le père et la mère jusqu'aux ancêtres de l'espèce et du genre, en passant par les grands-parents et aïeux de tous les degrés. Il faut aussi rattacher à l'hérédité tous les caractères en apparence nouveaux qui ne sont que des combinaisons nouvelles de caractères hérités. Un mulâtre n'a jamais eu que des parents blancs ou noirs; sa nuance n'en est pas moins héréditaire.

Il ne faut mettre au compte de la variation que ce qui est vraiment nouveau, nouveau de toutes pièces, ou, du moins, comportant un élément essentiel qui ne soit pas hérité.

Les caractères hérités sont si innombrables, quand on les décompose en leurs éléments, leurs combinaisons paraissent si infiniment variées, quand on songe à tous les arrangements possibles, que l'on est en droit de se demander si vraiment la variation existe, si tout caractère en apparence nouveau n'est pas, comme la nuance brune du mulâtre, l'effet d'une combinaison à éléments plus multiples peut-être et intriqués d'une façon plus compliquée. On a des exemples de variation en apparence tout à fait nouvelle et qui n'étaient peut-être que des effets d'atavisme lointain.

Maupertuis, Girou ne voyaient dans la variation que des réapparitions de caractères ancestraux.

Weissmann a cru un moment que tous les caractères par lesquels les Métazoaires diffèrent des Protozoaires pouvaient provenir des caractères de ceux-ci majorés, et diversement combinés. Mais il admet maintenant l'apparition de caractères vraiment nouveaux et personne, je crois, ne la nie aujourd'hui. C'est seulement sur leur importance et leur étendue que porte la discussion entre les évolutionnistes des différentes écoles et entre ceux-ci et les rares partisans de la fixité de l'espèce.

Comment nier la variation après les travaux de Darwin et le récent ouvrage de Bateson ! D'où le pigeon culbutant tire-t-il sa singulière habitude, si elle n'a pas apparu dans sa race à titre de variation nouvelle? Dira-t-on que, jusqu'à l'origine des êtres, il a toujours eu des ancêtres acrobates? Voici une femme qui a une mamelle supplémentaire dans l'aisselle. Où est son ancêtre à mamelles axillaires? On dira peut-être que la mamelle est une glande sébacée modifiée, que sa mamelle axillaire résulte d'une combinaison de l'existence de glandes sébacées dans l'aisselle et de la tendance héritée à transformer certaines glandes sébacées en mamelles. Mais il y a bien toujours ceci de nouveau que la transformation a porté sur un groupe de glandes qui ne prenaient jamais ce caractère chez ces ancêtres. C'est cela qui constitue la variation.

Et, si l'on va au fond des choses, on verra que la plupart des caractères ont nécessairement pour origine la variation.

Les croisements nous donnent la mesure des effets de la combinaison des caractères.

Avec un cheval et un âne, on peut faire un mulet, mais sans la variation, on ne fera jamais un équidé avec des bêtes à cornes, ni un ongulé avec des pachydermes et des carnassiers.

Non seulement la variation existe, mais elle est universelle, s'étend à tous les êtres et porte sur tous les caractères. C'est le grand mérite de Darwin d'avoir senti et montré que la nature n'est pas figée, que tout en elle est un mouvement de variation incessante.

Lamarck avait eu l'idée générale que les espèces peuvent varier pour se transformer ; Darwin a compris qu'elles variaient sans cesse, même quand elles ne se transforment plus.

La variation porte sur tous les caractères : anatomiques, physiologiques et psychologiques.

Les exemples de variation anatomique sont si nombreux qu'il est inutile d'en citer ici pour démontrer leur existence. Pour la variation physiologique, comment nos éleveurs auraient-ils pu, sans elle, obtenir des chevaux plus rapides que tous les chevaux sauvages, des bêtes de boucherie plus aptes à l'engraissement que toutes celles qui vivent en liberté? Comment nos agriculteurs eussent-ils obtenu des graines plus précoces, des fruits plus savoureux que tous ceux des plantes dont ils les ont tirés?

Enfin, la variation psychologique se manifeste dans les adaptations de l'instinct. Émery nous montre un grimpeur, le Nestor, devenu à la Nouvelle-Zélande, un oiseau de proie qui s'attaque à des mammifères plus gros que lui, et la Lucinia sericaria, qui vit sur les bêtes mortes et en putréfaction, devenue mouche parasite en Hollande.

Pour arriver à mettre un peu d'ordre dans la multitude disparate des faits de variation, il est indispensable d'établir quelques catégories. On peut d'abord distinguer les modes de la variation et ses sortes, suivant qu'on la considère en elle-même ou dans ses rapports avec les organes qu'elle atteint.

Ses modes peuvent être envisagés de diverses façons ; à un point de vue, il est utile de distinguer les variations lente et brusque ; à un autre, les variations indépendante, corrélative et parallèle.

Ses sortes diffèrent selon qu'elle portera sur le nombre, la disposition ou la constitution (taille, couleur, forme) des organes.

Nous devons laisser ici de côté les causes théoriques qui seront examinées plus loin et nous occuper seulement des causes de fait de la variation. Ces dernières sont au nombre de trois dont une seule est vraiment importante et réelle.

Cette cause réside dans les conditions de vie, qui se dédoublent elles-mêmes en causes secondaires très nombreuses; climat, alimentation, actions mécaniques, physiques, chimiques de toutes sortes, et rapports avec les autres êtres, en particulier, le parasitisme. La reproduction amphimixique est considérée comme une cause très puissante de variation.

En réalité, elle n'introduit pas d'éléments nouveaux, mais, comme elle varie leurs combinaisons, nous pourrons l'examiner ici sous cette réserve. Enfin, notre ignorance nous oblige à admettre une multitude de variations que nous appellerons spontanées faute de savoir ce qui les produit.

On a donné le nom mal justifié de lois de la variation à quelques faits généraux, ou, si l'on veut, à certaines règles, qui, sans être constantes, tant s'en faut, se vérifient assez souvent pour qu'il y ait intérêt à les énumérer. Elles n'expliquent rien d'ailleurs et demandent à être elles-mêmes expliquées par les théories de la variation.

Geoffroy Saint-Hilaire a remarqué que les organes nombreux sont plus variables par le nombre et la forme que ceux qui sont uniques ou peu nombreux. Il suffit de parcourir l'important recueil de Bateson pour trouver une confirmation de cette règle dans le fait que les variations méristiques sont beaucoup plus nombreuses que les autres. Darwin croit que cela peut tenir à la moindre importance physiologique de ces organes. Avant de chercher une explication de ce genre, il serait peut-être utile de chercher si cela ne tiendrait pas simplement à ce qu'étant plus nombreux, ils ont plus de chances d'être atteints par la variation. A-t-on bien compté si les dents dont nous avons 32 et les doigts dont nous avons 10 sont plus de 16 fois ou plus de 5 fois atteints par la variation que les yeux dont il n'y a que deux? Cela est possible, mais il serait prudent de le vérifier.

Darwin cite la loi suivante qu'il rapporte à Walsh : si un caractère est très variable ou très constant dans une espèce, il l'est aussi chez les espèces voisines. Darwin lui-même a exprimé presque la même idée, lorsqu'il a dit : les organes qui, chez nos races domestiques, varient le plus sous l'action de la domestication sont ceux qui diffèrent le plus dans les espèces naturelles du genre.

La variation parallèle nous a montré divers exemples de ces règles. D'autre part, Sageret a reconnu que plus un organe a déjà varié, plus il tend à varier encore et les éleveurs et horticulteurs sont d'avis que, pour obtenir une variation déterminée d'un organe, il faut chercher à produire des variations quelconques de cet organe, il faut l'affoler ; c'est là le plus difficile ; mais quand on y est arrivé, rien n'est plus facile que de diriger ces variations désordonnées et de leur faire produire ce qu'on veut.

Fort importante, mais non admise sans conteste, est la règle suivante de Darwin : les plantes soumises à la culture, on peut même dire, les animaux soumis à des changements quelconques dans leurs conditions de vie ne commencent à varier qu'au bout de quelques générations. Ainsi le Dalhier, transporté de la Nouvelle-Hollande en Europe, est demeuré plusieurs années sans varier ; puis, tout à coup, des graines recueillies sur des plants de couleur uniforme, sont nées les variétés multiples, qui présentent toutes les nuances possibles à l'exception du vert et du bleu. Les faits de ce genre sont très nombreux, mais on en cite aussi de signification exactement inverse. On se rappelle les Huracium de Nægeli. Cet auteur affirme que toute variation due aux conditions de vie se produit totale dès la première génération et ne s'accroît plus ensuite ! Weissmann, au contraire, est d'avis que les variations accumulées qui conduisent aux formes nouvelles ne se produisent jamais que lorsque plusieurs générations ont permis aux conditions ambiantes d'influencer le plasma germinatif moins accessible que le soma, Darwin paraît pencher vers une idée semblable, mais il semble que la chose dépend des circonstances, car il y a des faits indéniables en faveur des deux opinions.

Rappelons ici la règle citée d'après laquelle les variations qui se produisent de bonne heure tendent à passer aux deux sexes, tandis que celles qui apparaissent tard tendent à ne passer qu'au sexe de même nom.

Enfin, à ces règles, il me semble que l'on peut en ajouter une, entrevue par Krause et par Riley, savoir que : la différenciation organique favorise la production des variations, mais limite leur étendue.

Plus un être est élevé en organisation, plus il est sensible aux modifications de vie, et apte à varier comme elles, mais plus aussi, il est sensible aux conditions de destruction en sorte que les modifications étendues le détruisent sans lui permettre de s'adapter.

CHAPITRE II

LA VARIATION EXPÉRIMENTALE

L'exploitation des animaux nécessitant une connaissance parfaite des phénomènes de variation, nous croyons pouvoir donner sous une forme générale un développement que ce problème n'a trouvé dans aucun traité d'élevage. C'est surtout au point de vue expérimental que nous nous placerons en recherchant les faits dans toutes les races d'animaux afin de mieux faire saisir les diverses influences qui peuvent agir sur le cheval, qui agissent sûrement sur lui, mais que nous n'observons pas toujours.

On peut dire que l'étude de la variation consiste :

1° A noter et à classer les différences entre les parents et leurs descendants ;

2° A déterminer par l'observation et par l'expérience les causes de ces différences et spécialement à rechercher pourquoi certaines de ces différences seulement sont transmises aux générations futures.

Les faits relatifs à la variation ont été étudiés tout au long, dans un ouvrage récent, par M. Bateson ; aussi discuterai-je surtout les causes de la variation.

De tout temps, on a remarqué des différences de forme et de tempérament entre les reproducteurs et leurs produits ; depuis longtemps les éleveurs ont noté des traits nouveaux parmi leurs sujets et dans leurs troupeaux ; pourtant l'étude systématique de la variation est de date tout à fait récente. Cela n'a rien de surprenant. Tant que l'idée d'immutabilité des espèces a prévalu, la collecte de faits relatifs à la variation et l'étude des causes de ce phénomène n'avaient rien d'attirant ; plus tard, après l'apparition, en 1859, de l'*Origine des espèces*, les biologistes furent surtout absorbés par la discussion de la théorie de la sélection naturelle. Mais aujourd'hui que ces discussions sur la nature et l'origine des espèces ont cessé de retenir d'une façon aussi exclusive l'attention des biologistes, la variabilité des espèces, — origine du développement progressif, — prend une place de plus en plus grande dans les préoccupations de la science biologique.

Pour étrange que cela puisse paraître, les naturalistes de la fin du XVIIIe siècle s'occupaient plus des causes de variation que ne le firent leurs successeurs de la fin du XIXe siècle. Buffon, qui a traité presque tous les grands problèmes intéressant aujourd'hui les naturalistes, a envisagé la question de variation, et il arrive à cette conclusion qu'elle est due à l'action directe du milieu ; il a même inventé une théorie (qui ressemble étrangement à la théorie de la pangenèse de Darwin) pour expliquer comment les variations somatiques sont converties en variations germinales. Erasmus Darwin et Lamarck ont eu aussi leurs idées sur les causes de variations. Erasmus Darwin croyait que la variabilité résultait des efforts faits par l'individu, de nouvelles structures étant graduellement élaborées par les organismes qui s'efforçaient constamment de s'adapter au milieu ambiant. Vers la même époque, Lamarck s'efforçait de prouver que les changements dans le milieu ambiant produisaient de nouveaux besoins qui, à leur tour, provoquaient la formation de nouveaux organes et la modification des anciens, l'usage ayant pour conséquence de perfectionner les nouveaux et le non-usage entraînant la disparition des anciens. Tous deux, Erasmus Darwin et Lamarck, sans essayer de rechercher une explication comme celle que fournit la pangenèse, sans même en voir le besoin, semble-t-il, admettaient que les modifications définitivement acquises étaient transmises aux descendants; tous deux admettaient en outre que les variations ne se produisaient pas dans plusieurs directions, mais dans une seule ; ils n'avaient par suite pas à se préoccuper de la sélection. Les spéculations d'Erasmus Darwin et de Lamarck n'eurent que peu d'influence ; il appartenait à Charles Darwin d'établir sur de nouvelles bases, plus durables, la théorie de l'évolution.

Charles Darwin se rendit nettement compte que la variation se produit dans des directions différentes et il arriva à cette conclusion, d'une portée immense, que les variétés les mieux appropriées sont celles qui ont chance de donner naissance à de nouvelles espèces. Bien qu'impressionné par l'importance exceptionnelle de la sélection, Charles Darwin comprenait que « son action dépendait absolument de ce que, dans notre ignorance, nous appelons la variation spontanée ou accidentelle ». Pourtant Darwin s'occupa finalement, plus de la sélection que de la variation, sans doute parce qu'il croyait que la variabilité ne tenait qu'une place tout à fait secondaire comparativement à la sélection naturelle ; il est à noter toutefois qu'il s'efforça, plus que tout autre naturaliste, de recueillir les faits relatifs à la variation, et qu'en outre il s'occupa assez longuement des causes de la variation. Il inclinait à penser

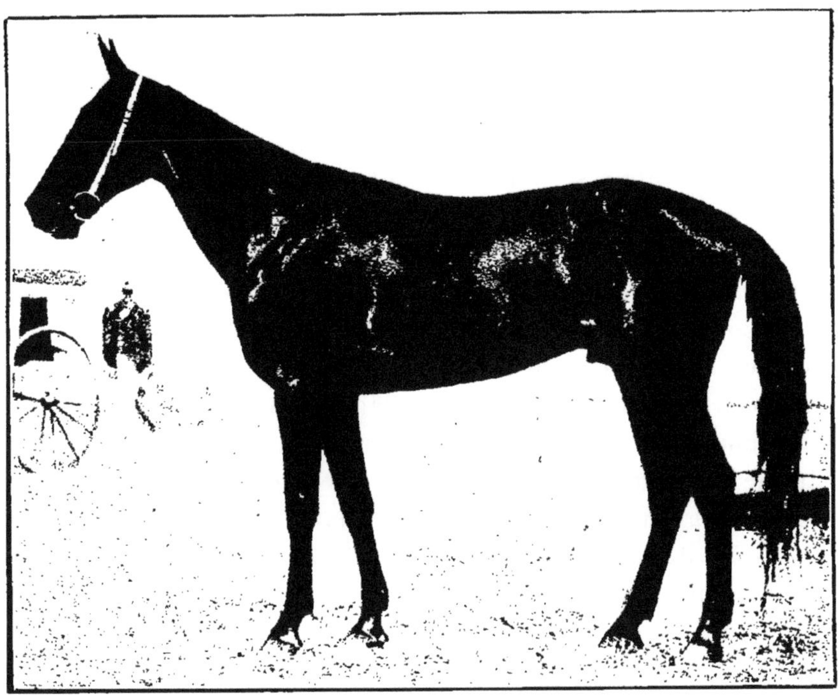

Prince Alert, ambleur américain, record du mille en 1'57", le cheval de harnais le plus vite du Monde.

que « ces variations de toutes sortes et de tous degrés sont causées, directement ou indirectement, par les conditions de la vie à laquelle chaque être, ou plus spécialement ses ancêtres ont été exposés ». De toutes les causes qui produisent la variation, il croit que l'excès d'aliments est probablement la plus puissante. Enfin, en dehors des variations se produisant spontanément suivant des lois fixes et immuables, Darwin pense avec Buffon qu'il y a aussi des variations causées par l'action directe du milieu environnant, et il admet avec Lamarck que l'usage et le non-usage des parties peuvent expliquer la transmission des variations de ce genre.

Darwin semble avoir toujours regardé l'action directe des circonstances ambiantes, ainsi que de l'usage et du non-usage, comme n'étant le plus souvent que des causes subsidiaires de variations; mais M. Herbert Spencer et ses élèves considèrent l' « héritage par usage comme un facteur de toute importance en matière d'évolution, tandis que Cope et ses élèves en Amérique, par un mélange de la konetogenèse de Spencer et de l'archaesthétisme de Lamarck, semblent vouloir expliquer l'évolution des animaux sans le secours de la sélection naturelle. M. Weissmann et d'autres ont donné, dans ces derniers temps, de fortes raisons à l'appui de cette thèse, que toute variation est le résultat de changements dans le plasma germinatif, changements finalement dûs à des stimulants extérieurs, le milieu environnant agissant directement sur les organismes unicellulaires, indirectement sur les organismes multicellulaires.

On peut désigner comme néo-lamarckiens les biologistes qui croient avec M. Herbert Spencer, à la loi de l'habitude et de la désuétude, et comme néo-darwiniens, ceux qui, avec Weissmann, refusent d'accepter la doctrine de la transmission des caractères acquis et, dans le cas d'organismes multicellulaires, l'influence directe du milieu ambiant comme une cause de variation. En discutant la variabilité, je supposerai que toutes les variations sont transmises par les cellules-germes, que la cause primaire de la variation est toujours l'effet d'influences extérieures, telles qu'aliments, température, humidité, etc., et que « l'origine d'une variation est également indépendante de la sélection et de l'amphimixie » (Weissmann, le *Plasma-germe*, p. 431), l'amphimixie étant simplement l'ensemble des moyens par lesquels se produisent les différences par hérédité et les différences acquises par les cellules-germes durant leur croissance et leur maturation.

Théoriquement, le descendant devrait être un mélange égal des parents et (à cause de la tendance à la réversion) de leurs ancêtres respectifs; quand il y a déviation soit dans une direction ancienne, soit dans une direction nouvelle par rapport à cette condition intermédiaire idéale, on peut dire qu'il y a variation subie. Les variations les plus évidentes consistent en une différence de forme, de teinte et de couleur, dans la rapidité de croissance, dans la période à laquelle est atteinte la maturité, dans la fécondité, dans le pouvoir de résister à la maladie et au changement de l'ambiance.

Fréquemment certains des descendants ressemblent absolument

aux ancêtres immédiats, tandis que d'autres, ou bien rappellent un ou plusieurs des ancêtres éloignés, ou bien représentent des types intermédiaires entre les parents, ou encore offrent des caractères tout à fait nouveaux. Des semis similaires d'une même capsule donnent souvent des sujets différents. Pouvons-nous, pour expliquer ces différences, nous contenter de dire avec Darwin que les variations sont dues à des lois fixes et immuables, ou nous faut-il souscrire à l'assertion de Weissmann déclarant qu'elles sont « dues à la récurrence constante de légères inégalités de nutrition du plasma-germe » ? Weissmann explique les variations ordinaires en disant que la réduction du plasma-germe durant la maturation de la cellule-germe est qualitative aussi bien que quantitative, autrement dit que le plasma-germe retenu dans l'ovule pour former le pré-noyau femelle serait différent du plasma-germe déchargé dans le second corps polaire. Il explique les variations discontinues par « l'action permanente de changements uniformes dans la nutrition ». Ces changements uniformes dans la nutrition agissent pour modifier dans une direction constante les groupes susceptibles de germes-unités (déterminants) et donnant naissance, après un certain temps, à des genres nouveaux. Devons-nous nous déclarer satisfaits de ces explications, ou est-il possible de nous rendre compte de quelques-uns des cas de variabilité que nous rencontrons, par exemple, des différences dans la maturité des parents ou des cellules-germes, en mettant ces cas au compte de l'influence exercée sur les cellules-germes par les croisements ou d'une modification du soma dans lequel elles sont logées, soit qu'il y ait augmentation de vigueur par suite d'un changement de nutrition ou d'habitat, soit, au contraire, qu'il y ait dépérissement par suite de circonstances environnantes défavorables ou de maladie ? En d'autres termes, y a-t-il des raisons valables de croire que les cellules-germes sont extrêmement sensibles aux changements pouvant survenir dans leur ambiance immédiate, c'est-à-dire aux modifications du corps ou soma les contenant, et d'admettre que les caractères des descendants dépendent dans une large mesure de ce que les cellules-germes ont subi récemment un rajeunissement ?

Évidemment si, toutes choses égales d'ailleurs, le descendant varie avec l'âge des parents, le degré de maturité des cellules-germes et avec le bien-être corporel, la division qualitative du noyau, division sur laquelle Weissmann compte tant pour expliquer la variation ordinaire, devra être écartée.

L'âge est-il une cause de variation ? — Au cours de ses expériences sur la variation, Ewart s'est efforcé de trouver une réponse à la question : l'âge est-il une cause de variation? Pendant le développement, alors que la presque totalité du nutriment utilisable est absorbée pour l'édification des organes et des tissus du corps, les cellules-germes restent à l'état de repos. Mais, plus tôt ou plus tard, elles commencent pourtant à mûrir et éventuellement, dans la plupart des cas, à sortir des glandes-germes. « J'ai constaté, dit le savant professeur anglais, que les premières cellules-germes mûries étaient souvent stériles. Si, par exemple, des pigeons d'un même nid étant isolés, on les laisse s'accoupler dès qu'ils sont arrivés à maturité, il est rare que la première paire d'œufs donne des petits, et, bien que vigoureux en apparence, ils ne peuvent encore faire naître qu'un seul petit de la seconde paire d'œufs. Les choses se passent généralement de même quand on accouple des pigeons très jeunes, mais sans lien de parenté; si cependant une jeune femelle est accouplée avec un mâle vigoureux, arrivé à pleine maturité, ou si un jeune mâle est accouplé avec une femelle vigoureuse en pleine maturité, les œufs sont généralement fertiles dès la première couvée. Autant qu'on peut s'en rendre compte, il semble donc que les cellules-germes soient de structure parfaite dès le début, mais elles manquent de vigueur, ce que prouve pratiquement cette circonstance que la conjugaison de cellules-germes de deux oiseaux jeunes ne conduit à rien alors que la conjugaison des cellules-germes d'oiseaux tout à fait jeunes avec des cellules-germes d'oiseaux arrivés à maturité donne généralement des résultats immédiats.

« Les expériences suivantes indiquent bien que l'âge peut être une cause de variation. L'automne dernier, je reçus d'Islay deux jeunes pigeons mâles, bleu de roche, qui, quoique élevés en captivité, étaient considérés comme de race aussi pure que les oiseaux sauvages des cavernes d'Islay. En février dernier, l'un de ces pigeons, bien que non encore arrivé à maturité, fut accouplé avec une jeune femelle blanche, l'autre avec une femelle barbe noire extrêmement vigoureuse et en pleine maturité. Un pigeon blanc naquit du premier couple et deux pigeons noirs du second ; par suite sans doute de la jeunesse des parents du premier couple, le jeune pigeon blanc succomba dès qu'il eut quitté le nid, et ni la deuxième ni la troisième paire d'œufs ne donnèrent de résultats; ce ne fut qu'à la quatrième paire que les œufs furent amenés à maturité et donnèrent deux petits qui sont aujourd'hui à peu près dans leur plein développement. Ces jeunes pigeons sont d'un bleu plus sombre et paraissent plus grands et plus vigoureux que leur père. Comme chez la variété indienne, la croupe est bleue et, comme chez quelques pigeons bleus de l'Est, les ailes sont légèrement moirées ; pourtant ils ne diffèrent essentiellement de leur père que par la présence de quatre plumes supplémentaires dans la queue.

« La première paire d'oiseaux couvée par le pigeon noir arriva à maturité au commencement d'août et les petits pouvaient passer pour de jeunes pigeons en tout semblables à leur mère, mais avec des becs un peu plus longs. Depuis la première paire d'œufs couvée en mars, le couple a donné six autres petits. Un de ceux provenant de la deuxième ponte ressemble exactement aux premiers oiseaux couvés, l'autre est d'une couleur grisâtre avec des ailes légèrement mouchetées, un long bec et une queue barrée. Les oiseaux du troisième nid sont tous deux de couleur grisâtre, mais ils ont indistinctement les ailes et la queue barrées. De la quatrième paire l'un est grisâtre comme les oiseaux du troisième nid, l'autre est d'une couleur bleu foncé avec des ailes légèrement moirées et une tête, un bec et des barres comme chez le père bleu de roche. Le changement graduel du noir au bleu foncé dans le croisement entre pigeon bleu et pigeonne noire est très remarquable. Je ne puis expliquer la régularité quasi mathématique du changement qu'en supposant qu'il marche de pair avec l'augmentation graduelle de vigueur de jeune pigeon bleu accouplé à la femelle noire, comme celle fournie par l'accouplement de son frère avec la femelle blanche, peut être de couleur d'un bleu ardoise et rappeler aux autres points de vue le pigeon bleu sauvage. Beaucoup d'éleveurs expliqueraient ce rapprochement graduel des petits du type du père par la doctrine de saturation, — doctrine qui trouve avec raison beaucoup de faveur parmi les éleveurs, — mais cette explication ne paraît pas pouvoir être admise, car des résultats identiques ont été obtenus en accouplant de jeunes femelles avec des mâles en pleine maturité. »

Des résultats analogues ont été obtenus en accouplant de jeunes femelles de lapins gris avec des mâles angoras blancs : les premiers petits étaient blancs, les autres furent successivement blanc-gris et gris-bleuâtre.

Ces résultats montrent que si des chevaux ne présentant d'ailleurs que de légères différences, mais les uns jeunes, les autres vieux sont accouplés, ils peuvent donner naissance à une série merveilleusement parfaite de formes intermédiaires.

La maturité des cellules-germes est-elle une cause de variation ? — Si la différence d'âge peut parfois expliquer pourquoi les produits des premières couvées ressemblent à l'un des parents, elle ne saurait expliquer la variation très prononcée que l'on constate souvent dans une même couvée ni les dissemblances entre les membres d'une même famille humaine. Quand une cellule-germe simple fertilisée, donne naissance — comme cela arrive occasionnellement — à des jumeaux, ils sont toujours identiques; il faut donc admettre que les différences entre les membres d'une même famille ont leur source dans des différences entre les cellules-germes dont ils émanent. Si le rejeton varie avec le degré de maturité du soma, il peut aussi varier avec le degré de maturité des cellules-germes, ou tout au moins avec leur condition au moment de la conjugaison.

Il y a quelques années, M. H. M. Vernon, en étudiant l'hybridation des échinodermes, découvrit que « les caractéristiques du rejeton dépendent directement des degrés relatifs de maturité des produits sexuels » (*Proceedings Royal Society*, vol. LXIII, mai 1898). M. Vernon constata ultérieurement que l'ovule ayant dépassé la maturité (stale), fécondé avec du sperme frais, donnait des résultats très différents de ceux obtenus avec des ovules frais fécondés avec du sperme stale; d'où il inférait que la surmaturité (staleness) est une cause très puissante de variation (*Ibid.*, vol. LXV, novembre 1899).

J'ai constaté que si des juments dans la force de l'âge sont fécondées prématurément (c'est-à-dire un peu avant que l'ovulation soit convenable) par des étalons plus forts, les jeunes ressemblent aux pères; quand, au contraire, la fécondation se produit à l'époque usuelle, certains poulains ressemblent au père, d'autres à la mère, tandis que quelques-uns présentent des caractères nouveaux ou reproduisent plus ou moins exactement un ou plusieurs des ancêtres. Quand l'accouplement est reporté environ trente heures après le temps normal, tous les jeunes, c'est la règle, ressemblent à la mère.

On peut déduire de là que, chez les mammifères comme chez les échinodermes, les caractères des rejetons dépendent de la condition des cellules-germes au moment de l'accouplement, le rejeton provenant de l'union de deux cellules-germes également mûres différant de celui fourni par l'union de cellules-germes à maturité avec des cellules-germes non encore à maturité.

On peut dire que cette conclusion est en harmonie avec l'idée exprimée par Darwin, que les causes qui donnent lieu à la variabilité agissent probablement « sur les éléments sexuels avant que l'imprégnation ait été effectuée ». (*Animals and Plants*, vol. II, p. 259.) Les résultats déjà obtenus, quoique loin encore d'expliquer d'une façon complète pourquoi il y a souvent de grandes dissemblances entre les membres d'une même famille, peuvent conduire à d'autres expériences et inciter notamment les éleveurs à tenir des notes plus complètes. Il est superflu d'insister sur les avantages qui en résulteraient pour les éleveurs même s'ils pouvaient arriver à régler, ne fût-ce que dans une mesure légère, les caractères des rejetons.

La condition du soma est-elle une cause de variation ? — Il y a tout lieu de croire que les changements dans une partie quelconque du corps ou soma de nature à affecter le bien-être général, influencent les cellules-germes. On pouvait d'ailleurs s'y attendre si le soma chez les métazoaires est aux cellules-germes ce que l'ambiance immédiate est aux protozoaires. Le soma du premier forme un nid convenable, pour les cellules-germes ; suffisamment vieux et suffisamment nourri, il fournit les stimulants qui assurent la maturation des cellules-germes.

Si, dans le cas des protozoaires, la variation est due à l'action directe du milieu ambiant, on peut en déduire que dans les variations métazoaires les variations des cellules-germes résultent de l'action directe du soma, c'est-à-dire de l'action directe sur les cellules-germes de leur environnement immédiat. Mais il n'en faut pas conclure que les variations somatiques soient incorporées dans les cellules-germes (converties en variations germinales) et transmises aux rejetons.

On peut aussi se demander si la maladie, en réduisant la vigueur générale ou en contrariant la nutrition des cellules-germes, n'agit pas comme cause de variation. Un certain nombre de pigeons bleus de l'Inde infectés d'un parasite du sang (halteridium) assez semblable à l'organisme maintenant si généralement associé à la malaria ont été observés. Chez quelques-uns de ces pigeons, les parasites étaient très peu nombreux, chez d'autres, au contraire, ils étaient extrêmement nombreux. Les œufs d'une paire de ces oiseaux des Indes avec nombreux parasites furent inféconds. Les œufs d'une femelle avec nombreux parasites fécondés par un mâle avec peu de parasites furent fertiles, mais les jeunes moururent avant d'être prêts à quitter le nid. Un vieux mâle, avec comparativement peu de parasites, accouplé avec un demi-croisé anglais, ne donna qu'un petit ; la pigeonne anglaise avait les ailes et les épaules rougeâtres, le reste du corps blanc, le jeune oiseau provenant de son accouplement avec le vieux mâle indien est de couleur rougeâtre presque générale et ne s'écarte beaucoup, comme ressemblance, de la pigeonne croisée.

Quelque temps avant la seconde pondaison, les parasites avaient complètement disparu de chez l'oiseau indien qui paraissait complètement remis des fatigues de son long voyage aussi bien que de la fièvre. En temps convenable, une paire de petits vint à éclosion de la seconde paire d'œufs, et à mesure qu'ils approchèrent de l'état de maturité, il devint de plus en plus évident qu'ils présenteraient tous les caractères distinctifs du pigeon sauvage. La différence frappante entre le premier oiseau couvé et les oiseaux du second nid peut toutefois n'être pas due aux parasites de la malaria, mais au changement d'habitat.

Cependant un autre fait parle contre cette dernière explication. Un autre pigeon indien, infecté à peu près dans la même mesure que le pigeon accouplé à la femelle croisée, ne fit que peu de chose avec une seconde femelle croisée, tandis que deux oiseaux indiens, chez lesquels on n'avait trouvé qu'extrêmement peu de parasites, donnèrent immédiatement des oiseaux analogues quand on les accoupla, l'un avec un « fantail », l'autre avec un « tumbler ». Une autre explication possible de la différence entre les oiseaux du premier nid et ceux du second serait que les cellules-germes ont été infectées pour un temps, par de minuscules protozoaires « halteridium », d'une façon très analogue à ce qui se passe pour les cellules-germes infectées par le parasite de la fièvre du Texas. Mais rien ne paraît justifier cette interprétation, car même chez les oiseaux arrivés à demi-croissance, issus des pigeons indiens infectés, l'examen le plus minutieux ne permet pas de trouver trace d'aucun parasite dans le sang. Selon toute probabilité, l'halteridium ne peut être transporté d'un pigeon à un autre que par un culex ou quelque autre moustique.

Les résultats fournis par des pigeons atteints de la malaria paraissent indiquer que les cellules-germes sont susceptibles d'être influencées par les fièvres et autres formes de maladies qui, pour un temps, ont pour effet de réduire la vitalité des parents. D'autres expériences montrent que les cellules-germes peuvent être influencées de différentes manières par des maladies différentes. Parfois les cellules-germes souffrent de l'action directe de leur milieu immédiat, de perturbations dans ou autour des glandes-germes. Si, par exemple, l'inflammation atteint ces dernières, la vitalité des cellules-germes peut être considérablement diminuée; si l'affection est sérieuse et se prolonge, les cellules-germes peuvent être aussi effectivement stérilisées que le sont les bactéries du lait après ébullition.

En 1900, deux juments donnèrent des poulains par un bai arabe qui avait souffert d'une maladie assez sérieuse intéressant les cellules-germes; ces poulains ne rappelaient en aucune façon leur père. Cette année on a obtenu trois poulains par le même cheval arabe, complètement rétabli entre temps : l'un de ces poulains promet d'être l'image de son père et les deux autres sont franchement du type arabe aussi bien comme aptitudes que comme formes.

Mais si les cellules-germes sont susceptibles de souffrir quand le soma est sujet à la maladie, rien ne prouve qu'elles soient capables d'être influencées de telle sorte qu'elles transmettent des modifications particulières définies (à moins qu'elles ne soient directement infectées par des bactéries ou autres microorganismes); rien ne prouve, par exemple, que les cellules-germes de sujets arthritiques donneront nécessairement naissance à des rejetons arthritiques, quoique si les cellules-germes souffrent dans leur vigueur ou dans leur vitalité, en raison de l'ambiance immédiate défavorable, les rejetons qui en dériveront auront chance d'être moins vigoureux et, par suite, plus exposés que leurs ancêtres immédiats à souffrir de l'arthrite ou d'autres maladies.

Il serait facile de donner des exemples de produits variant avec la condition ou la capacité des parents; mais il suffira, avant d'aborder la question des croisements, d'exposer l'influence d'un changement d'habitat.

Le changement d'habitat est-il une cause de variation ? — On a reconnu depuis longtemps qu'un changement du milieu environnant peut influencer profondément le système reproducteur, augmenter la fécondité dans certains cas, amener la stérilité complète dans d'autres. Les plantes exotiques, souvent stériles d'abord, deviennent souvent extrêmement fertiles, et quand elles sont bien acclimatées donnent naissance à de nouvelles variétés. Dans le cas de juments venues d'Irlande et du sud de l'Angleterre, il s'écoule parfois une année avant qu'elles fassent un poulain. Un poney venu des Indes resta tout à fait stérile durant les trois premiers mois, par suite, je crois, de la perte de vigueur subie par ses cellules-germes, leur vitalité n'étant guère que le dixième de celle des poneys indigènes. Du reste, la fécondité paraît être influencée sérieusement même par des changements relativement légers dans le milieu ambiant. Des lions qui faisaient librement des petits à Dublin semblèrent frappés de stérilité à Paris, et j'entendais dire récemment qu'une stérilité complète résulte parfois pour les taureaux du simple déplacement d'un district à un autre.

La tendance de certaines plantes exotiques à donner de nouvelles variétés quand elles sont acclimatées, est sans doute due à cette circonstance que leur nouvel habitat est exceptionnellement favorable et que leur vigueur générale — si essentielle pour de nouveaux développements — est augmentée ; probablement aussi à ce que certains groupes de germes constamment stimulés par le nouvel aliment mis à leur disposition, donnent naissance brusquement ou graduellement à de nouveaux et peut-être inattendus caractères.

Personne ne met en doute que la vigueur corporelle ne soit susceptible d'être attaquée par les fièvres et autres maladies, par les changements d'habitat, par une alimentation non convenable, par des changements de température rapides et hors de saison, et autres actions analogues. On ne saurait donc s'étonner si de nouvelles investigations prouvaient que les changements dans le soma, ceux avantageux aussi bien que ceux défavorables, se répercutent sur les cellules-germes et deviennent ainsi une cause indirecte de variation. Il y a, d'ailleurs, d'excellentes raisons de croire que les cellules-germes sont influencées par les changements normaux, tels que la mue chez les oiseaux, le changement de poil chez les chevaux. Dans le cas de pigeons, par exemple, les jeunes couvés au commencement de l'été sont, toutes autres choses égales, plus gros et plus vigoureux; ils viennent à maturité plus rapidement que les oiseaux couvés à la fin de l'été ou à l'automne.

Mais si sensibles que puissent être les cellules-germes aux changements de leur milieu immédiat, par exemple, aux changements du corps dans lequel elles sont logées, rien ne prouve que (comme Buffon l'affirmait et Darwin le croyait possible) des changements définitifs du soma, dus à l'action directe du milieu, puissent se graver sur les cellules-germes. L'action directe de l'ambiance, — alimentation, température, humidité, etc., — peut diminuer, augmenter ou modifier de toute autre façon le corps en entier ou dans telle ou telle partie; mais ces changements n'influent sur les cellules-germes que dans la mesure nécessaire pour produire les modifications du corps, considéré comme un tout. Ils peuvent accélérer ou retarder la maturité, retarder le développement de l'embryon, influencer la nutrition des cellules-germes, mais ils sont incapables de donner naissance à des variations définitives structurales ou fonctionnelles chez les rejetons.

Le croisement comme cause de variation. — La croyance a été longtemps répandue parmi les naturalistes que la variabilité était entièrement due aux croisements, et, aujourd'hui, naturalistes et éleveurs s'accordent à considérer l'hybridation comme une cause puissante de variabilité et, au contraire, la consanguinité comme une cause non moins puissante tendant à diminuer la variabilité. On s'accorde aussi à reconnaître que l'hybridation, si elle donne naissance à des formes nouvelles, s'applique incontinent à les détruire. Discutant la réversion, Darwin fait remarquer que le croisement conduit souvent rapidement à une réversion à peu près complète vers un ancêtre depuis longtemps disparu, c'est-à-dire à la perte des caractères d'acquisition récente et à la réapparition de caractères disparus depuis longtemps (*Animals and Plants*, vol. I, p. 22). Pourtant, quand il traite de la variabilité, il constate que le croisement, comme tout autre changement dans les conditions de la vie, paraît être un élément, probablement un élément puissant de variabilité (*Ibid.*, vol. II, p. 254), les rejetons de la première génération étant généralement uniformes, mais ceux des générations ultérieures produisant des variétés d'une diversité presque infinie de caractères. A l'égard du croisement entre parents, il dit : « Le croisement entre membres d'une même couvée, s'il n'est pas poussé à l'extrême, ce qui aurait des conséquences fâcheuses, loin de causer la variabilité, tend à fixer le caractère de chaque couvée » (*Ibid.*, vol. II, p. 251). Ces constatations viennent à l'appui de la croyance très répandue que le croisement est à la fois une cause puissante de variation et de réversion, qu'il produit des variétés nouvelles à un moment et les détruit ensuite.

Le croisement peut-il être considéré comme une cause immédiate de variation ou de réversion? Cela dépend de ce qu'on entend par variation. Il est clair que la variation peut être ou progressive ou rétrograde, le rejeton peut différer des parents, soit parce qu'il possède des caractères nouveaux, soit parce qu'il présente des caractères d'ancêtres, soit encore parce qu'il est caractérisé par des traits qui ne sont ni nouveaux, ni anciens, mais résultent de combinaisons nouvelles de caractères déjà reconnus comme appartenant à la variété ou à l'espèce. Quand le croisement donne lieu à la restauration des caractères anciens, nous avons réversion ou variation rétrograde; quand il donne lieu à des combinaisons nouvelles de caractères existant déjà, nous avons des variations de nature également non progressive, presque toujours caractérisées par une réversion plus ou moins marquée; quand enfin le croisement donne lieu au report des caractères d'une variété sur une autre, ou à l'apparition de caractères tout à fait nouveaux chez les espèces envisagées, il y a variation progressive.

A en juger par les résultats obtenus, dans les races chevalines, le croisement de deux variétés distinctes donne lieu, en règle générale, à la perte des caractères les plus saillants de chacun des deux parents, c'est-à-dire à une réversion plus ou moins marquée, l'étendue de la perte dépendant en général de la différence qui existe entre les formes croisées.

Le croisement entre un pigeon-hibou et un pigeon connu sous le nom d'arkhangel, donne des oiseaux d'un genre spécial qui, accouplés avec des pigeons blancs. peuvent donner des oiseaux à peu près identiques au pigeon bleu de roche, l'ancêtre commun de toutes nos variétés de pigeons. D'un autre côté, le croisement conduit rarement au mélange, chez un même individu, de caractères inaltérés de deux ou plusieurs variétés; il ne donne non plus jamais lieu à l'apparition de caractères absolument nouveaux.

En un mot, le résultat immédiat du croisement entre variétés distinctes est, en règle générale, une réversion plus ou moins marquée. Mais si généralement le croisement donne lieu à une variation rétrograde, il est aussi, quoique indirectement, une cause extrêmement puissante de variation progressive, par suite de cette circonstance (mieux réalisée par les botanistes que par les zootechnistes) que les rejetons donnés par les croisements (premiers fruits du croisement) sont (à moins que les parents n'aient été affaiblis par le croisement entre parents) doués d'une vigueur exceptionnelle. Le croisement est d'une importance supérieure, non seulement parce qu'il produit le mélange de germes plasmatiques ayant des tendances différentes, mais aussi et peut-être surtout à cause de son influence vivifiante. L'importance de cette influence est mise en évidence si le croisement est immédiatement suivi de croisements entre parents. Le croisement de formes parentes réduit généralement la vigueur et, comme le fait remarquer Darwin, « loin de causer la variabilité, tend à fixer le caractère de chaque gestation » ; mais le croisement entre les premiers fruits d'un croisement (ou entre des individus vigoureux apparentés soit en ligne directe, soit en ligne collatérale) donne souvent, sans affaiblissement appréciable de la constitution, des rejetons qui offrent de grandes variétés. Ces variations paraissent dues en partie à l'union d'individus ayant une même tendance contre la réversion, mais en partie aussi à la vigueur acquise par le récent croisement. Du reste, quand le croisement entre parents est continué, la variabilité diminue en même temps que la vigueur.

Les éleveurs sont d'accord avec Darwin pour reconnaître que les premiers fruits des croisements sont généralement uniformes et que les rejetons ultérieurs offrent, au contraire, des variétés infinies; pourtant, ni les éleveurs ni les naturalistes ne paraissent penser que le croisement entre parents, pratiqué au moment convenable, soit la cause « directe » de la variation, alors que l'hybridation est, sauf dans des cas très rares, une cause « indirecte » de variation.

On peut dire que l'on ne saurait assigner une trop grande importance à l'influence de la vigueur dans l'étude de la variation ; sans vigueur aucune race ne peut se maintenir ; sans un regain de vigueur on ne peut espérer le développement de caractères nouveaux. Ce regain de vigueur peut ainsi qu'il a été expliqué déjà, être acquis surtout chez les plantes, par un changement du milieu ambiant accompagné d'une alimentation abondante convenable. Avec une sélection rigide, la perte graduelle de vigueur peut échapper à l'attention, mais quand la sélection est suspendue, une déchéance rapide (au point de vue élevage) est inévitable. Si, par exemple, un certain nombre de bons chevaux étaient isolés et laissés à eux-mêmes pendant quelques années, ils dégénéreraient rapidement, c'est-à-dire qu'ils perdraient leurs points caractéristiques et reviendraient aux caractères mieux fixés des ancêtres. Mais si les types les moins caractéristiques sont éliminés et si l'on introduit de temps à autre des animaux de haute classe d'un autre lot, la vigueur et les traits distinctifs sont indéfiniment préservés.

Si l'âge et la condition du soma, si l'état de maturité des cellules-germes sont de puissants facteurs, et surtout si la vigueur compte pour beaucoup, on conçoit les difficultés rencontrées par les éleveurs ; le plus qu'on puisse attendre du croisement c'est la transmission des caractères d'une race à une autre. Et encore cela n'arrive que rarement et n'est possible que si les deux races sont alliées à un degré quelconque.

Il est impossible, par exemple, d'unir dans le même individu tous les caractères de deux espèces différentes, mais avec des oiseaux vigoureux et sains, les caractéristiques d'une variété peuvent être reportées sur une autre. Les oreilles, pattes, etc., noires, d'un lapin de l'Himalaya peuvent être combinées avec la forme caractéristique, les longs poils et les habitudes d'un lapin angora. On ne peut guère prévoir ce qui adviendra d'un croisement, mais s'il s'agit d'individus de races pures des variétés distinctes — et il est inutile de travailler soit avec des plantes, soit avec des animaux d'origine inconnue — il ne faut pas espérer obtenir des caractères qui ne soient déjà présents chez l'une ou l'autre des variétés.

Le croisement entre parents, pratiqué au moment opportun, peut être une cause de variation progressive ; à d'autres moments il conduit, au contraire, à ce qu'on peut appeler la dégénération. Si, par exemple, de très jeunes membres d'une même couvée, ou des membres mal portants étroitement apparentés, sont croisés ensemble, les rejetons diffèrent souvent de leurs parents ; il en est de même dans les cas de sujets en pleine maturité et vigoureux en apparence, mais apparentés par plusieurs générations. Ces rejetons sont souvent délicats et d'une sensibilité excessive ; ils ne survivent généralement pas, à moins d'être dotés d'une alimentation très nutritive ; quoiqu'ils amènent à maturité de nombreux germes-cellules, ils ne donnent que quelques rejetons et, ce qui est encore plus frappant, ces rejetons sont souvent ou blancs ou tout à fait dépourvus de pigment. Les rejetons ainsi caractérisés, surtout quand ils sont blancs ou presque blancs, tels que les faisans, perdrix, etc., presque blancs, les spécimens blancs de lièvres bruns, les écureuils blancs, etc., sont parfois regardés comme des variétés distinctes, mais quand la défaillance de la couleur normale est le résultat d'un accouplement entre animaux apparentés, il est clair que ces types doivent être considérés comme des exemples de dégénération.

« Au printemps 1900, dit C. Ewart, j'accouplai une femelle de lapin gris avec un mâle blanc et noir de la même portée. Les petits offraient une grande variété de coloration ; avec l'un de ces petits, coloré comme le père, la femelle grise donna une seconde portée où les petits étaient tous, sauf un, de couleur moins foncée que celle du père. Deux des membres à coloration foncée de cette portée donnèrent à leur tour des jeunes à peu près blancs avec l'un desquels la femelle grise primitive a donné récemment une portée comportant deux spécimens d'un blanc pur, deux avec seulement une bande dorsale étroite, deux de coloration faible et un noir. Les accouplements entre parents, chez les pigeons, donnent des résultats similaires ; des oiseaux des petites îles perdues dans l'Océan Pacifique sont parfois marqués de taches blanches irrégulièrement distribuées ; comme les faisans à coloration faible, comme les perdrix couleur crème, ces oiseaux sont peut-être aussi des victimes des accouplements entre oiseaux étroitement apparentés. »

L'action atténuante des croisements. — Les nouvelles variétés sont-elles exposées à être annihilées par croisement? C'est peut-être là la question la plus importante de celles qui se posent maintenant devant le biologiste. Qu'arriverait-il, par exemple, si des spécimens de différentes races de chevaux étaient laissés libres dans une grande surface? Au bout de quelques années retrouverait-on plusieurs races ou une seule? Beaucoup répondront à cette question en disant que, à moins d'une séparation physique : montagne, désert ou autre, la reproduction par croisements aboutira à une race unique. Je crois cependant que Darwin aurait donné une réponse différente car, tout en admettant « que l'isolement est d'une importance considérable dans la production de nouvelles espèces », il inclinait « à croire que l'étendue de la surface est plus importante » (*Origin of Species*, p. 104). Malheureusement Darwin n'indique nulle part comment il supposait que les variétés pussent subsister malgré l'influence du croisement. Son silence sur ce point important est difficile à expliquer, car à son époque même, on insistait déjà beaucoup sur l'influence des croisements agissant pour enrayer le progrès, sauf dans une direction. Huxley nous dit que, dans ses premières critiques de l'*Origin*, « il fit remarquer que sa base logique n'est pas sûre tant que des expériences d'élevage par sélection n'auront pas produit des variétés qui soient plus ou moins infertiles ». Moritz Wagner et autres ont fait ressortir le rôle important qu'a joué l'isolement physique dans l'origine des espèces; et Romanes s'est efforcé de montrer comment l'influence destructive du croisement libre peut être contrebalancée par la sélection physiologique; comme Huxley, Romanes pense que plusieurs variétés peuvent évoluer dans la même surface si elles sont plus ou moins infertiles mutuellement.

L'importance de l'isolement physique paraît évidente, mais ni l'expérience, ni les croisements par sélection n'ont prouvé que l'isolement physiologique ait enrayé les effets destructeurs du croisement sur les variétés. Aussi, pour Huxley et autres, la base de la doctrine de Darwin sur la sélection naturelle doit-elle être encore regardée comme incertaine. La stérilité mutuelle est-elle le seul moyen possible pour sauver les variétés nouvelles d'une extinction prématurée, pour les empêcher d'être détruites avant qu'elles aient eu chance de prouver leur aptitude à survivre? En d'autres termes, des barrières sont-elles aussi essentielles entre les animaux sauvages qu'entre les animaux domestiques?

D'autre part, il peut arriver que les anciennes variétés, au lieu d'absorber les nouvelles, soient absorbées par celles-ci, et certaines variétés jouissent d'un caractère d'exclusivité qui les fait prospérer concurremment et donner naissance à un semblable nombre d'espèces dans la même surface. Si sur une île deux variétés de chevaux paraissent suffisamment vigoureuses, ou, comme on dit, suffisamment prépotentes, pour éteindre toutes les autres variétés; si elles sont assez « exclusives » pour que les produits de leurs croisements appartiennent invariablement à l'une ou à l'autre de ces variétés, toute clôture, toute barrière sera superflue pour la conservation de ces races.

N'est-il pas évident que la prépondérance des variétés peut parfois empêcher l'extinction des nouvelles variétés, et que deux ou plusieurs variétés — quoique mutuellement fertiles — peuvent, par hérédité exclusive, persister dans une même surface, sans perdre leurs caractères distinctifs? Ewart a en sa possession un poney d'Islande qui donne avec le zèbre des hybrides magnifiquement zébrés et qui, au contraire, avec les chevaux arabes et les poneys de Shetland donne des rejetons qui sont sa propre image comme couleur, tempérament et allure ; au lieu de perdre ses caractères distinctifs, ce poney efface donc au contraire les caractères des vieilles races. Un certain nombre de poneys de ce genre placés n'importe où, donneraient bientôt, selon toute probabilité, naissance à une race distincte comme celle qui a existé dans l'est. Cela est également vrai pour d'autres espèces. Les taureaux noirs, sans cornes, de Galloway, sont souvent si prépondérants que leurs rejetons avec les vaches à longues cornes et brillamment colorées des hautes terres, passent aisément pour des galloways de race pure. Le loup est de même prépondérance vis-à-vis du chien, le lapin sauvage vis-à-vis du lapin domestique, etc. A cet égard le professeur d'Édimbourg cite les résultats d'une expérience faite avec une femelle grise, petite-fille d'un lapin sauvage, et un lapin mâle avec taches brillantes comme celles des chiens de Dalmatie. Des six petits de la première portée, trois étaient semblables au père ; avec l'un de ses fils, la femelle grise eut ensuite huit petits, tous avec taches brillantes, et, plus tard, avec l'un de ses petis-fils ainsi tachetés, elle donna deux petits tachetés, deux blancs et deux gris. On obtient des résultats similaires avec les plantes : les orchidées hybrides, par exemple, reproduisent parfois tous les caractères de l'un de leurs parents.

Il est à peine besoin d'insister sur ce point, que si de nouvelles variétés, bien adaptées à leur milieu, sont non seulement suffisamment prépondérantes pour échapper à l'absorption par d'autres variétés, mais sont, de plus, capables de transmettre leur prépondérance à peu près intacte à la majorité de leurs descendants, le développement progressif dans une direction déterminée sera possible.

Un facteur d'une importance plus grande encore que la prépondérance, c'est ce que, faute d'une meilleure désignation, on peut appeler l'hérédité exclusive. Récemment un vigoureux pigeon bleu de roche de l'Inde accouplé à une « fantail » également à maturité donna deux oiseaux dont l'un était exactement semblable au bleu, mais avec quatorze plumes à la queue au lieu de douze ; l'autre offrait toutes les caractéristiques de la classe des fantails, mais avec trente plumes à la queue, deux de moins que le parent, mais dix-huit de plus que le parent bleu. Dans ce cas, le pigeon bleu était l'oiseau exclusif, la fantail ayant précédemment donné avec un pigeon ordinaire des oiseaux avec seize plumes seulement dans la queue. Un exemple plus frappant encore d'hérédité exclusive se montre dans la famille du corbeau. Le corbeau ordinaire et le corbeau mantelé sont si dissemblables comme coloration qu'ils ont été longtemps classés comme appartenant à deux espèces distinctes ; aujourd'hui on les considère comme deux variétés d'une même espèce. Le corbeau ordinaire est noir partout, tandis que le corbeau mantelé a la poitrine et le dos gris. Ces deux genres croisent librement entre eux, mais leurs croisements ne donnent jamais lieu à aucun mélange, les petits sont noirs ou gris, et généralement les deux variétés se retrouvent dans le même nid.

Des exemples analogues d'exclusivité se rencontrent également chez les mammifères. Quand des variétés distinctes de chats sont croisées, quelques-uns des petits rappellent généralement l'une des races tandis que les autres sont au contraire de l'autre race, et la distinction peut persister durant plusieurs générations. Un chat blanc croisé avec un chat tigré de Perse donna une paire de chats blancs et une paire de chats tigrés ; les deux chats blancs croisés à leur tour donnèrent de même deux petits blancs et deux petits tigrés. On a constaté d'ailleurs que les chats sont plus exclusifs que les lapins : peut-être est-ce en partie pour cela que nous avons tant d'espèces et de variétés de chats sauvages et si peu d'espèces et de variétés de lapins sauvages. Un autre exemple très frappant d'exclusivité est fourni par l' « Otter », mouton commun dans la Nouvelle-Angleterre à la fin du XVIIIe siècle. Cette race, caractérisée par des pattes crochues et courtes et par un long dos comme le chien tournebroche, descend d'un bélier né au Massachusetts en 1791. Les rejetons de ce « sport » n'offrirent jamais des caractères intermédiaires ; ils furent toujours semblables soit au bélier primitif, soit aux races — au nombre de treize — avec lesquelles il a été accouplé. Fréquemment dans le cas de jumeaux l'un était de la race otter, l'autre un agneau ordinaire. Chose plus remarquable encore, les croisements entre les rejetons de race otter, sont restés, génération sur génération, aussi exclusifs que leur ancêtre à pattes crochues.

Un autre exemple familier d'exclusivité nous est offert par le phalène poivré, dont une variété noire a absorbé, en quelques années, les anciennes variétés claires dans une partie considérable de l'Angleterre ; cette variété envahit maintenant le continent. Il semble donc que, si une nouvelle variété est suffisamment prépondérante, loin d'être absorbée, elle peut absorber les anciennes variétés et que si deux ou plusieurs variétés sont suffisamment exclusives, elles peuvent se développer côte à côte, et, éventuellement donner naissance à deux ou plusieurs espèces distinctes.

On peut donc dire que la prépondérance complète est l'œuvre du milieu ambiant. Ce dernier paraît agir surtout pour éliminer les êtres non capables de survie, mais la puissance des survivants ne dépend pas tant de leur milieu que de leur degré de prépondérance et d'exclusivité qui les met à l'abri de l'absorption par le croisement. Cette manière d'expliquer les progrès dans une ou plusieurs directions peut sans doute être jugée aussi peu adéquate que l'explication suggérée par les « isolationnistes », mais elle a le mérite d'être plus aisément vérifiée par l'expérience. Elle écarte l'épouvantail de l'absorption par croisement et enlève tout intérêt aux conditions de la rencontre entre « la fiancée, avantageusement variée à l'une des extrémités d'un bois, et le fiancé qui, par une heureuse occurrence a été avantageusement varié dans le même sens et en même temps, à l'autre extrémité du bois ».

Causes douteuses de variation. — Après avoir indiqué comment la maturité du soma et des cellules-germes peut agir comme cause de variation, ainsi que le bien-être corporel et les croisements ; après avoir montré comment la distinction des nouvelles variétés peut être enrayée, je dirai quelques mots de certaines causes supposées de variation.

Je commencerai par la croyance très répandue que les rejetons sont capables d'être influencés, dans leur forme, leur couleur et leur tempérament, par les impressions maternelles. Muller (*Éléments de physiologie*, vol. II, p. 1405), il y a plus d'un demi-siècle déjà, s'élevait catégoriquement contre la croyance à l'influence des impressions maternelles, mais cette croyance prévaut encore. Je connais deux naturalistes éminents qui tiennent cette influence pour réelle, et cette manière de voir est partagée par nombre d'éleveurs et de médecins. Dans un récent numéro d'une feuille (*Bibby's Quarterly*, numéro d'automne 1900, p. 163) qui circule largement parmi les éleveurs et les fermiers anglais, un écrivain affirme hardiment que l'existence des impressions qui affectent la progéniture (plus spécialement en couleur) est un fait acquis. Cet écrivain appuie son affirmation en citant un éleveur renommé qui juge nécessaire d'entourer son troupeau « d'une clôture hermétique noire pour empêcher que les femelles ne mettent bas des veaux rouges, parce qu'elles verraient les troupeaux rouges de ses voisins » ; il rappelle aussi la croyance commune dans certaines parties de l'Angleterre, que la couleur des poulains est souvent plus influencée par le compagnon d'écurie de la jument que par sa propre couleur ou par la couleur de l'étalon ; que même la couleur des oiseaux varie avec leur ambiance immédiate. Si les impressions maternelles influençaient de la sorte la progéniture, elles seraient l'une des causes les plus efficaces de variation. Or, durant les six dernières années, Ewart dit avoir élevé plusieurs centaines d'animaux et parmi ses observations, ce qui se prêterait le plus à une interprétation par l'influence des impressions maternelles, serait l'existence, chez un petit chien noir, d'une sorte de demi-collier blanc autour du cou, rappelant, si l'on veut, le collier en métal blanc que portait parfois le père ; mais la présence d'anneaux similaires autour des jambes et de la queue tendrait plutôt à discréditer cette interprétation.

Les besoins de l'organisme comme cause de variation. — Aucun biologiste moderne ne serait peut-être disposé à admettre avec Lamarck que les ailes des oiseaux se sont développées par suite des efforts faits par leurs ancêtres éloignés pour voler, ni que c'est en tendant ses orteils que la loutre a fini par avoir son pied palmé. Pourtant il est difficile parfois de voir une différence réelle entre les idées des néo-lamarckiens et celles des anciens. Les néo-lamarckiens, par exemple, pensent « que si une certaine activité fonctionnelle produit un certain changement dans une génération, elle produira ce changement plus aisément dans la suivante », que, par exemple, les carrelets et leurs alliés, par des efforts constants durant des générations successives, ont ramené l'œil gauche du côté droit, tandis que, par des efforts similaires, l'œil droit était, au contraire, déplacé du côté gauche chez le turbot et certains autres poissons plats. Les néo-lamarckiens ne soutiennent pas toutefois que les poissons en globe soient le résultat des efforts faits par des poissons ronds pour se gonfler ni que les carrelets proviennent de poissons ronds s'efforçant de s'aplatir. Si, par variation germinale et par sélection, les carrelets devaient être considérés comme le produit de l'évolution de poissons ronds, il serait excessif de se refuser à admettre que les mêmes facteurs aient pu ramener, du côté gauche au côté droit de la tête, l'œil gauche du carrelet. Pour les poissons plats, il n'est pas difficile d'imaginer comment par variation et par sélection, les yeux ont acquis le pouvoir de répondre à certains stimulants extérieurs.

L'action directe de l'ambiance et l'hérédité d'usage comme causes de variation. — De la doctrine de la transmission des caractères acquis, encore si souvent l'objet de discussions, il faut se contenter de dire que l'on n'a jamais pu découvrir aucun témoignage en sa faveur. Écrivant en 1876, Darwin dit : « Dans mon opinion, la plus grande erreur que j'aie commise a été de ne pas accorder un poids suffisant à l'action directe du milieu, c'est-à-dire l'alimentation, le climat, etc., indépendamment de la sélection naturelle. » (*Life and Letters*. Lettre à Moritz Wagner.) Dans ses dernières années, non seulement Darwin revenait à l'enseignement de Buffon, mais il adoptait les idées d'Erasmus Darwin et de Lamarck quant aux « effets héréditaires de l'usage et de la désuétude ». Tout en admettant que l'action directe du milieu sur le soma et l'hérédité d'usage sont des causes indirectes — qui peuvent être puissantes — de variation, je ne crois pas qu'il y ait la moindre évidence digne de foi permettant d'admettre que des variations somatiques définies aient jamais été transmises.

La télégonie comme cause de variation. — La croyance dans la télégonie mérite moins de considération que la doctrine de la transmission des caractères acquis. Télégonie (« infection du germe » des anciens écrivains) signifie que non seulement les parents immédiats, mais aussi les précédents compagnons contribuent aux caractères de leurs rejetons ; que, par exemple, une jument qui a produit des poulains avec *Ladas* et *Persimmon*, je suppose, peut ensuite donner naissance avec *Flying Fox* à un poulain qui aura des caractères des deux premiers aussi bien que du dernier, son père. Beaucoup croient même qu'un père peut transmettre ses caractères structuraux d'espèce d'une mère à une autre.

Bien que la doctrine de l'infection ait probablement fait partie longtemps du « credo » de l'éleveur, elle n'a guère retenu l'attention des savants que vers 1820, époque à laquelle lord Morton communiqua un cas d'infection à la *Royal Society*, lequel cas fut publié, en ce temps, dans les *Philosophical Transactions*. Le plus croyable et le plus authentique des cas de télégonie cités dans ce travail est celui d'une jument alezane qui, après avoir donné des hybrides « quagga » donna ensuite, avec un cheval arabe noir, trois poulains d'une couleur baie particulière et dont l'un (une pouliche) montrait plus de rayures que l'hybride « quagga » et, d'après le témoignage du garçon d'écurie, était caractérisé par une crinière « qui dès l'abord fut courte, raide et hérissée ». Darwin, après avoir examiné ce cas, aboutit à cette conclusion que la jument alezane avait été infectée et ce cas, rapproché d'autres, le conduit à penser que le premier mâle influence « la progéniture qui naît subséquemment de la mère par d'autres mâles » (*Animals and Plants*, vol. II, pp. 435, 436). Si la crinière hérissée de l'un des rejetons, les rayures de tous les trois, étant vraiment dues à ce que la jument avait d'abord été fécondée par un quagga, il y avait réellement télégonie, et il est certain que les autres juments d'abord fécondées par un quagga ou zèbre et accouplées ensuite à un cheval arabe noir devraient donner naissance à des rejetons à rayures avec une crinière raide, sinon tout à fait hérissée. Ayant cité de nombreux cas de télégonie dans mon précédent ouvrage, je ne m'attarderais pas davantage sur ce sujet que j'ai voulu simplement effleurer ici pour déduire que l'action de la télégonie est une cause véritable de variation, de même que les différences d'âge, de vigueur et de santé des parents et les différences de maturité des cellules-germes.

A la hâte et d'une manière bien imparfaite, j'ai indiqué que nous ne sommes pas à même de trouver, soit dans les impressions maternelles, ou l'action directe de l'ambiance ou l'hérédité, des causes véritables de variation. Je me suis efforcé de faire ressortir que, au lieu de constater simplement que la variation est due à la récurrence constante de légères inégalités de nutrition des cellules-germes, nous pouvons, avec quelque assurance, affirmer que les différences d'âge, de vigueur et de santé des parents et les différences de maturité des cellules-germes sont des causes puissantes de variation.

Je me suis également efforcé de prouver que le croisement, bien que constituant une cause « directe » de variation rétrograde, n'est qu'une cause « indirecte » de variation progressive, tandis que la consanguinité, pratiquée au moment convenable, est une cause de variation progressive. J'ai, de plus, discuté, un peu longuement peut-être, les effets atténuants du croisement : 1° que le progrès dans une direction unique est probablement souvent dû à ce que de nouvelles variétés détruisent les anciennes, même celles établies depuis longtemps », et 2° que plusieurs variétés peuvent être suffisamment exclusives pour se développer florissantes côte à côte sur une même surface, et éventuellement, donner naissance à plusieurs espèces nouvelles.

J'ajouterai seulement que j'ai surtout été conduit à « l'étude expérimentale de la variation », parce que cela me donnait l'occasion d'indiquer indirectement que le temps est venu où un champ d'expériences bien équipé devrait être installé par les Sociétés de courses, pour les expériences qui peuvent faire progresser les sciences qui s'appliquent à l'étude du cheval.

CHAPITRE III

LES ORIGINES DE L'ESPÈCE CHEVALINE ET LE TRANSFORMISME

Pour l'intelligence de ce chapitre que l'on me permette de rappeler ici ce que l'on entend par transformisme.

Le transformisme est l'hypothèse d'après laquelle les espèces végétales et animales actuelles seraient le résultat de la transformation, avec le temps, de tous les individus d'une autre espèce en général plus simple et disparaissant ainsi, dans leur état de simplicité, ou la transformation d'une partie des individus seulement d'une espèce en êtres présentant encore des analogies avec la souche, mais en différant assez pour se distinguer au point de vue taxinomique et pour ne donner avec eux que des métis inféconds à la reproduction ou qui le deviennent après un petit nombre de générations.

Nous n'avons à parler ici que du type ancestral.

Dans l'hypothèse du transformisme, l'espèce dite type primitif, qu'on suppose avoir disparu tout à fait ou en laissant des restes fossiles après la transformation de certains de ses individus en ceux dont les descendants constituent les espèces actuelles, tout ce qui s'écarte brusquement du type est dit aberrant. On appelle type perdu, l'espèce, dans l'hypothèse de délamétherie, d'après les types primitifs de l'homme, du cheval, du chien, du chameau, du blé et autres plantes cultivées ne se trouvant plus dans l'état de nature.

Lamarck était monogéniste, Darwin et ses partisans sont polygénistes, c'est-à-dire admettent que plusieurs types simples, végétaux et animaux se sont produits spontanément en divers milieux et que par de lentes évolutions progressives en sont dérivées les diverses formes spécifiques actuelles qui seront destinées à disparaître à leur tour comme leurs précurseurs paléontologiques, végétaux et animaux.

Origine du cheval avant la découverte américaine. — Je crois d'abord devoir transcrire ici l'origine de la race chevaline, par M. L. Charmolue, puis celle de M. Coutijean, et enfin viendra la réponse à cette dernière par les découvertes paléontologiques américaines.

Dans ce temps d'expositions hippiques et de courses de chevaux, il peut être intéressant, de rechercher quelle est la patrie du cheval primitif; de quelle contrée il est originaire et comment s'est effectuée la conquête de ce noble animal; quelle est enfin la part de la contrée, du climat et des soins de l'homme dans la production des races si diverses par la taille, la forme, l'intelligence et l'ardeur, à commencer par les chevaux lilliputiens des îles Shetland pour aboutir aux gigantesques et monstrueux chevaux des brasseurs anglais; car, si dissemblables entre eux que soient ces deux types, ils ont la même origine et possèdent les mêmes formes élémentaires.

Ai-je besoin, avant d'aller plus loin, de rappeler que le cheval occupe dans la série animale une place à part ? Il ne ressemble à aucun autre animal, aucun autre ne dérive de lui. Quand je dis cheval, j'entends aussi bien l'âne, le zèbre, l'hémione, le couagga et le dauw. En effet, si la robe et l'aspect extérieur permettent d'en faire la distinction, il n'en est plus de même si l'on considère et compare les squelettes de ces animaux. Leur système ostéologique est tellement semblable qu'un savant fort compétent dans ces matières, Piètrement, a pu émettre et soutenir, avec des arguments très forts, l'opinion que la plupart des ossements fossiles appartenant au genre cheval, trouvés dans certaines localités de la France et de l'Amérique, devraient être rapportés à l'âne, et en cela il se trouvait d'accord avec l'histoire, qui nous montre l'âne domestiqué et répandu longtemps avant le cheval.

Moïse, dans le Pentateuque, ne parle que de l'âne; les monuments égyptiens nous font connaître que le cheval était dans l'origine un animal inconnu des peuples de l'Égypte. C'est du moins ce que semble indiquer très clairement une inscription tombale, déchiffrée par M. Chabas, l'éminent égyptologue de Chalon-sur-Saône. Le défunt, relatant les événements principaux de sa vie, raconte le fait suivant :

« Au siège de N..., le général qui commandait la ville pour le roi de Babylone lança contre l'armée du roi une cavale en fureur; chacun fuyait à son approche, mais sous l'œil du roi mon maître, je la poursuivis, je la tuai et, lui coupant la queue, je triomphai d'elle et je présentai au roi ce trophée, témoignage de ma bravoure. Pour ce fait, le roi me donna, etc... » Suit la nomenclature des présents et des honneurs que le roi d'Égypte octroya à ce vaillant officier de fortune.

Il ressort de cette relation que les Égyptiens n'étaient pas alors familiarisés avec le cheval.

Comme pour les Mexicains de Fernand Cortez, il était pour eux un objet d'épouvante.

Leurs ennemis n'étaient pas plus accoutumés qu'eux à la vue de cet animal, puisqu'ils le considéraient comme un animal extraordinaire et féroce, capable de jeter le désordre et de répandre la terreur dans les rangs de leurs adversaires.

Le cheval n'est donc autochtone ni de l'Égypte, ni de l'Arabie, ni de la Babylonie, ni même de la Perse ou de l'Inde. Il est probable que sa terre natale sont ces steppes immenses et encore aujourd'hui déserts de l'Asie septentrionale, où il vit à l'état sauvage, formant des groupes de quinze à vingt individus.

Ceux-ci, connus sous le nom de tarpans, ne descendent jamais vers le Sud au delà du 30ᵉ degré de latitude et, pendant l'été, ils remontent vers le Nord. C'est de là que sont sorties les hordes conquérantes qui, à diverses reprises, comme les Huns, ont envahi l'Europe, semant devant elles le carnage et la mort.

Ces peuplades asiatiques, vivant dans le voisinage des plaines fréquentées par les chevaux, ont été les premières à les réduire en esclavage, aidées qu'elles furent par leur grande sociabilité.

Dans une année de disette où, brûlées par l'ardeur du soleil, les prairies ne lui fournissaient plus l'herbe nécessaire à sa nourriture, où la plupart des sources étaient taries, épuisé par la soif et la faim, le cheval est venu rôder près des habitations des hommes, s'offrant de lui-même aux brides et aux mors. Il montra, par sa docilité reconnaissante, quel parti l'homme pouvait tirer de ses services; il fit lui-même, par la force des choses, l'éducation de ses maîtres, qui profitèrent et abusèrent même des leçons reçues. A ce point de vue, l'on peut dire que dans beaucoup de cas, avant d'être instruits par lui, les animaux furent les instructeurs de l'homme et contribuèrent grandement à son éducation.

Dans ses *Éléments de géologie et de paléontologie*, M. Coutijean, professeur à Poitiers, dit que la transformation des espèces ne peut se justifier ni par l'atavisme, ni par l'état embryonnaire, ni des arguments tirés des organes témoins (stylets du pied du cheval, etc.). D'après cet auteur, il sera toujours sans valeur aucune de supposer que les chevaux descendent des hipparions, des anchistoriums et des paléothériums, si nous n'avons pas les formes intermédiaires et si les ancêtres des paléothériums nous restent inconnus.

Enfin, voici la réponse américaine s'appuyant sur la paléontologie :

Tous les chevaux que l'on trouve actuellement sur le nouveau continent sont des descendants des chevaux introduits par les immigrants de 1492 et c'est en Amérique que l'on a recueilli des faits aussi curieux qu'inattendus sur ce sujet; il n'existait, lors de l'arrivée des Européens, ni cheval, ni espèce congénère, et cependant l'Amérique a possédé le cheval à une époque géologique relativement récente.

Ainsi, dans le diluvium, on recueille les ossements de l'*Equus fraternus*, espèce très voisine de notre *E. caballus*, mais aujourd'hui éteinte, et dont les derniers représentants avaient disparu bien longtemps avant l'arrivée de Christophe Colomb.

Est-ce à dire que l'*E. fraternus* serait la souche de notre espèce contemporaine? dit l'auteur de ces recherches. Tant s'en faut.

L'origine de notre cheval remonte à des époques géologiques bien autrement reculées, et les ancêtres dont il nous est donné de poursuivre la descendance se retrouvent jusque dans le terrain éocène, c'est-à-dire la couche la plus ancienne de l'époque tertiaire. On a retrouvé dans les terrains éocène, miocène et pliocène de la grande plaine nord-américaine les ossements fossiles d'une foule de mammifères chevalins qui se rattachent pour le moins à sept genres différents et à dix-sept espèces bien distinctes, classés d'après l'ancienneté ; ces types fossiles forment la série que voici :

La forme *Orohippus*, gisant dans l'éocène, est la plus ancienne; puis viennent dans le miocène les formes *Miohippus* et *Anchiterium;* enfin, dans le pliocène les formes *Anchippus*, *Hipparion*, *Protohippus* et *Pliohippus*.

L'étude de ces ossements fossiles a démontré que les types, ainsi classés par rang d'ancienneté, forment une série identique lorsqu'on les classe d'après leur degré de ressemblance avec le cheval contemporain, c'est-à-dire que la forme *Orohippus* qui est la plus ancienne est aussi celle qui présente le moins de ressemblance avec le cheval actuel. Mais cette ressemblance augmente progressivement dans chaque forme suivante de la série pour aboutir à la forme *Equus*, qui se retrouve dans les dernières formations géologiques de l'Amérique et s'est conservée dans l'ancien continent lorsqu'elle s'était éteinte au delà de l'Atlantique.

Nous voici donc en présence d'une série « progressive et ascendante » de formes animales, dont le premier et le dernier termes nous sont connus et qui aboutit au type cheval, type dont le patriarche Job et Buffon nous ont retracé à l'envi les qualités esthétiques.

La progression dans la série des formes que nous venons d'énumérer se résume en ces deux points : 1° augmentation graduelle de la taille ; 2° perfectionnement des membres, en vue de la rapidité de la course.

Qu'est-ce que l'*Orohippus*, ou tige de la puissante lignée cheval trouvée dans le terrain le plus ancien, c'est-à-dire dans le terrain éocène ? Hélas ! un pauvre animal grand comme un renard ; il portait une petite tête écourtée et s'appuyait sur des membres terminés par quatre doigts munis chacun d'un sabot distinct.

Il faut ici se rappeler les affinités bien connues qui existent entre les solipèdes et les pachydermes proprement dits. Un tout jeune tapir, un peu poilu sur l'échine, peut nous présenter par sa taille et ses formes le type primitif du cheval.

A mesure que nous avançons dans la série, nous voyons la tête se développer. Les chevaux miocènes (terrain déjà ancien), l'*Anchitherium* et le *Miohippus* avaient la taille du mouton. *Hipparion* et *Pliohippus*, que l'on retrouve dans les couches pliocènes (terrains encore moins anciens) atteignent déjà la taille de l'âne, tandis que les ossements d'*Equus*, provenant du diluvien composent un squelette de cheval de taille ordinaire.

Les modifications dans la structure des membres sont plus remarquables encore que la taille. Ceux-ci, comme nous venons de le voir, se modifient progressivement, exclusivement en vue de s'approprier à la course. On voit les deux os de l'avant-bras se développer en sens inverse, et se réduire finalement au seul radius ; on voit le carpe augmenter en solidité et le nombre des doigts diminuer graduellement.

L'*Orohippus*, ou le premier trouvé dans le terrain le plus ancien, ou éocène, possède quatre doigts distincts garnis de sabots. Le doigt médius est plus fort que les autres, mais les quatre doigts s'appuient à terre.

Le *Miohippus* n'a plus que trois doigts, mais ces trois doigts sont également uniguillés et s'appuient à terre tous les trois. L'*Hipparion* a encore les trois doigts, mais le médius seul est bien développé ; les deux externes atrophiés n'arrivent plus au sol. Enfin, chez le cheval contemporain, il ne reste plus que le doigt médius ; les doigts externes sont réduits à l'état d'osselets rudimentaires que l'on ne distingue que par un examen attentif.

Tout le monde sait, en effet, que le pied de notre cheval consiste en un doigt unique, et que l'animal marche sur la pointe de ce doigt; mais un grand nombre de personnes, excepté les naturalistes, ignorent souvent que, au-dessus du fanon, couchées parmi les muscles et recouvertes par la peau, se trouvent deux petites aiguilles, formées d'un os en pointe, l'une en dedans, l'autre en dehors de la jambe; et que c'est tout ce qu'il reste des deux doigts externes de l'*Hipparion*.

D'autres modifications que l'on peut suivre par toute la série, depuis la forme primitive *Orohippus* sont : l'allongement de la tête et du cou ; l'agrandissement de l'espace interdentaire en avant des molaires (diastème), qui, chez le cheval dressé, reçoit le mors ; l'allongement des molaires, le raccourcissement des canines, etc., etc.

Remarquons maintenant l'harmonie qui préside à tous ces changements; un pied à quatre doigts était bon pour un animal vivant dans les marécages, à l'instar du tapir ; mais un animal à quatre orteils ne court pas très vite ; de plus, il ne peut pas se défendre avec ses sabots ; c'est pourquoi l'*Orohippus*, tout comme les autres genres, avait de fortes canines : c'était un moyen de défense.

Aussitôt le sabot unique développé, la canine disparaît comme une offensive, et cela parce qu'elle devenait inutile comme moyen de défense.

Une fois le sabot unique acquis, toute la structure s'adapte à la course rapide ; la tête s'allonge, la poitrine se rétrécit, les oreilles s'avancent et se rapprochent, et ce perfectionnement suit pour ainsi dire toutes les étapes qu'a suivies le type chien primitif pour aboutir au levrier.

D'ailleurs, chez l'*Orohippus* on observe déjà plus d'un trait caractéristique du type cheval, et nous ferons observer à ce sujet que chez le tapir que nous citions tout à l'heure comme prototype probable de la série, l'encolure et la croupe caractéristiques du cheval se trouvent déjà sensiblement accusées.

Voilà donc une série non interrompue de formes qui, à travers les âges tertiaires, nous montre le type cheval, progressant chaînon par chaînon, et aboutissant à une forme définitive, le cheval contemporain.

Notons, en passant, ce fait singulier, que l'Amérique, jadis si riche en types chevalins, a vu tous ces types s'éteindre successivement, de sorte qu'il a fallu plus tard y réintroduire le type conservé et perfectionné dans l'ancien monde.

Citons encore le fait, non moins remarquable, de la conservation de certains types nains de la race chevaline, dans quelques contrées de l'Europe, telles que la pointe de Cornouailles, les Hébrides, l'Islande, qui sont précisément les points de l'ancien continent les plus avancés vers l'Ouest, et faisant face à l'Amérique du Nord, le pays d'origine de la race.

On doit ces intéressantes découvertes au professeur Marsh, de Yale College, aux États-Unis, l'un des plus savants spécialistes du dernier siècle et qui a poursuivi longtemps ses investigations dans les territoires éloignés et peu connus du Far-West.

CHAPITRE IV

LE SANG. — LE DEMI-SANG. — LE CROISEMENT LE MÉTISSAGE

Le sang. — Dans le langage des éleveurs et des sportsmen, l'expression de sang signifie, pour l'ordinaire, l'ensemble des propriétés héréditaires. C'est l'un des sens figurés dans lesquels cette expression est employée. Elle s'applique indifféremment aux notions de race, de famille, ou d'individu, mais en impliquant toujours l'idée de descendance. On dit, par exemple, qu'un sujet a du sang normand, soit pour exprimer qu'il présente plus ou moins des caractères objectifs de la variété normande, soit pour affirmer simplement qu'il est issu de cette variété, qu'il est de sa descendance. Les éleveurs disent aussi couramment que pour améliorer telle ou telle race, il faut la croiser avec tel ou tel sang. Ils disent encore d'un individu donné qu'il est du sang d'un autre individu connu, qui est son père ou sa mère, ou bien son ancêtre paternel ou maternel. Enfin des sujets de même origine ou de même famille, des parents, ils disent que ces sujets sont de même sang, et de là est venu le terme de consanguinité, qui s'applique à la reproduction entre eux.

Ce n'est toutefois pas seulement dans la langue des éleveurs d'animaux que l'expression est usitée. Son emploi est beaucoup plus général. L'adage bien connu : « Bon sang ne peut mentir », suffirait à le montrer. Elle a le même sens à l'égard des hommes que pour les espèces animales. C'est là une acception parfaitement française, et en fait il n'y a aucun motif valable pour l'écarter de la langue zootechnique.

Dans le même sens, l'expression de pur sang, fort usitée, est synonyme de pure race. Un percheron ou un boulonnais, ou un charolais pur sang, cheval ou taureau, cela signifie que l'animal est exempt de tout sang étranger à celui de sa race. La pureté de sang ou d'origine, opposée à la qualité de métis ou au fait de l'origine mélangée, appartient à toutes les races sans exception, et le terme s'y applique indistinctement. Mais à ce sujet il se produit souvent une confusion, qui vise une autre acception du mot sang, également figurée ou métaphorique, et qu'il importe d'éviter en définissant exactement cette acception, sur laquelle nombre de personnes n'ont encore que des idées tout à fait vagues.

Dans cette autre acception le mot sang, usité seulement parmi « les hommes de cheval » et ne s'appliquant en effet qu'aux chevaux, n'a aucun rapport nécessaire avec la notion de descendance ou d'hérédité, conséquemment avec celle de race. Il désigne une certaine qualité d'individus quelconques. Dans le monde du sport, on dit de ces individus, pour exprimer cette qualité, qu'ils ont du sang. Et cela, bien entendu, ne vise en aucune façon le fluide sanguin, car il est superflu de faire remarquer que dans le sens anatomique tous les chevaux en ont également. Ce n'est pas non plus une question de quantité. Le tempérament sanguin n'est nullement en jeu. C'est peut-être plutôt une question de qualité, mais il n'est pas facile, en lisant les dissertations théoriques auxquelles cette notion du sang ainsi comprise a donné lieu, de le démêler. Toutes ces dissertations sont d'un vague désespérant. Le plus disert, sans contredit, des théoriciens auxquels nous les devons, Eug. Gayot dont les nombreux écrits sur le sujet font autorité, s'est épuisé en vains efforts pour arriver seulement à faire comprendre qu'il s'agit là pour lui d'un ensemble de qualités morales qui se traduisent par la vigueur, par le courage, par la noblesse du caractère et qui entraînent l'élégance des formes. Le sang, selon lui, est la source de toutes les perfections. Il y a mis, comme les autres, tout son talent d'écrivain, mais il n'a réussi qu'à nous donner, sur le sujet, de belles pages de littérature, nullement à définir, avec la précision scientifique, la notion du sang dont il est ici question. Où il a échoué, nul autre placé au même point de vue, c'est-à-dire dépourvu comme lui des connaissances physiologiques acquises à la science moderne, ne pouvait réussir. Le sens de l'expression usitée était donc resté, jusqu'à ces derniers temps, dans le domaine du sentiment. Ceux qui s'en servaient ne se trompaient point dans son application. Ils savaient parfaitement ce qu'ils avaient l'intention d'exprimer, quand ils parlaient d'un cheval de sang ou d'un cheval qui a du sang. Ils se comprenaient entre eux. Le sens scientifique de leur langage n'était déterminé ni pour eux ni pour ceux qui les écoutaient (Sanson).

Sanson a été le premier à dégager nettement le sens. On en trouverait au besoin facilement la preuve, si la priorité lui était contestée, en conférant ses textes zootechniques avec ceux de ses devanciers ou de ses contemporains. Cette priorité, du reste, a été reconnue, dans un ouvrage, mais en accolant toutefois à son nom celui d'un auteur qui, venu après lui avait déjà, lui aussi, adopté sa définition. Sanson a montré que l'expression usitée dans le langage des hommes de cheval ou du turf désigne purement et simplement un certain degré d'excitabilité du système nerveux, du système nerveux moteur surtout, dépassant la moyenne et allant le plus souvent jusqu'à l'exagération des réflexes. Le sang proprement dit, le fluide sanguin n'y est absolument pour rien. Cela ne concerne que la propriété de réaction des cellules nerveuses, mise en jeu par les excitations périphériques ou centrales.

Ce degré d'excitabilité peut être acquis individuellement par la gymnastique fonctionnelle, ou avoir été transmis par l'hérédité. C'est dans le premier cas qu'on dit d'un cheval qui le présente, quelle que soit son origine, qu'il a du sang. On entend par là qu'il est plus excitable que le commun de ses pareils. Dans le second cas on dit plus volontiers que c'est un cheval de sang. La première expression est aussi usitée pour faire entendre que le sujet a hérité en partie seulement d'un cheval de sang. On dit alors qu'il a un peu ou beaucoup de sang, selon le degré qui lui est reconnu.

Le plus haut degré d'excitabilité nerveuse qui puisse être atteint, d'après ceux qui parlent ce langage, est qualifié par eux de pur sang. Les théoriciens de la chose, en France, en Angleterre, en Allemagne et ailleurs, se sont appliqués à bien établir qu'entre cette locution et celle de pure race il n'y a point de lien nécessaire. Pour les éleveurs d'animaux en général la pureté de sang et la pureté de race sont identiques, parce qu'ils prennent, comme nous l'avons vu, le mot dans sa première acception figurée. Pour eux, un percheron pur sang est un cheval du Perche dans les origines duquel il n'y a aucun sang étranger. Aux yeux des tenants de la doctrine que nous examinons, il n'y a que le pur sang anglais, le pur sang arabe et le pur sang anglo-arabe, appelé aussi parfois pur sang français. Tous les trois sont de la race orientale (réserve faite du mélange qui s'y montre entre le type asiatique et le type africain); nul ne conteste que le pur sang anglais soit un descendant de l'arabe; mais ce n'est pas à l'origine que la qualification est due. Tous les auteurs sont d'accord pour présenter les attributs du pur sang comme acquis, comme résultant du régime auquel ont été soumis en Orient les ancêtres des chevaux de famille noble, et auquel on continue de soumettre leurs descendants. C'est seulement l'élite de la race orientale qui est le pur sang. Il y a là, comme ailleurs, une plèbe ou des manants dans la population. En Angleterre, c'est l'institution des courses qui seule a fait le pur sang. C'est à la longue qu'il s'est constitué. Ce n'est pas du tout un attribut natif.

Ici n'est point le lieu de discuter la valeur de cette conception, servant de base à l'opinion que le pur sang ainsi compris est le *nec plus ultra* de la noblesse chevaline, qu'il est la source et le résumé de toutes les perfections. A part l'exagération dithyrambique on peut dire seulement qu'il y a du vrai dans l'interprétation des faits constatés. Les qualités originelles de la race orientale ne sont pas aussi étrangères qu'on le prétend aux attributs physiologiques actuels du pur sang sous ses diverses formes arabe, anglaise et anglo-arabe, mais il n'en est pas moins certain que ces attributs ont été grandement développés depuis des siècles par la gymnastique fonctionnelle. Sous son influence, l'entraînement de l'habitude est devenu tel pour le système nerveux, que ses effets se transmettent avec la plus grande sûreté par voie héréditaire. La descendance de ces familles nobles, si misérable qu'elle puisse être, s'en ressent toujours, dans le sens que nous avons vu être celui du mot dépouillé de son qualificatif.

Le demi-sang. — *Pour qu'un cheval soit qualifié comme étant de demi-sang, il ne suffit pas qu'il ne soit pas tracé au Stud-Book, il faut que son père ou sa mère ne soient pas de pur sang.* Est-il rien de plus imprécis, de plus vague, de plus confus que cette définition que nous donne le code des courses de la Société pour l'amélioration du cheval français de demi-sang. Un animal pourrait avoir 99 0/0 et plus de sang pur, il serait toujours demi-sang, lorsque ses deux parents immédiats n'appartiennent pas à une même race pure. Cette désignation conventionnelle remaniée, heureusement,

Étalon *Hackney*.

pose, dans toute son ampleur, l'important problème du métissage, que nous examinerons, après avoir dégagé cette expression, qui n'a, en réalité, que la signification que lui a donnée un règlement d'administration publique.

A la suite de réclamations, plus ou moins fondées, contre la qualification de chevaux de demi-sang dans certaines courses, la Société d'encouragement du demi-sang avait estimé au commencement de 1898, qu'il y avait lieu de rendre plus strict son règlement. Elle avait voulu, et en cela elle avait eu absolument raison, que la fraude devînt presque impossible. Surtout dans les courses au galop de demi-sang, auxquelles il venait d'être donné une certaine extension, il était intéressant d'écarter les pur sang que sous un faux masque on ne pouvait manquer de chercher à y introduire, comme on l'avait fait il y a une trentaine d'années.

La Société du demi-sang, dont il faut avant tout reconnaître la prudence, l'extrême bonne volonté et le désir de bien faire, avait cru tout d'abord devoir prendre l'avis de l'Administration des Haras, mais le résultat de cette consultation ne rendait pas plus facile la solution de cette délicate question. Les Haras répondaient, en effet, qu'ils n'entendaient en aucune façon assumer la responsabilité des déclarations portées sur les certificats de naissance qui, bien que certifiés par eux, avaient été souvent établis avec beaucoup de légèreté, et, qu'en conséquence, il y avait lieu de les compléter par des pièces d'origine plus détaillées et plus certaines pour qu'un poulain fût bien reconnu de demi-sang.

La Société fort embarrassée, modifiait alors son règlement, en adoptant une mesure restrictive qui était de nature à inquiéter le monde de l'élevage : elle décidait qu'à partir de 1899, c'est-à-dire à partir de l'année où naîtrait la première production résultant de la saison de monte qui devait avoir lieu après cette modification, il serait exigé pour qu'un poulain fût reconnu par elle de demi-sang, la preuve que parmi ses ancêtres mâles jusqu'au troisième degré, — père, grand-père, ou arrière-grand-père, — il s'en trouverait un au moins qui fût reconnu de demi-sang.

Pour les chevaux normands, dont la filiation est maintenant régulièrement établie — pour ceux qui sont appelés à prendre part aux courses, — il devait être facile de satisfaire aux exigences du nouveau règlement; mais, pour les produits nés dans d'autres centres, pour ceux du Sud-Ouest en particulier, il en était tout autrement, la tradition ayant dans bien des cas suppléé aux certificats officiels, et les origines immédiates étant en ce qui concerne les auteurs de demi-sang, assez difficiles à prouver d'une manière précise. On s'était contenté jusqu'alors des certificats de naissance, auxquels l'estampille administrative paraissait donner un caractère suffisant d'authenticité.

D'autre part, étant données les dispositions dont témoignaient les propriétaires, l'âpreté avec laquelle ils recherchaient les irrégularités involontaires qui avaient pu être commises dans les déclarations de variété des mères, il n'était guère possible à l'Administration de donner une sanction officielle aux simples mentions portées sur les certificats de naissance alors qu'il n'avait été fourni aucune pièce pour en établir la légitimité. Elle n'avait donné aucune instruction à cet effet à ses palefreniers, qui avaient inscrit, sans aucun contrôle, les déclarations faites par les intéressés ; il fut un temps où cela n'avait aucune importance. Les circonstances ayant changé, le principe devait également être modifié. Toutefois il était imprudent de le modifier trop brusquement. En outre, il était du devoir de l'Administration de donner aux poulains leur qualité de demi-sang, de déterminer leur espèce comme elle le fait pour les pur sang, droit qui ne saurait appartenir à une Société privée.

Comme il était facile de le prévoir, le nouveau règlement provoqua de nombreuses et très vives protestations et une Commission spéciale fut nommée au printemps de 1898, pour examiner la question ; comme toutes les Commissions elle émit des vœux qui n'eurent d'autre effet qu'une satisfaction platonique donnée aux intéressés. Ce n'était pas suffisant, aussi après une longue étude, l'Administration a-t-elle enfin établi les nouvelles conditions exigées pour obtenir la qualité de demi-sang ; ces conditions ont été soumises au Conseil supérieur des Haras qui les a approuvées dans sa séance du 8 mai, les voici : Sont officiellement reconnus demi-sang :

1° Les animaux qui ont à un degré quelconque un ancêtre mâle de demi-sang reconnu par l'État, c'est-à-dire un étalon national, approuvé ou autorisé ;

2° Les animaux qui auront dans leur ascendance une jument ayant produit, avec un étalon de pur sang, un étalon de demi-sang reconnu par l'État.

Enfin, à titre de mesure transitoire, les animaux *nés avant le 31 décembre* 1900, qui auront des papiers de demi-sang, seront considérés comme demi-sang, mais ils ne qualifieront pas leurs produits, à moins qu'ils ne soient achetés, approuvés ou autorisés par l'État.

Une réglementation étant nécessaire, il était difficile, on en conviendra, de l'établir sur des bases plus libérales. Il se trouvera pendant quelques années encore des poulinières qui, issues de juments de pays ne pourront justifier d'un auteur mâle de demi-sang à un degré quelconque ; mais dans la catégorie de celles qui produisent des chevaux d'hippodrome, elles sont relativement peu nombreuses et pour empêcher la fraude, pour prévenir surtout des réclamations incessantes qui rendraient leurs courses impossibles, il était indispensable qu'une réglementation quelconque fût fixée.

Le croisement. — Les zootechnistes ne sont pas d'accord sur l'un des points capitaux de la théorie du croisement, bien qu'ils soient unanimes sur deux suppositions qui leur servent de base.

La première de ces suppositions, c'est que, dans les accouplements croisés, le métis représente toujours exactement la demi-somme des valeurs de sang représentées par les deux reproducteurs; la seconde, qu'au début de l'opération le sang de l'un a toujours une valeur égale à zéro.

Il y a dissidence, d'une part, sur le point de savoir si la pureté ou la plénitude du sang de l'une des races en présence peut jamais être atteinte et, d'autre part, dans le cas de l'affirmative, sur celui du nombre de générations nécessaires pour que son intervention continue réalise cette pureté du sang.

Les uns soutiennent que la pureté du sang, une fois altérée ou souillée par un mélange à un degré quelconque, ne saurait jamais se rétablir ou devenir immaculée ; selon eux, il restera pour toujours impur, au moins virtuellement. C'est là de la pure métaphysique, à laquelle il serait superflu, sinon déplacé, de s'arrêter, de la part d'un physiologiste. Les autres admettent au contraire qu'il arrive toujours un moment où la fraction d'impureté devient tellement petite, qu'il y a lieu de la négliger dans la pratique. Parmi ces derniers, les avis varient quant au nombre des générations suffisantes pour réduire cette fraction à sa valeur négligeable. Ce nombre se maintient toutefois entre cinq et dix.

Pour mieux faire saisir cette théorie du croisement, qui exerce encore sur la production animale de l'Europe une influence que l'on peut sans crainte d'exagération qualifier de désastreuse, nous emprunterons des expressions chiffrées à deux de ses principaux soutiens, l'un français, l'autre allemand.

Le premier suppose que le croisement s'exécute entre un mâle appartenant à une race qu'il qualifie de régénératrice, et auquel il donne une valeur = 1, et une femelle de race dégénérée, dont la valeur = 0. « On admettra aisément avec tous les naturalistes, dit-il, que le produit amélioré qui résulte du mariage représente une valeur égale à la moitié du caractère du père et à la moitié de celui de la mère. »

C'est s'avancer au delà des limites permises, car il s'en fallait bien que, même au moment où cela était écrit, tous les naturalistes fussent de son avis. Quoi qu'il en soit, l'auteur désigne le mâle par R, la femelle par D et leur premier métis par A. Les métis seront ensuite désignés par C.

Dans l'union de R = 1 avec D = 0, la valeur, ou ce que l'auteur appelle le caractère de A, sera égale à la moitié du caractère de R, ou = 0,50, et à la moitié de celui de la mère D, ou = 0, cette valeur sera donc = 0,50 ou demi-sang, première génération. Soit ensuite l'union encore de R = 1 avec A = 0,5, le résultat sera :

$$C = \frac{R\,1 + A\,0{,}50}{2} = 0{,}75$$

ou trois quarts du sang potentiel, deuxième génération.

La valeur de R étant toujours égale à 1, à la troisième génération, on aura :

$$C' = \frac{R\,1 + C\,0{,}75}{2} = 0{,}875$$

ou 7/8 de sang[1].

A la quatrième génération, où R = 1 et C' = 0,875, on a :

$$C'' = \frac{R\,1 + C\,0{,}875}{2} = 0{,}9375$$

ou 15/16 de sang.

A la dixième génération, où R = 1 et C'''''' = 0,998016875, on a :

$$C''''' = \frac{R\,1 + C''''''\,0{,}998016875}{2} = 0{,}9990234375.$$

1. *Croisement* du *Nouveau Dictionnaire pratique de Médecine, de Chirurgie et d'Hygiène vétérinaires*, de Bouley et Reynal, t. IV, p. 559, 1858.

A la vingtième :

$$Cn = 0,99999967130068937 5.$$

A la trentième :

$$Cn = 0,99999999967900145048586484733.$$

L'auteur est allé jusque-là dans ses calculs.

En Allemagne, son imitateur, Settegast, s'est montré plus modéré; il s'en est tenu à la dixième génération, et s'est exprimé en fractions ordinaires dans le tableau suivant, que nous lui empruntons :

En accouplant *Tollblut* avec *Oblut*, on a ainsi :

1/2 *blut* (sang) à la 1re génération							
—	—	1/2	à	3/4	à la	2e	génération
—	—	3/4	à	7/8	—	3e	—
—	—	7/8	à	15/16	—	4e	—
—	—	15/16	à	31/32	—	5e	—
—	—	31/32	à	63/64	—	6e	—
—	—	63/64	à	127/128	—	7e	—
—	—	127/128	à	255/256	—	8e	—
—	—	255/256	à	511/512	—	9e	—
—	—	511/512	à	1023/1024	—	10e	—

De tels calculs ne peuvent paraître sérieux qu'à la condition qu'on n'ait aucune notion sur les lois de l'hérédité; Settegast n'admet, parmi les puissances héréditaires, que l'individuelle. Mais encore faudrait-il pour que son calcul soutînt l'examen, que les puissances héréditaires en présence fussent nécessairement toujours égales chez les sujets accouplés. On sait bien que, même selon lui, il n'en est pas ainsi. Il ne peut pas être contesté, dit-il, que dans certaines circonstances favorables la marche de l'amélioration est très accélérée, et qu'après peu de générations, le produit croisé ne diffère que peu du pur sang. Cela dépend naturellement tout à fait de l'individualité du pur sang employé au perfectionnement.

Que signifient alors les calculs que nous venons de voir, calculs encore compliqués par d'autres combinaisons, dans lesquelles intervient, à un moment donné, un père croisé à la place du père de pur sang?

Nous retrouverons ces combinaisons à propos de la théorie du métissage. Poursuivons ce qui concerne celle du croisement.

Settegast considère que toutes les observations concordent pour établir que la fraction de sang hétérogène qui, à la dixième génération, reste encore dans l'individu issu de croisement doit être regardée comme à peu près sans importance pour la pratique de la production, et qu'elle ne se fait guère remarquer ni dans les formes, ni dans les qualités. Lorsque, dit-il, le pur sang (*Tollblut*) et la pureté de race (*Reinblut*) étaient des notions identiques, on considérait comme impossible d'atteindre au pur sang par la plus longue suite de générations dans la voie de l'ennoblissement quelque prolongée que fût la reproduction, théoriquement, il restait toujours une trace d'impureté. Mais, maintenant que pour nous ces notions sont différentes, l'expérience nous a appris que nous sommes en état par le croisement continu d'éliminer le sang mélangé à une race aussi complètement que cela est nécessaire pour le but pratique.

Tel n'est point l'avis du théoricien français du croisement, dont l'auteur allemand a sur tous les autres points, adopté la doctrine. Il n'admet pas que la pureté du sang, ou plutôt le pur sang, comme il le définit, puisse jamais se rétablir, et il l'explique par une comparaison. « Si, dit-il, l'on introduit une goutte d'eau dans un vase rempli d'une autre liqueur, de vin par exemple, soit une bouteille, si grande qu'on la suppose d'ailleurs, est-ce qu'il suffirait de transvaser ensuite le liquide pour obtenir que la goutte d'eau s'en échappe et que le vin redevienne complètement pur? Non sans doute; l'étrangère aurait altéré la pureté de la liqueur à tout jamais. »

Non, assurément, cela ne suffirait point dans le cas donné. Mais on est en droit de demander ce que véritablement, il peut y avoir de commun entre ce cas et celui du phénomène de la reproduction des animaux. Toutefois, sans sortir de ce cas, supposons qu'il existe un réactif capable de précipiter la goutte d'eau ajoutée au vin et de l'en séparer ainsi, en combinaison avec lui, soit par décantation, soit par filtration. Est-ce que le vin ne sera pas, après cela, redevenu pur? Eh bien! dans la physiologie de la reproduction, la supposition n'est point gratuite. Nous savons que, dans de certaines conditions, l'un des modes de l'hérédité, l'atavisme fait élection des caractères purs de l'espèce et élimine tout ce qui leur est étranger (Sanson).

Ces conditions nous sont connues; nous les avons étudiées ailleurs[1];

1. *Le Pur Sang.*

Hackney (jument).

ce sont des lois en vertu desquelles la puissance héréditaire peut être théoriquement considérée comme proportionnelle à la pureté ou à la constance de la race à laquelle appartient le reproducteur. L'impureté métaphysique du sang, qui ne se manifeste extérieurement par aucun caractère morphologique, doit donc être reléguée parmi les chimères, tout au moins quand on se place au point de vue pratique.

Béméceourt, poulain bai, 1/2 sang trotteur, né en 1901, par *Fuschia* et *Ergoline* (Écho), record 1' 35".

Lorsqu'on veut représenter par des formules la théorie du croisement, il faut avant tout tenir compte des lois connues de l'hérédité. Les patrimoines héréditaires du père et de la mère sont égaux, du moment que l'un et l'autre appartiennent à des races pures, car il ne faut faire intervenir ici que les atavismes, en négligeant les puissances héréditaires individuelles, variables comme les cas considérés.

Or, si les atavismes sont égaux à la première génération (et c'est en principe toujours le cas, qu'il s'agisse de sélection zoologique ou de croisement), les deux reproducteurs doivent être représentés par des valeurs égales, qui se partagent par portions égales pour constituer un individu nouveau, d'une valeur égale à leur valeur respective. Il n'y a aucune raison physiologique pour attribuer au père une valeur égale à 100, tandis que celle de la mère est réduite à 0, quelque idée qu'on se fasse des mérites de la race de ce père, que l'on qualifie de régénératrice, en considérant celle de la mère comme dégénérée, ces mérites ne touchent que les qualités zootechniques; ils n'ont rien à voir avec les caractères zoologiques, sûrement héréditaires comme tels, chez l'un comme chez l'autre des reproducteurs à l'état de pureté.

En désignant par P l'hérédité ou l'atavisme de la ligne paternelle, et par M l'atavisme de la ligne maternelle dans le cas de croisement, P et M ont nécessairement des valeurs égales que nous représenterons par 100. A chaque génération, il résultera de leur combinaison un fruit que nous désignerons par F, et dont la valeur sera aussi nécessairement égale à 100, quelle que soit la combinaison qui se produise ou les parts respectives qu'y prennent P et M. En faisant fonctionner les signes et les nombres représentant les phénomènes de l'hérédité conformément aux lois connues de ces phénomènes, on aura :

1re génération :

$$F = 50 \quad P + 50 \quad M = 100, \text{ 1er métis;}$$

2e génération :

$$F' = 50 + 25 \quad P + 25 \quad M = 100, \text{ 2e métis;}$$

3e génération :

$$F'' = 50 + 37,5 \quad P + 12,5 \quad M = 100, \text{ 3e métis;}$$

4e génération :

$$F''' = 100 \quad P + 0 \quad M = 100, \text{ espèce paternelle pure.}$$

A la première génération, les atavismes étant égaux se partagent par portions égales pour constituer le fruit. Dans les générations ultérieures, où l'atavisme maternel se trouve en conflit avec un atavisme paternel toujours renforcé par l'intervention continuelle d'un père pur accouplé avec la mère métisse, cet atavisme ne peut manquer d'être bientôt vaincu et éliminé.

Expérimentalement, les choses se passent comme nous venons

de le montrer, ainsi que le prouvent les cas de Flourens, observés dans l'accouplement du chien et du chacal, à la condition que les atavismes agissent seuls selon leur loi, et que la puissance héréditaire individuelle ne vienne point troubler le fonctionnement normal de celle-ci.

Elle le peut modifier en accélérant l'élimination de l'atavisme maternel ou en le retardant.

Supposons une forte puissance héréditaire individuelle chez le représentant de la ligne paternelle et une faible chez celui de la ligne maternelle ; en ce cas, dès la première génération, il se pourra que l'atavisme maternel soit presque totalement éliminé. On observe fréquemment des premiers métis qui reproduisent à peu près tous les caractères morphologiques de leur père. Que le même cas de la prédominance paternelle se renouvelle en présence de la femelle métisse, chez laquelle l'atavisme maternel n'existe plus qu'à un très faible degré, évidemment la puissance individuelle et l'atavisme paternel agissant dans le même sens, élimineront pour toujours, dès la seconde génération croisée, cet atavisme maternel, et le produit sera dès lors arrivé à la pureté de sa ligne paternelle.

Mais, à l'inverse, si nous supposons, au contraire, que la forte puissance héréditaire individuelle soit du côté maternel et la faible du côté paternel, en conflit avec l'atavisme, elle n'en sera pas moins vaincue définitivement, à cause de l'accumulation de celui-ci, qui se produit à chaque génération; mais au lieu que ce soit, comme dans le cas normal, à la quatrième, ce ne sera plus qu'à la cinquième, la sixième, la septième ou plus tard.

C'est pourquoi, dans les opérations de croisement, il importe beaucoup, théoriquement, d'avoir toujours égard aux puissances héréditaires individuelles, en recherchant, parmi les femelles métisses qui doivent fournir les mères, celles qui ont hérité au plus haut degré des caractères de leur ligne paternelle; ce qui revient à combiner, dans ces opérations, les règles de la sélection zoologique qu'elles visent, en définitive, avec celles du croisement lui-même. Croyant avec la Bible que tous nos animaux domestiques nous étaient venus d'Orient, Buffon pensait qu'ils avaient une tendance naturelle à dégénérer dans nos climats, et qu'il y avait lieu, par conséquent, pour y remédier, de les retremper sans cesse à leur source.

Il a magnifiquement développé sa thèse dans le beau discours sur *la Dégénération des animaux*.

Bourgelat, épousant, comme tous les naturalistes de son temps, cette thèse dogmatique, l'a soutenue avec ardeur au sujet des races chevalines en particulier, en préconisant systématiquement leur croisement par l'étalon oriental.

L'idée de Buffon et de Bourgelat n'est pas éteinte, elle a encore de notre temps de nombreux partisans. C'est elle qui domine, en particulier, l'esprit des zootechnistes dont nous avons, au commencement du présent article, exposé les théories. Nous avons vu que l'un d'eux qualifie de dégénérée et de régénératrice les deux races qu'il fait fonctionner dans ses calculs.

Or, la race régénératrice qu'il a en vue est originaire d'Orient; il la considère comme un perfectionnement de l'orientale, et la dégénérée est une race quelconque autre que celle-là. Selon la doctrine, cette race quelconque est fatalement condamnée à s'abâtardir en dehors de son croisement avec la régénératrice. Cette doctrine, qui ne visait au siècle dernier et qui ne vise encore que les races chevalines, est particulière aux hippologues, mais les rallie à peu près tous en Europe.

J.-B. Huzard est le premier qui, à la fin du dix-huitième siècle et au commencement du dix-neuvième, ait réagi contre l'autorité de Bourgelat. A l'opinion dominante sur la théorie du croisement présenté comme le seul moyen de régénérer les races, il a énergiquement opposé que, loin de les améliorer, il les dénature au contraire. C'est l'expression dont il s'est servi. Plus récemment, Baudement a reproduit la même idée en d'autres termes : « Le croisement, a-t-il dit, ne forme pas les races: il les détruit. »

La formule de Baudement répondait et répond encore à une thèse un peu différente de celle des contemporains de J.-B. Huzard. Il ne s'agit plus maintenant seulement de s'opposer à la « dégénération » des races chevalines.

Les théoriciens visés par cette formule ont eu la prétention de créer, par la méthode de croisement, selon les degrés de son emploi, une pratique qui peut atteindre deux buts. En deçà de la troisième génération croisée, elle ne produit en général que des métis de divers degrés. C'est-à-dire des individus participant en proportions variables, à la fois aux caractères de leur race paternelle et à ceux de leur race maternelle, par conséquent, des individus mélangés, n'appartenant à aucun type zoologique déterminé. Au delà de cette troisième génération, elle élimine les caractères de la race croisée, pour substituer ceux de la race croisante. En conséquence, à partir de la quatrième génération, les produits obtenus appartiennent à l'espèce de leur souche paternelle pure, et ils se reproduisent ensuite entre eux comme celle-ci, sauf les cas accidentels et de plus en plus rares de réversion, vers l'atavisme maternel.

De là deux modes pratiques de croisement, fondés sur les notions théoriques que nous venons d'exposer, et qui sont même tirés, comme les lois d'hérédité dont ils découlent, de l'observation et de l'expérience.

Le premier de ces modes, que nous nommons croisement industriel parce qu'il a pour objet la production ou la fabrication de métis de divers degrés, en vue de leur valeur commerciale comme individus et non point comme reproducteurs de leur espèce, se maintient en deçà des limites de trois générations croisées. Le plus souvent il est borné à une seule.

Le second, que Baudement appelait croisement suivi et que nous croyons mieux nommé croisement continu, est celui qui va au delà de trois générations. C'est celui qui a été recommandé par Daubenton, par Tessier et par Gilbert sous le nom de croisement de progression.

Le métissage. — Les sujets obtenus par le croisement des deux races portent le nom de premiers métis (de *mixtus*, mélange) et, pour les désigner plus clairement, on se sert d'un nom composé formé par les appellations des deux races croisantes, en observant de placer en premier le nom de la race du père : cheval anglo-normand.

En accouplant ces premiers métis avec les reproducteurs de la race croisante, on obtient des seconds métis ou métis de second degré qui, unis suivant le mode indiqué, produiront des troisièmes métis ou métis de troisième degré ; le reproducteur de l'une des espèces est intervenu trois fois successives à l'état pur dans les générations.

On a admis conventionnellement d'autres dénominations en supposant théoriquement que le produit obtenu se tient à égale distance des deux races croisées; on dira qu'il est de demi-sang.

On suppose ainsi que le croisement s'effectue entre un mâle appartenant à une race qualifiée de régénératrice auquel on donne la valeur 1 et une femelle de race dégénérée dont la valeur est 0

(Gayot) ; la première génération aura donc comme puissance individuelle

$$\frac{1+0}{2} = 0,50 = \frac{1}{2};$$

elle sera de demi-sang.

Si le métis de demi-sang est fécondé ou féconde un sujet de la race améliorante, le produit se rapprochera davantage de ce dernier type et pourra être dénoncé trois quarts de sang :

$$\left(\frac{1+0,50}{2} = 0,75 = \frac{3}{4}\right).$$

A la troisième génération, on obtiendrait des sept huitièmes de sang :

$$\left(\frac{1+0,75}{2} = 0,875\right);$$

à la quatrième génération, des quinze seizièmes de sang :

$$\left(\frac{1+0,875}{2} = 0,9375 = \frac{15}{16}\right), \text{etc.}$$

MM. Galton et de Lagondie considèrent comme inexacte l'expression de demi-sang et traduisent ainsi la part fournie par chacune des races unies pour la création des métis.

Chaque métis possède :

$\frac{1}{4}$ d'hérédité paternelle directe ;
$\frac{1}{4}$ — maternelle — ;
$\frac{1}{4}$ — atavique paternelle :
$\frac{1}{4}$ — — maternelle.

Il semble difficile de pouvoir réglementer par des chiffres précis des phénomènes aussi complexes : la puissance héréditaire vient sans cesse s'opposer à l'action directe de l'atavisme ; un produit de demi-sang peut ressembler pour les sept huitièmes et même davantage à l'un de ses procréateurs ; l'hérédité ne plie pas ses effets à ces formules conventionnelles, qui doivent servir simplement à la dénomination des reproducteurs employés et des sujets obtenus.

D'ailleurs, le terme même de sang est purement conventionnel ; employé par les hippologues et les sportsmen, il désigne la caractéristique de la race chevaline propre à régénérer toutes les autres, c'est-à-dire le cheval arabe ou son dérivé, le cheval anglais de course ou pur sang ; pour les autres races, on peut appliquer ce qualificatif à tout animal inscrit au livre généalogique de son groupe (Sanson).

En l'absence de termes spéciaux servant à désigner les divers métis, on a dû adopter les dénominations décrites précédemment, demi-sang, trois quarts-sang, etc., en ayant soin de faire suivre le mot sang de la qualification de la race dominante lorsqu'il ne s'agit pas des chevaux de course. En réalité, lors de la procréation du métis, chaque élément et chaque association d'éléments en système et en organe de l'un des ascendants luttent pour l'existence vis-à-vis de ceux de l'autre ; si la distance des caractères morphologiques des reproducteurs est peu considérable, il y a convenance entre les races ; la répartition des hérédités se fait rapidement et il y a constitution d'un métis harmonique (Cornevin). Cet équilibre stable n'est pas la règle générale ; il y a souvent, par suite, des phénomènes de réversion, prédominance d'un type sur l'autre et retour à l'une des races pures.

La puissance héréditaire individuelle intervient pour réglementer ces phénomènes en accélérant l'élimination de l'atavisme maternel ou en la retardant.

Si le reproducteur mâle possède une puissance héréditaire individuelle prédominante, dès la première génération, l'atavisme maternel pourra être presque totalement éliminé et les premiers métis reproduiront fidèlement presque tous les caractères morphologiques de leur père : dès la seconde génération, le produit pourra parvenir à la pureté de sa ligne.

En nous plaçant au point de vue amphimixique, il n'y a pas de différence fondamentale entre les unions de race pure et les unions croisées de deux races différentes, parce que, en réalité, dans une race donnée, il y a des différences individuelles plus ou moins considérables qui établissent le passage avec les races différentes.

Dans une union de race pure, nous avons vu que les poulains provenant de deux mêmes procréateurs peuvent, suivant l'abondance relative des éléments sexuels qui se fusionnent, présenter des types fort différents ; les uns peuvent tenir leurs caractères de leur père, les autres tous leurs caractères de leur mère ; d'autres ont quelques caractères de chacun d'eux à côté des caractères personnels ; d'autres, enfin, n'ont que des caractères personnels.

Les mêmes différences peuvent se manifester dans les unions croisées de races différentes ; mais il faut distinguer le cas où les deux races sont très voisines et celui où elles sont très différentes.

Supposons d'abord que les races qui se croisent soient très voisines. Alors les différences qui séparent les coefficients correspondants de ces deux races sont minimes, de telle manière que l'abondance relative des éléments sexuels en présence n'est pas indifférente au résultat de l'amphimixie. Nous avons vu ailleurs[1] qu'en changeant les valeurs de p et t nous obtenions que tel produit eût tel coefficient de son père, tel autre, le même coefficient de sa mère ; par conséquent, dans le cas considéré, il y aura une très grande variabilité dans les poulains.

Et ceci s'accorde précisément avec une observation faite par Nægeli : « Le polymorphisme des métis de première génération est d'autant plus considérable que les races sont plus voisines. » C'est que, l'abondance relative des éléments sexuels variant d'une fécondation à l'autre, les œufs résultant des unions successives auront des patrimoines héréditaires différents; le premier pourra en effet prendre à la race de son père les coefficients de a et de d, tandis que le second prendra à cette même race les coefficients de b, c, e, et ainsi de suite. Il y aura donc autant de variabilité dans les métis de races voisines qu'il y en a ordinairement dans les produits de race pure, dont les parents présentent des différences individuelles peu accentuées; et nous avons vu que, dans la règle, il y a entre les frères, issus d'un même couple de race pure, des différences individuelles imprévues, mais toujours très appréciables.

Supposons maintenant que les deux sujets accouplés soient de races très différentes ; les différences qui existent entre les coefficients correspondants de leurs patrimoines héréditaires, seront énormes par rapport aux différences d'abondance des éléments sexuels, de sorte que si, dans une première fécondation, les coefficients de a et de d sont empruntés au père et les autres à la mère, il en sera de même de toutes les fécondations ultérieures entre les deux mêmes procréateurs. De plus, les différences entre la race A et la race B étant beaucoup plus considérables que les différences individuelles dans chacune des races, les produits de l'accouplement de n'importe quel indi-

1. Le *Pur Sang*.

vidu de la race A avec n'importe quel individu de la race B auront, dans leur patrimoine héréditaire, les mêmes coefficients de la race A et les mêmes coefficients de la race B, et présenteront par conséquent le même mélange des propriétés des deux races; il y aura uniformité très grande dans les produits et ceci, il faut le remarquer, quels que soient le sexe du parent de race A et le sexe du parent de race B; autrement dit, la distribution des propriétés de race sera la même dans l œuf résultant d'un mâle A et d'une femelle B que dans l'œuf résultant d'une femelle A et d'un mâle B. Mais, dans certains cas, la mère pourra avoir sur le fœtus, pendant la gestation, une influence qui masquera l'équivalence réelle des deux sexes dans l'acte de la fécondation; le métis résultant d'un mâle A et d'une femelle B tirera certains caractères du fait qu'il aura commencé son développement dans un utérus de race B; un métis résultant d'un mâle B et d'une femelle A quoique ayant dans son patrimoine héréditaire le même choix des propriétés de race que le premier, tirera d'autres caractères du fait de sa gestation dans un utérus de race A. Laissons donc de côté ces différences secondaires qui ne concernent pas directement les patrimoines héréditaires des métis. Nous devons penser que tous les métis de deux races très distinctes auront, pour leurs différentes substances constitutives, des coefficients de même origine, et que, par conséquent, les propriétés de race ayant beaucoup d importance par rapport aux propriétés individuelles, il y aura une grande uniformité dans les produits des divers accouplements.

Mais, ceci constaté, les produits de cette première génération métisse présentant une grande uniformité, si on les accouple ensemble, les métis de deuxième génération résultant de ces accouplements présenteront naturellement une variabilité très grande, parce que les différences, dans l'abondance relative des produits sexuels, ne seront plus négligeables, par rapport aux différences individuelles, qui sont très faibles. Et ainsi, les propriétés des grands-parents (qui étaient de races très différentes) se trouveront distribuées d'une manière très variable entre les petits-enfants; il y aura un polymorphisme très remarquable, ce que l'observation vérifie dans tous les centres d'élevage du cheval.

Retour à l'ancêtre. — Continuons à accoupler ensemble les descendants de deux ancêtres de races différentes: nous allons constater des phénomènes très différents, suivant que nous serons partis de races véritables, de races stables, comme nous les avons appelées plus haut, ou de variétés aberrantes comme celles qu'une sélection fantaisiste a créées chez les pigeons. Dans ce dernier cas, il suffit souvent d'un seul accouplement entre deux variétés différentes pour donner naissance à un ancêtre commun de deux variétés aberrantes étudiées : l'amphimixie fait réapparaître un type moyen dès qu'elle n'est plus surveillée par les éleveurs. Et ceci suffit à nous faire concevoir que, dans les espèces à reproduction sexuelle, les types moyens devront résulter ordinairement d'un certain nombre d'accouplements livrés au hasard ; l'amphimixie a pour effet de faire disparaître les variations fortuites. Mais, quand nous partons de deux races stables, coexistant dans un même pays et adaptées à la vie dans ce pays depuis un très grand nombre de générations, ces deux races, produit d'amphimixies répétées, sont l'une et l'autre des types moyens. Le résultat de leur croisement donne, à la première génération, un type moyen nouveau, commun à tous les produits. Et il se pourrait que ce type moyen nouveau fût fortuitement très bien adapté, lui aussi, aux conditions de vie (mais il n'y a aucune raison pour que cela soit et il est assez vraisemblable, étant donnés tous les hasards des amphimixies ancestrales, que tous les types moyens adaptés aux conditions locales soient représentés dans un pays). Dans tous les cas, nous avons vu que le polymorphisme est la règle dans les produits de la deuxième génération ; s'ils s'accouplent les uns avec les autres, et si leurs produits s'accouplent à leur tour, et ainsi de suite pendant un certain nombre de générations successives, les amphimixies successives redonneront fatalement des types moyens adaptés, c'est-à-dire qu'il y aura retour à l'un ou l'autre des deux ancêtres. Le fait est bien connu pour les unions de la race humaine blanche avec la race humaine nègre ; les unions de mulâtres finissent par donner, soit des blancs purs, soit des noirs purs, au bout de quelques générations.

Tout autre est le cas de l'union de deux types aberrants comme le pur sang anglais et le cheval normand ; si on considérait ces deux types comme deux types de races différentes stables, adaptées pendant un grand nombre de générations, ce seraient, pour les unions ultérieures, deux ancêtres, aux types desquels devraient revenir leurs descendants croisés, avec plus ou moins de rapidité.

Au contraire, ces deux types aberrants n'étant pas des types moyens, le résultat de leur croisement donne naissance à des individus qui reproduisent leur ancêtre commun à type moyen. La loi du retour à l'ancêtre dans les unions croisées ne s'applique donc, qu'en tant que les ancêtres sont effectivement des types moyens adaptés et non des types aberrants, et le rôle de l'amphimixie apparaît de plus en plus nettement comme un facteur qui fait disparaître les variations fortuites non adaptées.

Atavisme et caractères latents. — Nous venons de voir qu'il ne faut pas confondre le cas de l'union croisée entre deux races stables avec celui de l'union croisée entre deux variétés aberrantes ; il ne faut pas non plus confondre sous le même nom d'atavisme tous les cas dans lesquels un descendant ressemble à un ancêtre ; les produits de la fécondation d'un pur sang par un normand sont analogues à des anglo-normands, ancêtres communs de ces deux variétés aberrantes ; il y a donc là atavisme, puisque le produit du croisement semble avoir reçu directement d'un ancêtre des caractères qui n'étaient pas manifestés chez ses deux parents immédiats ; nous savons quelle est la cause de cet atavisme ; c'est la même, d'ailleurs, que celle qui fait apparaître chez les descendants des mulâtres le type blanc ou le type nègre purs ; il y a réapparition des types moyens sous l'influence de l'amphimixie.

Tout autre est le cas, auquel on applique la même dénomination d'atavisme, et dans lequel un caractère aberrant qui existait chez le grand-père, réapparaît chez le petit-fils sans s'être manifesté dans la génération intermédiaire.

On peut donc résumer les cas d'atavisme sautant une génération dans la formule suivante : un parent possède une propriété, qui se traduit chez lui par un caractère ; il transmet cette propriété à son produit, mais ce produit a, en même temps que cette propriété, soit une propriété antagoniste, provenant de son autre parent, soit telle ou telle condition (sexe, état à *n* chromosomes, etc.) qui s'oppose à la manifestation du caractère ; ce caractère n'existe donc pas chez le produit, mais la propriété fait néanmoins partie de son patrimoine héréditaire. Si les hasards de l'amphimixie font que le poulain, devenu étalon, transmet à son tour, à ses produits, la propriété qu'il paraissait ne pas posséder lui-même, ou si les mêmes conditions antagonistes se trouvent de nouveau réalisées dans la nouvelle génération, le caractère manquera encore.

Et ceci peut durer longtemps ; supposons, enfin, que, au bout d'un certain nombre de générations, le caractère ait disparu sous l'influence des hasards de l'amphimixie, et qu'il ne subsiste aucune condition antagoniste à la manifestation du caractère; alors si les hasards de l'amphimixie ont conservé, à l'un des descendants, la propriété, ce descendant aura le caractère, qu'il aura ainsi hérité de son ascendant, à travers des générations dans lesquelles ce caractère ne s'est jamais manifesté.

Ressemblances diverses. — Après ce que nous venons de dire, il est à peine utile de signaler les divers cas de ressemblances qui peuvent se produire dans les familles. Les hasards de l'amphimixie font que les poulains dérivant d'un même couple sont différents les uns des autres ; plusieurs peuvent cependant avoir en commun une même propriété *a* qui chez l'un des procréateurs se manifestait par un caractère descriptif *b* et qui se manifeste de la même manière chez ceux des produits dont le patrimoine héréditaire contient *a*, sans condition antagoniste. Supposons que l'un d'eux ayant *a* dans son patrimoine héréditaire, mais n'ayant pas *b* dans ses caractères, transmette par hasard *a* à l'un de ses produits ; si le caractère *b* se manifeste chez ce poulain, on dira qu'il le tient de son « oncle » ou de sa « tante » ou de son grand-père, mais pas de son père. On pourra imaginer tous les cas qu'on voudra ; les hasards de l'amphimixie sont innombrables. C'est pourquoi nous trouvons cette grande diversité de types dans toutes les races métisses, ce défaut d'homogénéité qui est l'apanage des races pures.

CHAPITRE V

DISSOCIATION DE LA NOTION DE PATERNITÉ

L'expression poulain de plusieurs pères, généralement considérée comme purement fantaisiste, constitue certainement, en tant que possibilité scientifique, une forte exagération. Il n'en est pas moins vrai que, si l'on emploie le mot paternité pour désigner l'ensemble des actes par lesquels un étalon détermine la production d'un nouvel individu avec le concours d'une poulinière, cet ensemble ne forme pas un tout indissoluble. Il peut être dissocié en plusieurs actes plus ou moins indépendants les uns des autres et, par suite, plusieurs de ces actes pourront être parfois exécutés par des individus différents auxquels reviendra en conséquence une part de la paternité devenue collective.

Une analyse attentive des phénomènes de la génération nous permettant en effet de distinguer plusieurs groupes d'actes paternels, nous chercherons à définir le chaos que présente l'ascendance de nos chevaux d'hippodrome de pur sang et de demi-sang, dont on a noté avec soin la généalogie depuis la formation de chaque race.

Nous ferons tout d'abord l'énumération de ces groupes ; puis, nous les examinerons séparément pour en faire ressortir l'influence sur la série des générations. Nous serons ainsi amenés à discuter les différentes théories de la descendance qui servent de base à la pratique courante des croisements dans la production du thoroughbred et de tous les chevaux à pedigree en général.

1° Au premier rang, nous trouvons la *paternité télégonique*, qui est l'action d'ordre trophique et plus ou moins durable, exercée par un étalon sur l'organisme d'une jument poulinière à la suite de la copulation.

Cette action encore insuffisamment étudiée, en modifiant par l'intermédiaire des éléments somatiques le plasma des éléments gonadiaux, assurerait à l'agent télégonique une part de paternité dans les produits ultérieurs.

2° La *paternité déléasmique* ou par amorce. Nous appellerons ainsi l'action (probablement de nature dynamique) exercée par un accouplement, suivi ou non de fécondation, sur la production ultérieure des œufs chez des juments qui, saillies deux ou trois années consécutives, ne sont fécondées qu'après une longue série de copulations. Ces copulations ne font que déterminer la croissance ultérieure d'un certain nombre d'œufs, lesquels ont besoin d'une série de fécondations successives pour être susceptibles de développement.

3° La *paternité cinétique* désigne l'action exercée par divers agents et notamment par le spermatozoïde pour provoquer le développement de l'œuf en dehors de l'amphimixie.

4° La *paternité plasmatique*, qui est la paternité essentielle, celle qui fait intervenir directement les plasmas paternels, en proportion plus ou moins équivalente avec les plasmas maternels, dans la constitution de l'être nouveau destiné à perpétuer les caractères ancestraux de ses ascendants. Le spermatozoïde fécondant peut être différent de celui qui a agi comme père cinétique.

En nous appuyant sur l'étude des groupes d'actes paternels que nous offrent les phénomènes de la génération, nous serons obligés de reconnaître, en nous plaçant à un point de vue purement scientifique, que la généalogie de nos races de course, quoique très utile, est purement conventionnelle. Mais n'anticipons pas.

C'est une croyance très répandue chez les éleveurs que le premier accouplement peut exercer une influence sur les suivants, en ce sens que les produits de ceux-ci auraient quelque chose des caractères du premier père. Le célèbre biologiste anglais Romanes a interrogé de vive voix et par correspondance un grand nombre de praticiens et constaté que presque tous croient à l'influence du premier mâle. La plupart la croient fréquente et quelques-uns pensent qu'elle est constante.

On a donné à cette influence des noms divers empruntés soit aux faits, soit aux théories qui tentent de les expliquer : télégonie, imprégnation, mésalliance initiale, infection du germe, hérédité fraternelle; expressions qui ont chacune un sens particulier : télégonie veut dire influence éloignée de l'acte générateur ; le terme imprégnation suppose que l'organisme maternel est pénétré tout entier par la substance fécondante qui le modifie à l'image de l'étalon qui a fourni cette substance; celui d'infection du germe est fondé sur l'opinion que les œufs de la jument sont atteints dans l'ovaire avant d'être mûrs et que les fécondations ultérieures les trouveront gâtés par le premier accouplement; celui de mésalliance initiale s'applique au cas, qui a le plus frappé les éleveurs, où une femelle est atteinte dans ses qualités reproductives par une première union avec un mâle inférieur; enfin celui d'hérédité fraternelle suppose que les frères cadets ressemblent au père du premier poulain comme s'ils avaient hérité cette ressemblance de ce frère aîné.

Nous avons adopté pour les besoins de notre démonstration le terme de télégonie, qui exprime sous le couvert du grec une idée très facile à comprendre.

Voici le schéma du phénomène : une poulinière de race pure de famille A est fécondée par un étalon de famille B et porte dans son utérus un produit A $\times$ B. Si, ultérieurement, la même jument est fécondée par un mâle de famille C, elle donne quelquefois des produits qui ont certains caractères de la famille B.

C'est que, pendant la longue durée de la gestation première, la jument et son fœtus ne formant qu'un individu au point de vue de la corrélation générale, l'unification tend à se faire dans le patrimoine héréditaire de l'ensemble, c'est-à-dire que le foal A $\times$ B prend quelques propriétés de la poulinière A, et la poulinière A, quelques propriétés du poulain A $\times$ B. Ainsi la mère acquiert partiellement des caractères de la famille du fils et elle n'est plus, après la gestation, de famille absolument pure A, mais a quelques propriétés de la famille de l'étalon qui l'a fécondée et pourra les transmettre à ses produits ultérieurs.

Ce phénomène donne une explication satisfaisante des centaines et des milliers d'insuccès dans la production des chevaux de course qui pourtant auraient été mis au monde dans les conditions en apparence les plus favorables en ce qui touche la haute origine, les performances des procréateurs, la recherche des alliances de sang les plus renommées pour leurs succès, des conditions climatériques et hygiéniques les meilleures, enfin de l'élevage, de l'entraînement, etc... Mais on doit reconnaître aussi que, dans un très grand nombre de cas, la télégonie agit en sens inverse en améliorant les chances des progénitures cadettes. Le cas s'est présenté souvent en

France, en Angleterre, en Amérique, en Australie, etc., avec les mères des chevaux célèbres. Les performers auxquels nous faisons allusion venaient en général troisième, quatrième, cinquième produit du même croisement, démontrant clairement que dans la première conception, l'influence du père n'avait pas été suffisante pour léguer ce qu'en langage sportif on est convenu d'appeler la classe.

On saisit bien la clef physiologique du problème : d'une imprégnation première il subsiste quelque chose d'indélébile, et les produits des années ultérieures à la première seraient en partie l'œuvre du passé.

Personnellement, je crois que la télégonie est un phénomène très vraisemblable et très réel. Pour en « démontrer » l'impossibilité, les adversaires de cette théorie se livrent à une analyse très serrée du mécanisme intime de la génération, et soutiennent qu'il n'y a dans ce mécanisme subtil aucune place pour l'imprégnation partielle susceptible d'être complétée plus tard : tout ou rien, affirment-ils; c'est beaucoup s'avancer sur la foi du microscope..., et c'est prêter à la nature un absolutisme qu'elle ne pratique pas.

Les physiologistes, à l'instar des médecins et de quelques zootechniciens, édifient des doctrines dont chacune, à son apparition, est solennellement reçue comme « définitive » jusqu'à sa faillite prochaine, souvent assez piteuse. Actuellement, on admet que dans toute l'échelle animale la fécondation est un phénomène précis, qu'il intervient pour chaque produit un seul et unique « corpuscule générateur », lequel évidemment ne peut provenir de deux sources. Les arguments fournis à cet égard ne me satisfont point. Et comment ose-t-on, sur un terrain aussi obscur, aussi occulte, aussi scabreux, d'après quelques rares expériences, toujours sujettes à caution, trancher avec tant d'assurance !

La télégonie s'expliquerait, du reste, malgré l'hypothèse du corpuscule générateur un et indivisible ; car il est possible de lui trouver des raisons en dehors de l'imprégnation partielle.

Lorsqu'un être nouveau se forme dans le sein de la poulinière, où il est pour ainsi dire greffé, il doit très probablement réagir sur l'organisme qui le porte, de façon que, par son entremise, quelque chose du père s'imprime dans le corps maternel et y demeure pour se manifester dans les croisements suivants.

Il est loisible de supposer encore, ainsi que je l'ai montré dans mon livre le *Pur Sang*, que les éléments mâles ont une action directe durable sur l'organe maternel. Cette réaction du principe fécondant sur l'organisme fécondé a été souvent signalée chez les plantes. L'innocente botanique apporte en effet son importante contribution en faveur de la télégonie, en montrant que dans le monde végétal il y a une influence profonde des éléments mâles sur l'organisme fécondé, une influence qui ne se limite pas à l'acte fugitif de la fécondation.

Les adversaires de la théorie télégonique prétendent que pour ce qui est des animaux, elle ne repose sur aucun fait sérieux contrôlé scientifiquement, et ils ajoutent que leurs propres expériences, instituées avec le plus grand soin, prouvent le mal fondé de cette théorie. On doit répondre à ces hommes de science que la plupart des éleveurs, gens, à n'en pas douter, d'une compétence supérieure, redoutent la télégonie et veillent sur leurs femelles de race avec une attention jalouse afin qu'elles restent à l'abri d'une imprégnation de hasard qui, suivant eux, pourrait compromettre pour longtemps la pureté de la descendance : quoi qu'on en puisse dire, il existe des faits remarquables et indéniables à l'actif de cette croyance populaire, et si les antitélégonistes leur ont cherché péniblement des explications en dehors de la télégonie, ils ne m'ont guère convaincu. De ce que les expériences des antitélégonistes ont été négatives, cela ne signifie rien non plus contre la théorie, car personne n'entend que la télégonie soit la règle courante : c'est un accident qui peut se produire, qui se produit et dès lors nous ne devons pas l'ignorer dans l'étude et la discussion des théories émises pour résoudre le problème généalogique des races et celui du croisement rationnel.

Dans les variétés de course, les faits sont évidemment précis et consistants ; mais, comme ils sont disséminés sur les nombreux points où l'on élève, ils constituent des observations malaisées à approfondir.

En outre, les éleveurs et les stud grooms communiquant difficilement leurs remarques, nous sommes le plus souvent forcés d'attendre l'apparition des chevaux sur les champs de courses pour noter les ressemblances.

Malgré les difficultés d'établir les faits, la télégonie ne manque pas de preuves précises dans la race pure comme dans les races de demi-sang. Je pourrais citer quelques cas constatés par moi-même dans des haras et jumenteries, mais ils ne donneraient pas plus de force à ma démonstration qui s'appuie surtout sur les données biologiques qui expliquent l'immunité et l'hérédité des caractères acquis.

Pendant toute la période de la gestation, il y a de telles communications entre les milieux intérieurs de la jument et du fœtus qu'on peut les considérer tous deux comme formant un individu unique, dans lequel la sélection adaptive établit la corrélation générale. Or, par le fait même de la gestation, les conditions se trouvant modifiées, il intervient naturellement une variation quantitative, tant chez la poulinière sous l'influence du fœtus que chez le fœtus sous l'influence de la mère. Dans cet individu formé de deux êtres, il s'établit donc, pendant la longue durée de la gestation une sorte d'équilibre qui dépend naturellement de l'ascendance de la mère et du fœtus. La sélection naturelle détermine donc une variation quantitative, tout à fait comparable à celle que produit l'immunité. On est alors amené à considérer que dans un individu à milieu intérieur limité, comme c'est le cas chez la jument, il y a, quand l'état adulte est définitivement obtenu, unité de race entre les éléments. Dans le cas de l'être double formé d'une poulinière et de son embryon, il est donc tout naturel que la race tende à s'unifier entre les éléments des deux individus unis et comme la gestation est longue, cette unification peut être assez avancée au moment de la mise-bas, pour que les autres éléments sexuels de la mère aient acquis beaucoup de caractères de la race du père et les conservent assez longtemps. De sorte que la poulinière elle-même par le fait de la gestation, acquiert dans tous ses tissus, quelques-uns des caractères de la race de l'étalon. On ne peut donc pas admettre que les poulains qui naissent à partir de la seconde gestation, ne tiennent aucun caractère du « sire » qui a fécondé pour la première fois la poulinière qui les a produits. Remarquez encore que ce n'est pas seulement le premier mâle qui influe sur les produits futurs, mais bien tout étalon ayant fécondé antérieurement la jument. Donc un poulain naissant d'une poulinière qui a eu antérieurement plusieurs produits de divers étalons peut tenir des caractères de tous ces pères antérieurs.

Pour montrer combien cette question est importante au point de vue biologique, il me suffira d'exposer succinctement les différentes opinions des savants qui ont cherché à expliquer de diverses manières cette influence du mâle. Weissmann invoque une fécondation incomplète d'œufs non mûrs. Ryder fait appel au métabolisme. Spencer pense que le fœtus modifie la mère à son image et lui communique quelques caractères du père qu'elle transmet ensuite à ses autres produits. Turner croit que la modification porte non pas sur la mère mais sur les œufs non mûrs des portées suivantes et que les échanges nutritifs entre elle et son premier fœtus sont les intermédiaires de cette modification. Romanes, au contraire, cherche l'agent de cette modification dans la substance des spermatozoïdes superflus du premier accouplement. Ces spermatozoïdes meurent, mais leur substance ne meurt pas et, absorbée par les

Cheval de selle anglais.

œufs à la manière d'un aliment, pourrait les modifier. Le liquide spermatique qui a pénétré dans l'utérus équivaut, en effet, à une de ces injections séquardiennes dont on connaît les effets sur l'organisme. Il n'est pas impossible que les produits sexuels non mûrs ne soient en quelque chose modifiés par elle. Enfin Bard croit trouver une explication dans une force particulière qu'il appelle l'induction vitale. Selon cet auteur, la vie du protoplasma se manifeste par des forces ayant des modalités beaucoup plus variées que dans les phénomènes physiques où on les a étudiées. Ces forces peuvent agir les unes sur les autres par une action comparable à l'influence électrique et qui constitue l'induction vitale. Cette induction vitale se montre nettement par l'action des organes reproducteurs sur les caractères sexuels secondaires exprimés dans le soma; elle se montre par ses effets négatifs dans la castration. Or, comme il n'y a pas d'action sans réaction on doit admettre que réciproquement, le soma et ses modifications peuvent agir à distance sur les cellules sexuelles par une induction vitale et les modifier.

L'infection de la mère par un premier accouplement s'explique d'après Montia, par une modification dans la modalité fonctionnelle des organes génitaux maternels sous l'action du liquide spermatique, à la manière dont un organisme est modifié par des microbes ou même par des toxines secrétées par eux.

Les phénomènes d'imprégnation, dit Jaeger, s'expliquent aisément par le fait que le produit de la première conception émet des gemmules qui vont se condenser dans les ovules non mûrs de l'ovaire.

Malgré les divergences d'opinion dans les essais d'explication du phénomène, l'influence télégonique est réelle et nous devrons, en théorie, toujours en tenir compte.

Examinons rapidement avant de conclure les autres groupes d'actes paternels. La paternité déléasmique est, ainsi que je l'ai dit plus haut, l'action exercée par un accouplement suivi ou non de fécondation, sur la production ultérieure des œufs chez des juments qui, saillies deux ou trois années consécutives, ne sont fécondées qu'après une longue série de copulations. Ces copulations ne font que déterminer la croissance ultérieure d'un certain nombre d'œufs, lesquels ont besoin d'une série de fécondations successives pour être susceptibles de développement. Cette observation a été faite chez un grand nombre de pouliches de trois ou quatre ans, qui n'ont été fécondées que dans leur cinquième, sixième et septième année. La longue suite d'accouplements a eu chez elles pour résultat de déterminer l'expulsion d'un grand nombre d'œufs qui seraient demeurés abortifs dans les gaines ovariennes. Non seulement la stérilité de ces juments a pu être guérie par ce moyen, mais leurs œufs ont subi une influence différentielle sans doute, mais une influence qui a pu modifier leur chimisme et, partant, leur hérédité. L'étude de l'action des autres groupes paternels que nous avons esquissée nous demanderait trop de place et exigerait une longue exposition qui pourrait devenir fastidieuse pour le lecteur : aussi renverrons-nous les personnes que ces questions pourraient intéresser à notre étude sur la fécondation et la stérilité, qui va paraître incessamment.

En nous appuyant sur les lois d'hérédité et sur toutes les influences dont nous avons parlé, nous pourrons conclure que, à chaque saillie, à chaque gestation, le mélange moléculaire augmentant de plus en plus en éléments disparates chez les poulinières, les poulains qu'elles produiront pourront être envisagés comme des êtres collectifs dont le pedigree pourra être tracé arbitrairement sur le papier, mais qui comporteront un mélange cellulaire impossible à déterminer. Voilà pourquoi les théories du croisement et de la descendance dans les races tracées, devront être considérées comme antiscientifiques. Nous ne discuterons pas la théorie physico-chimique de la généalogie des variétés de course, le problème reposant sur des notions que la science n'est pas encore arrivée à déterminer d'une façon assez parfaite!

CHAPITRE VI

SÉLECTION ZOOTECHNIQUE

Le premier soin à prendre dans le choix des reproducteurs, et surtout des mâles ou étalons, à cause de leur polygamie habituelle, est de s'enquérir de leur origine, de leurs antécédents de famille, de leur pedigree.

La doctrine actuellement dominante en Allemagne, sous le nom de doctrine de la puissance individuelle (*Individualptenz*) fait considérer ce soin comme superflu. La longue expérience et le sens pratique des éleveurs les portent, au contraire, à accorder de plus en plus d'importance aux antécédents héréditaires. Il n'est pas douteux que la raison soit de leur côté. En Allemagne même, de bons esprits s'élèvent avec force contre la doctrine la plus en faveur. Il faut absolument s'être laissé égarer par des conceptions imaginaires, pour méconnaître à ce point le résultat de l'observation.

Il est certain que la pratique de la reproduction chevaline aura réalisé un très grand progrès et qu'elle aura acquis un inestimable degré de sûreté, le jour où toutes les races ou variétés seront pourvues d'un livre généalogique authentique, à l'exemple du Stud-Book, aux indications duquel les éleveurs de chevaux de course se conforment avec un si incontestable succès.

Sans doute, on constate, de temps à autre, quelques exceptions à la règle de l'hérédité de famille. Le fameux Gladiateur nous en a fourni un exemple frappant. Ce grand vainqueur, descendant d'une longue lignée de vainqueurs, s'est montré lui-même un reproducteur fort médiocre. Inversement, il s'est vu que des étalons sans antécédents glorieux ont procréé des chevaux extraordinaires. La puissance individuelle n'est point niable, comme nous le savons fort bien. Mais il n'a jamais passé pour sage d'ériger, de son autorité privée, l'exception en règle et même en loi.

Il est beaucoup plus fréquent de voir un reproducteur individuellement médiocre procréer une descendance distinguée, parce qu'il appartient lui-même à une famille distinguée, que de voir fonder, par un étalon individuellement remarquable mais issu d'une famille médiocre, une lignée remarquable comme lui. La règle est que la puissance héréditaire individuelle soit primée par l'atavisme.

Pour agir toujours avec sécurité, il faut donc le plus possible joindre les deux conditions, unir aux qualités individuelles, corporelles et physiologiques, les performances, le pedigree. Lorsque nous ne pouvons pas réunir les deux, donnons la préférence au pedigree sur les performances, c'est-à-dire à l'origine sur les preuves individuelles, contrairement à ce que recommandent les zootechnistes allemands les plus en faveur. Dans le plus grand nombre des cas, les résultats justifieront notre conduite.

Pour le plus grand nombre des auteurs, l'examen des qualités individuelles ou beautés de conformation, des formes corporelles, nécessaires pour exercer la sélection zootechnique, ressortit à un corps spécial de doctrine que, dans presque toutes les écoles de l'Europe, on enseigne sous le titre d'*extérieur du cheval*.

Ce corps de doctrine, fondé par Bourgelat, consiste à passer successivement en revue toutes les formes corporelles divisées en petites régions distinctes. Settegast, par exemple, les admet au nombre de 46, dont 11 pour la tête, 21 pour le tronc et 14 pour les membres; de plus, il y joint une échelle de proportions, qui donne la mesure de l'harmonie qui doit exister entre toutes les parties, pour que la conformation soit jugée parfaite. Goubaux et Barrier, les auteurs français les plus récents, en comptent 54, dont 17 pour la tête, 20 pour le corps et 17 pour les membres. Plus qu'aucun de leurs devanciers, ces auteurs insistent savamment sur ce qui concerne l'examen des proportions.

Une telle façon d'envisager l'étude des formes chevalines a certainement son utilité. Elle a rendu et rend encore des services aux artistes, au point de vue desquels elle a été conçue.

Mais en considérant la machine animale en sa qualité de moteur animé, c'est-à-dire au point de vue pratique, il devient évident que l'analyse n'en peut pas être faite utilement d'après cette méthode.

Ceux qui, en la suivant, arrivent cependant à se faire des idées justes sur les meilleures conditions de construction de la machine, y sont conduits inconsciemment par une autre voie.

Dans le détail, la forme de chacune des parties de cette machine ne se peut point isoler de sa constitution anatomique, dont elle dépend d'une manière nécessaire. Dans l'ensemble, elle est sous la dépendance de la mécanique bien plus que sous celle de l'esthétique.

Le plus grave inconvénient de cette méthode est de conduire à la notion fausse d'un type unique de la beauté chevaline. Aucun des auteurs qui l'ont suivie n'a échappé à cet inconvénient.

Tous ont figuré, dans leurs ouvrages, un seul modèle, auquel ils proposent de ramener la conformation des chevaux, ce modèle étant considéré par eux comme étant la perfection. Il faut évidemment pour cela ne tenir aucun compte des différences naturelles et nécessaires qui distinguent entre eux les types de race, ou n'en posséder aucune notion, ce qui est le cas de bon nombre de ces auteurs.

La vérité est qu'il y a autant de types de conformation générale qu'il y a de races, et que dans chacune de celles-ci il y a à la fois des individus communs, grossiers ou laids, relativement, et des individus distingués. Au point de vue de l'esthétique pure, les types de race peuvent être comparés entre eux : celui-ci peut être trouvé plus beau que celui-là.

Il est certain qu'entre un sujet distingué, de race asiatique, et un autre sujet distingué aussi de race germanique, l'œil de l'artiste ou son goût ne peut pas hésiter. Il sera évidemment plus charmé par la contemplation du premier que par celle du second. Mais qu'il considère tous les deux attelés à de lourds carrosses ! Lequel des deux alors lui produira le meilleur effet ? A plus forte raison s'il compare ce même cheval asiatique, si véritablement noble et beau sous son cavalier, attelé à une lourde voiture de moellons, à un volumineux cheval britannique placé de même dans les limons d'une voiture semblable !

Cela montre que la beauté plastique ou esthétique et la beauté zootechnique sont deux choses nettement distinctes. Ces deux choses ont leur valeur dans l'appréciation des formes chevalines, certaines catégories de chevaux remplissant une fonction économique dans l'accomplissement de laquelle ils sont aussi considérés comme des objets d'art ou de luxe. Il s'agit seulement de ne pas les confondre et de ne point prendre, encore ici, pour la règle ce qui doit rester, dans la pratique, l'exception.

La règle, ou pour mieux dire la loi, est que le type général de conformation, soit relatif à la fonction économique. Il n'est donc pas possible d'exécuter pratiquement ou utilement une description morceau par morceau, comme disent les sculpteurs, du type idéal de la conformation chevaline. Par conséquent le corps de doctrine appelé, dans le langage classique, « extérieur du cheval » est à notre point de vue, dit Sanson dans sa *Zootechnie générale*, entièrement faux. « Il ne peut servir qu'aux artistes qui dessinent toujours le même cheval, qu'aux peintres et aux sculpteurs de l'école de la convention. Il est en dehors de la nature. A ce titre, il sera répudié même par les véritables artistes. A plus forte raison doit-il l'être par les physiologistes placés au point de vue de la mécanique animale.

« A ce point de vue, il serait bien facile de montrer ce qu'il y a de puéril, en prenant à part l'une quelconque des descriptions morcelées qu'il comporte. Nous ne nous y attarderons pas, mieux vaut consacrer notre temps à l'exposé de la méthode d'examen véritablement exacte qui doit être suivie pour arriver à l'appréciation précise et utile de la bonne conformation des moteurs animés.

« Cette méthode, suivie ici pour la sélection zootechnique des reproducteurs, est également valable, il est à peine besoin de le faire remarquer, pour celle des chevaux de service ou des moteurs animés. Ce qu'on recherche chez les reproducteurs, pour qu'ils le transmettent à leur descendance, ce n'est pas autre chose que ce qui permet à celle-ci de remplir au mieux sa fonction. La seule restriction qu'il y ait à formuler, c'est que dans le cas des reproducteurs la sévérité est obligatoire, tandis qu'en ce qui concerne les moteurs animés les nécessités pratiques obligent souvent à s'en départir, en mesurant seulement à la durée probable des services de la machine le prix qu'on y met, afin de ne point les payer au delà de leur valeur réelle. »

CHAPITRE VII

LES APTITUDES DU DEMI-SANG

Le cheval de selle. — Il n'y a plus que deux sortes de chevaux de selle, dont l'importance comparative se différencie de plus en plus. Il y a le cheval de promenade ou de chasse, et le cheval de guerre. On ne voyage plus à cheval, nous ne perdrons point notre temps à disserter sur le fait, à exposer les changements de l'état social qui se traduisent par ce fait et à les regretter. Nous le constatons purement et simplement, comme devant servir de base à notre étude présente.

Le cheval de promenade, son qualificatif l'indique assez, est un animal de luxe, accessible seulement à une petite minorité, à notre époque occupée, où le travail devient chaque jour davantage une nécessité, en même temps qu'un signe de moralité et une condition de conservation sociale. L'importance de sa production va donc en décroissant. Le cheval de guerre, au contraire, dans l'état actuel de l'Europe, est devenu plus indispensable que jamais. C'est ce qui n'a pas besoin d'être prouvé. La situation militaire des nations européennes, les convoitises de quelques-unes d'entre elles et les besoins de défense des autres sont connus de tout le monde.

Cette situation commande par conséquent les qualités qui font le meilleur cheval de selle, considéré en général. Elle rend évident que les qualités solides doivent avoir le pas sur les qualités brillantes, contrairement, il faut le dire, à l'opinion la plus répandue.

En vertu d'un raisonnement qui n'a malheureusement rien de

physiologique, leur objectif est le cheval de luxe, dont la réussite, par la nature même des choses, ne peut être qu'exceptionnelle, et dont les qualités principales sont exclusives de celles qui sont indispensables au cheval de guerre. Il s'ensuit que la méthode de production adoptée fait obtenir, pour un très petit nombre de sujets réussis au point de vue du luxe, qui n'en utilise d'ailleurs guère, un très grand nombre de sujets incapables de suffire aux exigences des armées en campagne (Sanson).

La première de toutes les qualités, pour le cheval de guerre, surtout pour le cheval de cavalerie, est la rusticité, la facilité de

Cheval de selle.

résister aux privations, aux marches forcées inséparables des campagnes militaires. C'est une vertu de tempérament. Pour le cheval de luxe, dont la crèche est toujours bien garnie, l'habitation confortable, le travail minime, et qui est l'objet de soins minutieux, cette vertu est superflue, n'ayant pas l'occasion de s'exercer, son éducation, d'ailleurs, ne l'y prépare point, bien au contraire. Le diminutif ou le rebut de cheval de luxe ne peut donc pas être un cheval de guerre. Leurs qualités respectives sont d'ordre différent, ceci s'entend, il faut le remarquer, du cheval de selle tel que la mode le préfère actuellement, dans tous les pays d'Europe, et comme nous le représentons, du cheval de selle anglais ou dérivé de l'anglais. Ce cheval, on ne le conteste point, est véritablement beau. Il a toutes les qualités d'élégance désirables, ses formes sont harmonieuses; sa physionomie est fière et noble. Il a tout ce qu'il faut pour faire l'orgueil d'un cavalier, sur une promenade publique. En vue de la production de ses pareils, pour le commerce de luxe, il n'y a évidemment rien de mieux à faire que de le choisir comme étalon. En le considérant attentivement, on voit qu'il est doué de toutes les beautés corporelles ayant une valeur absolue. Il les a toutes, quand il est réussi au degré montré par notre figure. Le producteur de chevaux de selle pour le luxe ne risque évidemment pas de se tromper en le prenant comme modèle idéal.

Mais nul n'ignore que le débouché de la production est en ce genre-là très restreint, et que par conséquent, pour se conformer aux conditions économiques, cette production doit elle-même rester dans des limites peu étendues. Le grand débouché des chevaux de selle est offert par les armées. Ce sont donc les chevaux de guerre qu'il faut produire, en général, si l'on exerce une industrie profitable.

En décrivant les dérivés de la variété anglaise dont il s'agit ici, nous avons vu, par les résultats de l'expérience universelle, qu'ils manquent absolument de la qualité indispensable aux chevaux de guerre. A l'égard de ceux-ci, on ne peut donc point les prendre pour type, sauf à faire fausse route, ainsi que nous en avons depuis trop longtemps le spectacle sous les yeux.

La production des chevaux de selle ne s'entreprend point par préférence, nulle part on ne s'y livre que par impossibilité de faire autrement.

En général, cette impossibilité est imposée par les conditions de climat ou de milieu, qui ne permettent pas l'entretien des races de grande taille et de fort volume. Les chevaux de selle sont, en effet, des chevaux légers de corps.

Nous savons qu'ils se produisent surtout dans les régions centrales et méridionales de l'Europe, dans l'Asie centrale, en Asie Mineure et au nord de l'Afrique. Partout ailleurs, ce sont seulement les individus les moins grands de leur race ou de la variété cultivée qui sont affectés au service de la selle, faute de pouvoir atteindre à un autre plus recherché et plus estimé.

Ces chevaux de selle, formant la généralité, appartiennent, comme nous le savons, à plusieurs races, mais particulièrement à deux mélangées ensemble dans des proportions diverses. Ces deux races sont l'asiatique et l'africaine. Par la taille qu'atteignent leurs sujets, par le volume du corps de ceux-ci, par leur poids vif, en un mot, ils ne sont véritablement utilisables d'une manière générale qu'à porter un cavalier.

Les conditions naturelles dans lesquelles ils se développent les douent au plus haut degré de la qualité maîtresse dont nous avons parlé, comme étant indispensable au cheval de guerre.

Reproduits par eux-mêmes, ils sont sobres et rustiques autant qu'on puisse le désirer. Nous n'avons donc qu'à indiquer, en ce qui

Travail à la longe.

les concerne, les qualités corporelles spéciales à rechercher dans leurs reproducteurs comme chez eux tous, pour qu'ils soient à juste titre considérés comme les meilleurs chevaux de selle.

Ces qualités ne sont, d'ailleurs, pas moins nécessaires pour le service de luxe.

La fonction mécanique du cheval de selle nécessite avant tout de la souplesse dans les mouvements. Il doit pouvoir évoluer avec facilité sur un petit espace, pivoter en quelque sorte sur ses membres ou faire demi-tour à toutes les allures, à la moindre invitation de son cavalier. A la guerre, notamment, la sécurité de celui-ci dépend, dans un grand nombre de cas, de cette qualité. La célèbre charge des lanciers anglais, à Balaklava, charge qui leur fut si funeste, fournit à cet égard un enseignement très précis. La perte du beau régiment britannique n'a été due qu'à la raideur, au manque de souplesse de ses chevaux, qui, lancés à fond de train sur les rangs ennemis, les ont traversés sans que leurs cavaliers pussent réussir à les ramener. Un fait semblable s'était déjà produit en 1809, dans la guerre de Portugal.

Nous ne parlons pas de la solidité de la sustentation, parce qu'elle est une qualité absolue, à rechercher conséquemment dans tous les cas. Disons seulement qu'ici elle est tout à fait indispensable, son absence à un degré quelconque étant plus dangereuse que dans aucun autre. Il en est de même pour la vitesse des allures. Tout le monde sait que le salut du cavalier est dû le plus souvent à la solidité et à la vitesse de sa monture.

Donc, souplesse, solidité et vitesse sont les trois qualités spéciales du cheval de selle.

La première de ces qualités est due (à part l'éducation ou le dressage) à la conformation de l'encolure et à la mobilité de la tête sur elle, ainsi qu'à sa légèreté relative. Nous savons le rôle de l'encolure dans l'exécution des mouvements coordonnés. Ses propres mouvements déplacent le centre de gravité du corps et déterminent le sens des déplacements de celui-ci, plus elle est longue et légère, plus elle peut se plier facilement, surtout dans ses parties antérieures, n'ayant à porter à son extrémité qu'un faible poids, meilleure est sa conformation.

Il y a des encolures trop courtes et trop épaisses. Avec une bonne conformation de la poitrine, il n'y en a point de trop longues. L'encolure mince et grêle, qu'on appelle encolure de cerf, ne se rencontre qu'avec une poitrine étroite, à côtes insuffisamment arquées, et avec le garrot tranchant qui en est la conséquence. Elle est l'indice habituel d'un caractère irritable à l'excès et facile à l'emportement, qui rend le cheval dangereux à monter. Sous le moindre excitant il perd le sens de l'obéissance.

La solidité de la sustentation, nous savons quelles sont les conditions de conformation qui l'assurent.

Il n'y a rien de particulier à cet égard pour le cheval de selle.

Toutefois, il y a un rapport nécessaire entre le degré d'ouverture des angles similaires et la vitesse des allures normales, qui exige pour le cheval de selle une condition spéciale. Cette vitesse, en raison même de sa fonction, doit atteindre le maximum possible. La monture la plus rapide, nous l'avons déjà dit, est toujours la meilleure; le maximum de vitesse, pour la même dépense de force, correspond à la moindre ouverture des angles et à la plus grande longueur des avant-bras. C'est ce que nous avons démontré[1] en faisant remarquer que, dans les conditions les plus voisines de la perfection, cette ouverture n'est jamais moindre que 90°. D'où il suit que la force du cheval de selle devant être le plus souvent dépensée en mode de vitesse, il convient de considérer, comme une condition nécessaire chez lui, des angles droits, en outre de leur similitude parfaite.

La taille des chevaux de selle varie beaucoup. A son sujet, c'est la taille et le poids du cavalier lui-même qui donnent la mesure.

Toutes choses d'ailleurs égales, il est évident que l'aptitude à porter une charge est proportionnelle au poids vif, qui, lui-même, est, en général, proportionnel à la taille. Dans l'armée française, les chevaux de la cavalerie de réserve ont jusqu'à 1m,70, et ils pèsent jusqu'au delà de 600 kilogrammes. Ceux de la cavalerie légère, chasseurs et hussards, descendent jusqu'au-dessous de 1m,56.

Les statistiques de la mortalité nous fournissent un éclaircissement très significatif à l'égard de leur aptitude comparative.

Ainsi que nous l'avons déjà dit, la catégorie des chevaux de selle comprend le cheval de chasse (*hunter* et *cob*) le *hack* et le cheval de cavalerie.

Le cheval de chasse. — On le considère généralement comme le type du genre, car, pour bien remplir sa mission sans s'user prématurément, il doit présenter des qualités qui le mettent hors de pair dans n'importe quel service de selle ou de trait léger. En Angleterre et en Irlande on l'appelle hunter. Voyons comment il est produit :

Les éléments principaux auxquels on s'adresse en Angleterre pour obtenir le hunter dont l'élevage n'est basé sur aucune règle fixe sont assez confus ; il n'est pas, on a pu le voir, d'animal dont la production soit plus chanceuse, par l'excellente raison qu'il n'appartient à aucune race fixe, et qu'avec des pur sang, des hackneys et même des chevaux de trait, on a pu en avoir de bien réussis. Je parle, cela va sans dire, du hunter capable de porter un gros poids, le pur sang étant pour les poids légers et même les poids moyens ne dépassant pas 85 à 90 kilogrammes, le meilleur hunter qu'on pourra jamais trouver.

1. *Le Pur Sang.*

L'étalon de race pure est-il, par contre, le sire le plus apte à produire des hunters de gros poids ? La question a été discutée depuis qu'existent les chasses à courre, les chasses au renard en particulier, et personne n'est encore d'accord sur la solution pratique qu'elle comporte.

Les uns s'en tiennent exclusivement à l'étalon de race pure, d'autres préfèrent les hunters, qui ayant établi leurs aptitudes gymnastiques et leur endurance pendant plusieurs saisons de chasses, leur paraissent qualifiés pour bien produire, en vertu de l'adage « tel père, tel fils », qui, par malheur, est loin d'être strictement exact en matière d'élevage. Certains préconisent le hackney, d'autres enfin, demandent la substance indispensable au weight-carrying hunter, au cheval de charrette bien trempé. L'incertitude est la même pour les mères ; il semble toutefois que la jument qui a été employée comme hunter, soit celle qui réunisse le plus grand nombre de suffrages, à la condition de posséder au moins trois ou quatre courants de sang très rapprochés.

Un hunter bien venu se vendant fort cher, il est pour les éleveurs très intéressant d'en produire le plus possible, le débouché à des conditions rémunératrices étant toujours assuré dans un pays où, comme en Angleterre, on trouve plus de 100.000 chevaux dans les équipages. Cette branche de l'industrie chevaline doit donc être encouragée à tous les titres, les résultats étant plus incertains encore qu'avec les races fixées. Aussi le gouvernement anglais, dont l'action ne s'exerce guère en général que d'une manière toute platonique, a-t-il jugé nécessaire d'intervenir directement, tandis qu'une Société se constituait dans le but unique d'encourager l'élevage des hunters, en créant un registre spécial d'origines où seraient inscrits les juments et les étalons reconnus hunters qualifiés, puis en distribuant des primes dans des concours aux animaux les plus susceptibles de bien produire, issus de reproducteurs inscrits à son stud-book. La Hunter's Improvement Society, fondée depuis plus de vingt ans, a ainsi obtenu des résultats qui justifient son existence.

On connaît la méthode qu'a adoptée le gouvernement anglais pour encourager l'élevage des hunters. Les fonds que la Liste Civile consacrait à un certain nombre de Queens plates, courus sur divers hippodromes, ont été attribués à des primes pour étalons de race pure bien conformés en hunter-sires. Le Parlement a ajouté une petite subvention. Les crédits ainsi accordés, ont permis de créer vingt-neuf primes royales de 150 livres (3.750 francs) chacune, qui sont distribuées chaque année par les soins de la

Commission royale d'élevage, présidée par le Grand-Écuyer. Le territoire a été divisé en treize régions, à chacune desquelles sont attribuées, suivant son importance, au point de vue de l'élevage, un, deux, trois ou, au maximum, quatre étalons primés. Un certain nombre d'étalons concourent pour chaque région et ceux

Chevaux de chasse.

auxquels sont accordées les primes doivent faire la monte dans cette région. La prime n'est payée que s'ils ont, pendant la saison, sailli cinquante juments de demi-sang, au prix maximum de cinquante francs (plus 3 fr. 75 pour l'écurie). Ce chiffre réglementaire atteint, les propriétaires ont le droit de fixer pour les juments supplémentaires qui seraient envoyées à leurs étalons, le prix qui leur convient et de les mettre en station où il leur plaît; pour les cinquante premières juments, l'étalon doit, au contraire, se rendre à l'endroit qui a été choisi par la Commission royale, et où il est envoyé et entretenu aux frais de son propriétaire.

Le concours des étalons pur sang de croisement a lieu chaque année au mois de mars à Londres en même temps que celui qu'organise la Société d'Encouragement des Hunters, tout en formant une catégorie absolument distincte. Le premier concours de la Hunter's Improvement Society a eu lieu, du reste, en 1885, tandis que les primes royales ne sont instituées que depuis 1888 et n'ont commencé à être données à Londres que l'année suivante.

En moyenne, 110 à 115 étalons concourent chaque saison pour les vingt-neuf primes royales; une décision récente de la Commission a fixé à quinze ans la limite d'âge qui, jusqu'en 1899, avait été de vingt ans, des plaintes assez nombreuses ayant été adressées sur l'incapacité de certains reproducteurs primés à bien remplir les juments. Peut-être aurait-on, cependant, pu maintenir la limite d'âge primitive, la moyenne des naissances ayant toujours été, comme on le verra plus loin, absolument normale.

Les trois juges auxquels la commission délègue le soin de répartir les primes, attachent à la conformation et à l'action, l'importance qu'elles méritent, mais, surtout depuis trois ou quatre ans, ils sont souvent assez embarrassés pour trouver l'étalon du type qui convient bien à ces croisements. Des performances, ils ne s'en inquiètent que dans les cas fort rares où l'étalon a fait preuve de tenue; les animaux bien équilibrés, libres dans leur épaule et leurs articulations, compacts, avec de la substance et des aplombs réguliers sont, naturellement, ceux qu'ils préfèrent, tandis que, quels que puissent être sa qualité, son élégance et son sang, le cheval léger est écarté par principe. Seulement on trouve beaucoup plus facilement des animaux de ce modèle que du type qu'ils recherchent. Aussi plusieurs chevaux un peu légers de substance ont-ils quand même été primés; il est vrai que leur action était particulièrement brillante.

La Commission tient, d'une manière très stricte, à ce que les chevaux primés soient absolument sains et nets. Aussi, tous ceux qui ont été réservés par les juges après un premier classement, sont-ils, avant l'épreuve définitive, l'objet d'un examen vétérinaire très sévère. Les étalons rouleurs qu'on employait à la production des hunters avaient, dans bien des cas, « empoisonné » l'espèce; les corneurs étaient fréquents, beaucoup avaient des membres tarés. Depuis l'institution des primes royales, l'exclusion des étalons affectés de maladies ou de tares héréditaires, a permis de réaliser de très sensibles progrès. Les jarrets sont devenus nets, en général, et les cas de cornage assez rares; enfin la fluxion périodique est maintenant à peu près inconnue.

Les primes royales ont donc, grâce à la manière pratique et intelligente dont elles ont été distribuées, donné d'excellents résultats et il semble que la Commission n'aurait pu mieux employer les crédits fort limités en somme (111.250 francs) dont elle dispose. Les étalons qui concourent sont maintenant, à très peu d'exceptions près, tous acceptés par les vétérinaires qui ne se plaignent plus guère que de la négligence de certains propriétaires dans les soins à donner aux pieds des chevaux; plusieurs, dont l'action et le modèle auraient bien convenu, ont dû être écartés en raison de pieds encastelés par suite de mauvaise ferrure.

Les étalons primés ont sailli, en 1903, 1.158 juments au prix réglementaire et 146 au prix fixé par leurs propriétaires, soit 1.304 en tout; pour 1905, le nombre des saillies a été de 1.429 dont 118 seulement au-dessus du prix normal. La moyenne des naissances correspondantes s'est élevée à 55 et 58 0/0 des saillies, moyenne satisfaisante, rien de plus. Il est vrai que certains étalons, ceux dont se sont plaints les éleveurs, ont eu à peine une moyenne de 40 0/0; d'autres, au contraire, ont atteint 75 0/0 et il est même arrivé à Button Park l'heureuse chance d'avoir autant de produits que de saillies faites; les éleveurs n'ont-ils pas aidé un peu au hasard en confiant à des étalons dépourvus du cachet officiel le soin de suppléer aux défaillances de leurs congénères primés dont les produits ont toujours une valeur particulière? Ce qui se faisait en France pour certains trotteurs peut fort bien avoir lieu pour les hunters anglais.

Quoi qu'il en soit, et toute limitée que soit cette production officielle, elle permettra certainement de former une bonne pépinière de reproducteurs, qui faciliteront la tâche de la Société du Hunter. Toutefois, la Commission royale désirerait que l'industrie privée, par une action parallèle à la sienne, contribuât à élargir ce terrain d'action trop limité. Aussi a-t-elle adressé aux maîtres d'équipage une circulaire où elle les invite à instituer des primes pour les poulinières de leur district qui sont aptes à produire des hunters ou qui ont déjà fait leurs preuves, primes qui seraient distribuées pendant les concours hippiques locaux. Cet appel a été entendu dans bien des cas. En outre, en 1904, 235 prix ont été accordés à des produits d'étalons primés par la Commission ; on sait la valeur que donnent ces prix aux animaux auxquels ils sont attribués, et en dehors des bénéfices qu'ils assurent à leurs éleveurs, ils provoquent chez eux une émulation à laquelle on doit toujours de bons résultats.

On est ainsi autorisé à conclure de ceux qui ont été obtenus que le pur sang bien choisi est le hunter-sire le meilleur à employer, mais il n'est certainement pas le seul. Je ne parle pas du hackney, qui peut réussir sans doute avec des poulinières pur sang bien choisies et avec des juments éprouvées ; mais son dessus est en général trop peu soutenu, il est trop près de terre pour que son emploi puisse être généralisé pour l'élevage des hunters. Je ne parle pas de son action qui est par excellence celle du trotteur ; comme tempérament, je reconnais qu'il remplit toutes les conditions désirables. Qu'il soit susceptible de donner de bons hunters, cela n'est pas contestable, mais avec lui, ce sera, beaucoup plus encore qu'avec le pur sang, une question de chance, ou plutôt il faudra une chance exceptionnelle pour réussir. Sur ce point, je crois être d'accord avec la majorité des éleveurs anglais, des éleveurs irlandais surtout.

L'étalon qui, comme hunter, aura fait ses preuves, sera à son tour employé avec profit comme hunter-sire, mais à la condition expresse qu'il ait au moins trois ou quatre pur sang parmi ses ascendants directs, sans qu'on ait, pour les trouver, à remonter plus loin que le troisième degré. Il réussira bien avec des juments qui, comme lui, auront chassé sous des poids assez élevés et auront aussi, ainsi que je l'ai dit plus haut, des pur sang parmi leurs auteurs. Si le produit n'est pas assez développé et assez fort pour porter 15 ou 16 stones, il pourra presque toujours convenir à un poids moyen et se vendra à un prix fort convenable, cela, bien entendu, comme dans les cas précédents, si le hasard est favorable. Je crois inutile de répéter ce qui a été dit ici sur les points caractéristiques d'un bon hunter.

Quant à l'emploi du cheval de trait pour faire du hunter, je crois que les bons résultats que l'on peut obtenir avec lui sont absolument exceptionnels, beaucoup plus encore qu'avec le hackney, alors même, comme cela est indispensable, qu'il posséderait plusieurs courants de sang. La substance, les produits la posséderont ;

presque toujours, à l'homme le plus gros et le plus lourd, ils offriront une assiette convenable. Mais la substance ne suffit pas; il faut une charpente osseuse assez dense, une puissance musculaire assez grande, un influx assez puissant pour porter ce poids, pour imprimer le mouvement à la masse et pour assurer à l'allure une vitesse et surtout une durée assez grandes. Presque tous les hunters qui ont pour père ou pour mère un cheval ou une jument de trait, sont, en effet, incapables de galoper pendant plus de 800 à 1.000 mètres à un train un peu soutenu, alors même que leurs auteurs possèdent une certaine dose de sang. Avec eux, on est donc certain de rester « en panne », surtout dans les terrains ouverts, où on peut faire de longs temps de galop; rien n'est plus vexant, sous tous les rapports, pour le cavalier, rien n'est plus concluant contre l'emploi du reproducteur de trait.

En résumé, le pur sang et l'ancien hunter sont, des deux côtés, les reproducteurs qui conviennent; avec eux, on possède tous les atouts dans une partie bien difficile à jouer, mais fort intéressante en même temps; en cas de succès, on est, en effet, largement récompensé de ses peines. Mais ce serait une utopie de vouloir généraliser un élevage aussi incertain et de prétendre établir des règles fixes, permettant de compter sur des résultats déterminés : « On peut toujours faire un carrossier avec un hunter, a dit jadis un éleveur, mais toutes les lois du monde ne réussiront jamais à faire à volonté un hunter avec un carrossier... » C'est pour cela que les hunters réussis seront toujours très recherchés, se vendront toujours fort cher et ne pourront jamais, par suite, satisfaire à toutes les demandes, quels que puissent être l'attention des éleveurs et les encouragements à leur production.

En France le hunter est moins bien défini qu'en Angleterre. On emploie comme tels des steeple-chasers plus ou moins fatigués ou de peu de classe et des demi-sang de toute provenance.

Le Hack. — On désigne sous ce nom le cheval de selle de promenade. On le trouve parmi tous les types ayant plus de brillant, de genre, d'élégance que de qualités d'endurance. Il est pur sang, demi-sang, anglais, hongrois, etc... En somme tout cheval de selle peut être considéré comme un hack.

Le Cheval d'attelage. — D'après les usages de la mode, qui gouverne en pareille matière, les chevaux d'attelage se divisent en deux catégories. Il y a celle des grands carrossiers et celle des petits carrossiers, dont les fonctions se distinguent seulement par le genre de voitures qu'ils doivent traîner à l'allure du trot toujours.

La première catégorie, celle des grands carrossiers, comprend les chevaux de grands coupés, de grandes calèches. Leur taille doit être de 1m,63 au moins.

La catégorie des petits carrossiers, plus nombreux, comprend ceux de petits coupés, de landaus, de phaétons, dont la taille est de 1m,59 à 1m,62 ; ceux de victorias, d'américaines, dont la taille est de 1m,55 à 1m,58 ; et enfin, ce qu'on appelle les chevaux de parc, qui ont de 1m,47 à 1m,54. Les uns et les autres servent dans l'armée, quand ils n'ont pas des formes assez élégantes ou des membres assez sains pour être achetés par le commerce de luxe. En raison des prix qu'elle offre, l'armée n'obtient que les rebuts de celui-ci.

Le type du cheval d'attelage est celui du cheval anglais de course, avec des formes amplifiées et entraîné à l'allure du trot, au lieu de l'être à celle du galop spécial que nous connaissons. Quelle que soit son élégance et quelle que soit aussi la solidité de ses membres, due à leur bonne conformation, s'il n'a pas de bonne heure été entraîné à cette allure du trot, il lui reste de son ascendant paternel une disposition qui est pour lui une défectuosité. Cette disposition sur laquelle nous avons appelé déjà l'attention, est un défaut de similitude entre les angles supérieurs des membres postérieurs et ceux des membres antérieurs; ceux-ci étant droits, les autres sont obtus, ce qui a pour conséquence nécessaire une absence de synchronisme dans le mouvement des deux bipèdes, laquelle devient perceptible à l'oreille dans le trot allongé, en raison de ce que le pied postérieur ne s'élevant pas aussi haut que l'antérieur, frappe le sol avant lui ; cela produit le trot désuni, toujours disgracieux et moins rapide que le trot régulier, à deux battues seulement. Dans l'examen du cheval d'attelage, il est donc bon de porter spécialement son attention sur la particularité que nous signalons et qui est très commune. Son existence a des effets d'autant plus saisissables qu'en raison de sa conformation générale et de l'énergie de son tempérament le cheval a l'allure du trot plus allongée. Il en est ainsi parce que le retard du membre antérieur sur le postérieur est proportionnel à l'étendue des mouvement de celui-ci, et qu'en conséquence le temps qui s'écoule entre les deux battues l'est aussi. L'oreille ne commence à les distinguer qu'à partir d'une certaine fraction de seconde de temps.

La qualité spéciale à rechercher pour le cheval dont il s'agit, à part l'élégance des formes, est en effet celle d'une allure aussi allongée que possible. Les beaux trotteurs attelés sont ceux qui atteignent toujours les plus hauts prix. Ils font l'orgueil de leur maître, et celui-ci les paie en conséquence. C'est pourquoi le cheval d'attelage doit être jugé surtout au trot. Celui qui lance le plus élégamment et le plus loin en avant ses membres antérieurs et

Cheval d'attelage.

qui, en touchant le sol, ne fait entendre que deux battues, bien pleines et à intervalles régulièrement égaux, est le plus beau.

Ceux-ci n'ont pas besoin de la souplesse indispensable au cheval de selle. Dans leur fonction, ils n'évoluent jamais sur place. En raison de la longueur de la voiture à laquelle ils sont attelés, encore bien qu'elle soit à deux roues seulement, leurs changements de direction se font toujours suivant une courbe à long rayon. La longueur et les belles lignes de l'encolure, l'attache gracieuse et la légèreté relative de la tête, ne sont donc chez eux que des questions d'élégance, qui n'en conservent pas moins toute leur valeur, mais seulement à un autre point de vue.

CHAPITRE VIII

LES RACES ET VARIÉTÉS DE DEMI-SANG DU MONDE

Les questions qui vont être traitées dans ce chapitre ayant un caractère purement historique, j'emprunterai à un zootechnicien de valeur une partie des éléments d'une étude parue en 1903 dans le journal *Chasse et Pêche*. Et je considère comme un devoir particulièrement agréable de signaler ici le travail consciencieux où le savant professeur belge Reul expose avec tant de soin et de rigueur l'histoire des races qui dérivent du pur sang arabe et du pur sang anglais.

Les variétés qui dérivent de l'arabe ou du pur sang (qui est un arabe transformé) et qu'on qualifie à tort ou à raison de demi-sang sont nombreuses. Il n'est pas une région du globe qui ne possède aujourd'hui une ou plusieurs races ou sous-races de métis dérivées de la souche orientale ou anglaise. Cela montre à quel point elles ont envahi le monde.

Dans le livre que nous avons consacré au pur sang nous nous sommes bornés à étudier la race pure de course, laissant de côté volontairement le cheval arabe, régénérateur de toutes les races et variétés qui peuplent aujourd'hui les contrées de l'univers où l'on élève le cheval.

Nous allons nous en occuper aujourd'hui avant d'aborder l'étude des principaux métis qui procèdent de lui ou du pur sang anglais d'une manière plus ou moins directe.

On applique le nom de pur sang au cheval arabe ou cheval barbe et à leur dérivé le thoroughbred anglais de course. Tous ces chevaux offrent une conformation, une énergie et des aptitudes spéciales et le sang afflue dans leurs veines sous-cutanées qu'il distend au moindre exercice. Ces chevaux sont légers, secs et nerveux : leur tête est fine, distinguée, expressive ; leurs membres sont grêles, leur peau fine et peu velue, leurs sabots petits et étroits.

Ce sont les chevaux à sang chaud des Allemands; c'est l'*equus orientalis* ou *parvus* formant contraste avec les chevaux à sang froid, avec le type *occidentalis*, norique ou belge, au tempérament plus lymphatique, à la tête charnue et lourde, ayant beaucoup plus de taille et de volume, des os incomparablement plus gros, plus creux et plus mous, la peau plus épaisse, les sabots grands et gros.

De l'union de ces deux types sont nés les chevaux croisés à différents degrés de sang, dont nous nous occuperons plus loin.

Le pur sang arabe (aryen, assyrien, oriental). — Jadis, l'Arabie ne possédait pas de chevaux; les Arabes n'avaient d'autre monture que le chameau.

Les Turcs d'Asie vivant dans les plaines de la Mésopotamie (entre l'Euphrate et le Tigre), les Mèdes et les Arméniens étaient seuls en possession des superbes petits chevaux qui furent transplantés plus tard en Arabie. Les Arabes firent des razzias de ces chevaux, en eurent le plus grand soin et les améliorèrent en vue d'en faire des instruments rapides de conquête et de domination, la religion de Mahomet aidant. La souche de l'arabe actuel, c'est donc le cheval assyrien que possédait le peuple mongol et qui passa aux mains des Aryas lorsque ceux-ci vinrent supplanter les Mongols, pour passer ensuite, en partie, aux mains des Arabes. De fortes bandes de ces chevaux vivaient à l'état sauvage en Mésopotamie et les bas-reliefs du palais de Koyoundjick montrent Sardanapale V se livrant à la chasse de ces chevaux à l'arc, aidé de féroces bouledogues.

Une autre race chevaline, à tête busquée celle-ci, analogue à celle que possèdent encore les Kirghises, vivait dans la même contrée.

Le cheval arabe fut l'objet d'une sorte de vénération de la part des disciples de Mahomet (né 570 ans après J.-C.). Des préceptes du Coran ordonnent aux musulmans d'accorder la plus grande attention à « la bête du prophète ».

Les Arabes connaissent la généalogie de leurs chevaux et il fut un temps où ils n'eussent cédé aucun cheval, aucune jument surtout pour l'exportation.

Les temps sont changés. Les principaux marchés sont en Syrie : Alep, Damas, Mésarih, Souk-el-Khan; puis viennent les marchés secondaires de Bagdad, de Baalbeck, de Hama, etc.

L'éleveur arabe donne la préférence au petit cheval de 1m,40 à 1m,45, bien musclé, sobre et dur à la fatigue, qui se voit principalement dans le Nedjed.

Il le trouve supérieur au cheval de plus grande taille (1m,50 à 1m,60) qu'on rencontre dans le nord de l'Arabie, en Mésopotamie; quoique plus volumineux, ce dernier est de constitution plus faible que le premier.

Le prix moyen d'un bon étalon tracé, au marché de Damas est de 800 à 2.000 francs; une jument vaut de 400 à 4.000 francs. Un étalon reconnu impropre à faire de bons produits n'a pas de valeur. Le cheval pur (Asil, c'est-à-dire pur sang) est rare sur les marchés, à moins qu'il ne provienne de razzia ou de vol. L'Arabe attache beaucoup d'importance à la généalogie des reproducteurs auxquels il s'adresse, mais il considère surtout l'ascendance du côté maternel comme la plus importante. Pour l'Arabe, la jument est douée de la faculté de transmettre les qualités principales du cheval arabe, c'est-à-dire l'énergie et la résistance; tandis que l'étalon ne lègue à son produit que le tempérament et la vitesse. Lorsqu'une jument a été saillie sans témoins, son produit fût-il pur, est qualifié Bendou ou Kedisch (bâtard) et il ne peut obtenir de Hadjet (pedigree). Tout cheval qui n'est pas gras a peu de valeur pour l'Arabe. Habitué à vivre sous la tente, au contact de l'homme, le cheval arabe paraît calme, même mou et paresseux. Mais, dès qu'il est monté, son aspect change, il devient fier et noble. On dirait que l'animal a conscience de sa valeur. Tous les chevaux de l'Arabie sont loin d'avoir la même valeur; celle-ci varie avec la contrée d'élevage. Il y a donc des sous-races et des variétés; l'une des meilleures est celle des plateaux de Nedjed. Les Bédouins du désert, reconnaissent, eux, cinq races nobles primitives, qui ne seraient autres que la descendance directe des cinq juments favorites de Mahomet : Kohel, Taneiffé, Manékeié, Saklouié et Djulfé, lesquelles seraient sorties des haras de Salomon (1000 ans avant J.-C., 1500 ans avant Mahomet).

La jument en gestation est entourée de soins par les Arabes; mais, en ce qui concerne le travail, elle n'est ménagée que durant les dernières semaines. Au moment de la parturition, des témoins sont appelés qui constatent l'origine et la date de la naissance du poulain. Celui-ci s'élève avec la famille de l'Arabe. Outre le lait maternel, le poulain oriental reçoit du lait de chamelle, auquel on ajoute bientôt de l'orge bouillie, ou de la farine d'orge. L'orge forme la base de l'alimentation des chevaux orientaux.

L'éducation du poulain commence à dix-huit mois, mais le cheval n'est considéré comme accompli et apte à résister aux fatigues qu'à l'âge de sept ans. Nulle part, le cheval arabe ne devient aussi résistant à la fatigue qu'en Arabie. Il n'a que deux allures dans son pays d'origine : le pas et le galop ; le trot n'est pas une allure normale pour lui.

Le cheval arabe est de petite taille, aux angles effacés. Sa tête est carrée, expressive, intelligente, au crâne large et plat, à face réduite et parfois camuse. Son œil noir est grand et beau, ses naseaux larges et très dilatables, ses oreilles petites, espacées et attentives; son encolure trop forte, trop massive, est droite, ornée d'une crinière souple, souvent longue et fine, prolongée par un toupet long et soyeux. Le garrot n'est pas aussi saillant que celui du pur sang anglais ; la ligne du dessus est horizontale, large, parfois double ; la croupe est longue et plate, les hanches rondes, la queue bien plantée et très détachée, la côte est plutôt ronde mais longue ; le poitrail assez large; le ventre d'un développement moyen. Les membres sont secs et nerveux, les articulations larges et nettes ; les sabots plutôt petits, cylindriques, aux talons hauts, prédisposés à la seime quarte, à l'encastelure et à la crapaudine. L'épaule est longue généralement, la cuisse bien musclée et la fesse très accusée et descendue.

La peau est fine, souple, très vascularisée. La couleur grise passant au pommelé, puis au blanc argenté prédomine ; le bai bronzé, l'alezan doré se rencontrent aussi, le noir jais est rare. Quelle que soit la couleur de la robe, son reflet est métallique lorsque le cheval est en bonne santé. Les châtaigues, les ergots sont atrophiés et les fanons de poils du bas des membres se réduisent à un mince pinceau soyeux.

L'hippologue arabe prétend que son cheval doit avoir : 1° quatre longs (cou, avant-bras et jambe, ventre, flanc); 2° quatre larges (front, poitrail, bronches, membres); 3° quatre courts (sacrum, oreille, fourchette, queue) ; il ajoute que l'animal de bonne qualité doit tenir à la fois du sanglier, de la gazelle, de l'antilope et de l'autruche; il n'attache aucune importance à la couleur, mais pour lui, sans généalogie pas de cheval. Il en est dont la généalogie connue remonte à deux mille ans, dit-on.

Dans son pays, le cheval arabe est pur de tout mélange avec les races communes. C'est le prototype du pur sang naturel. Toutes les belles qualités que la nature lui a prodiguées, il les transmet fidèlement et sa puissance héréditaire de race est réfacteur de race incomparable. Il s'acclimate sous tous les climats même les plus froids (Russie). Sa réputation est universelle et son éloge n'est plus à faire.

Le cheval arabe pur est employé comme reproducteur dans différents haras de l'Europe : Russie, Autriche-Hongrie, États allemands, Midi de la France et Algérie.

Les chevaux du Nord de la Russie. — Ils s'appellent : le *cheval sibérien*, le *trotteur finlandais*, le *klepper esthonien* ou trotteur d'Esthonie (près de Revel), le *jmoudinne*. A mesure que l'on avance vers le nord de la Russie, le nombre des équidés diminue, et la rigueur du climat, le manque de ressources fourragères n'ont pas été sans empêcher l'extension des races méridionales.

Le *cheval sibérien* est un double poney, assez étoffé, souvent alezan, rustique et sobre.

Le *trotteur finlandais* vient ensuite. La Finlande est habitée par une population de petits chevaux à la conformation robuste. La robe, de couleur alezane, est des plus caractéristiques, la crinière et la queue sont d'une nuance beaucoup plus claire, presque blanche, et leur développement est tel qu'il donne à l'animal une physionomie fougueuse et bien conforme à la vivacité du tempérament de ces vigoureux petits chevaux. La tête un peu forte, est néanmoins très expressive, l'encolure courte et épaisse, le garrot bien sorti, le dos court, la croupe double et arrondie, les membres nets et sûrs, avec un pied étroit mais bien conformé.

Depuis quelques années, les Finlandais ont accordé une attention particulière à l'élevage du cheval et réussi à accroître un peu sa taille par une alimentation rationnelle et des croisements bien compris, sans cependant lui faire perdre ses précieuses qualités d'endurance et de sobriété. L'allure des finlandais est extrêmement rapide : leur trot, très répété, ne manque pas d'ampleur et les services qu'ils rendent, dans leur pays d'origine, sont très appréciés.

C'est actuellement une des races chevalines les plus septentrionales du monde.

A cette race se rattachent le *klepper esthonien* et sa variété le *doppel klepper* (double klepper), qui peuplent la Lithuanie. L'analogie de ces deux variétés est évidente, on retrouve ici les mêmes qualités de sobriété et de rusticité, mais le klepper est d'une conformation plus distinguée et plus noble.

Dans le gouvernement de Kovno, à l'est de la Finlande, se trouve une petite population chevaline connue sous le nom de chevaux *jmoudinnes*.

Leur origine est très voisine de celle du finlandais, mais le type a été ennobli par le sang oriental.

On sait, en effet, que les chevaliers livoniens et les chevaliers porte-glaives ramenèrent de l'Arabie de magnifiques étalons, qui contribuèrent à l'amélioration de la *race jmoudinne*. Il y a, en Russie, un petit nombre de ces chevaux et le gouvernement russe, soucieux de leur extension, a établi aux lieux de leur naissance, dans les districts de Telchi et de Rossieni, un haras pour la reproduction de cette race en toute pureté.

Les chevaux de trait de la Russie proviennent d'importations fréquemment renouvelées d'étalons et de juments des races de France, d'Angleterre et de Belgique. Les chevaux belges (ardennais et brabançons) s'y trouvent largement représentés.

Il y a actuellement en Russie, en dehors de nombreux haras privés, six haras impériaux :

1° Le haras de Khrenovoë (gouvernement de Voronèje), créé autrefois par le comte Orloff, et où l'on produit des trotteurs et des chevaux de trait;

2° Le haras de Yanovsk (gouvernement de Sedletz), qui fournit des pur sang et des demi-sang de race anglaise ;

3° Le haras de Derkoulsk, pur sang arabe et anglais;

4° Le haras de Novo-Alexandrovsk, demi-sang anglais ;

5° Le haras de Limarew, chevaux de selle Orloff-Rostopchine ;

6° Le haras de Streletzk, où on se livre à la production du russo-arabe, dénommé ordinairement cheval de Streletzk.

L'élevage a pris, en Russie, un essor considérable ; le nombre des équidés, la diversité des races, les aptitudes si différentes ont ainsi contribué à faire de la production chevaline une des principales richesses nationales de la Russie.

Les chevaux autochtones de l'Autriche-Hongrie se rattachent également au sang oriental, tout en s'en éloignant par plusieurs points. Ces pays ont introduit grand nombre de races étrangères et notamment le pur sang anglais et arabe, des demi-sang et des chevaux à sang froid pour améliorer leurs races locales; il sera question de ces améliorations plus loin.

En Autriche-Hongrie, on reconnaissait le cheval commun, la race de Galicie et la race du Frioul.

Cheval commun hongrois, ou cheval de paysan, de Magyar. Déteinte du cheval arabe, étroit et mince, à croupe basse, de peu de valeur.

Cheval de la Galicie (province de la monarchie autrichienne), petit cheval à tous crins, rappelant l'arabe et un peu la race de Lipizza, dont il n'a toutefois pas la tête busquée. Excellents petits chevaux gris ou blancs.

Cheval de la Transylvanie grand poney, déteinte de l'arabe, mais étroit, que l'on importe en Belgique, surtout pour les charbonnages.

Cheval du Frioul, encore dit race de Lipizza, du nom du haras de la Couronne impériale d'Autriche, fondé en 1580 dans le Frioul, près de Trieste. Le noyau fut composé de 3 étalons et 24 poulinières, amenés d'Andalousie en 1580, pour pratiquer des croisements avec la race locale dite de *Corso*, fort réputée alors; plus tard, on ajouta du sang arabe. Les Lipizza sont de petits chevaux gris ou blancs du type arabe, mais dont le nez, encore busqué à l'heure actuelle, rappelle l'ancêtre espagnol.

Tous les chevaux hongrois ont donc le type plus ou moins oriental. La population chevaline est très dense dans ce pays. Nulle part, en Europe, la charge n'est si forte à l'hectare.

Le *cheval napolitain* ou coursier de Naples, très réputé autrefois, se rattache à l'arabe par ses débuts, mais il fut croisé avec le barbe et semble-t-il, avec le frison. Au XVIIe siècle, la Cour de Louis XIV tirait ses grands chevaux à tête de mouton, partie de la Hollande et du nord de l'Allemagne, partie de l'Italie et surtout du royaume de Naples : grands chevaux étroits, à tête busquée (barbe), troussant (frison), de robe généralement noir jais (frison), à tous crins. Leur chanfrein se recourbait depuis le niveau de l'œil jusqu'à la lèvre supérieure comme un bec de faucon (*Markham*); ils étaient très lents, avec de grandes actions arrondies, dans leur trot lugubre (*Sidney*).

L'Italie a possédé aussi une race de chevaux de selle, grands et distingués : la race de *Sancto-Spirito*; elle a été améliorée par le pur sang anglais.

La Calabre produit de bons chevaux, très rustiques, mais trop petits ; ce sont les chevaux des *corricoles* de Rome et des villes du sud de l'Italie.

Actuellement, ces races sont croisées avec le pur sang anglais, le Roadster, le Hackney, etc. Des courses de pur sang anglais ont été instituées à Rome en 1842.

Le cheval espagnol, voilà encore un dérivé du cheval arabe et du barbe.

Quand au VIIIe siècle, les Arabes conquirent l'Espagne, ils y introduisirent quantité de chevaux du type oriental, qui y firent souche. Les magnifiques *genets* d'Espagne, si réputés, étaient des croisements arabe-barbe : tête légère, encolure forte et rouée; avant-bras courts, canons longs et grêles, pieds petits à talons hauts, jarrets coudés, robe noire. C'était le cheval de manège ou de selle, jadis.

Les chevaux de l'Amérique du Sud descendent de l'Andalou; ils nous reviennent sous le nom de La Plata, demi-sauvages.

L'Espagne ne possède que 400.000 chevaux; mais, par contre, elle nourrit 736.000 mules et 760.000 ânes.

L'anglo-arabe. — Du mélange des deux sangs résulte l'anglo-arabe dont la monographie correspond sensiblement aux indications suivantes : lignes plus longues que celles de l'arabe, moins longues que celles de l'anglais; taille plus élancée, corps plus long, poitrine plus haute, membrure plus forte que chez l'arabe, tête plus carrée que celle de l'anglais. Ce produit n'est pas le juste milieu entre ses deux procréateurs de pur sang : tantôt presque anglais, tantôt presque arabe, selon la puissance héréditaire qui a prédominé.

Néanmoins, bon petit cheval, doué d'une certaine vitesse, bon améliorateur pour les petits chevaux du Midi de la France, dont le bigourdan ou cheval de Tarbes ne manque pas de cachet. *Vulcain*, le vaillant petit cheval du lieutenant français Deremetz, arrivé deuxième à Ostende au « grand raid international » du 27 août 1902, était un véritable anglo-arabe du Midi. Il franchit les 132 kilomètres à parcourir d'une traite, en 7h 22′ 16″.

On a mélangé intentionnellement, systématiquement, les deux sangs anglais et arabe : dans le Midi et le Sud-Ouest de la France, en Allemagne (Trakehnen), en Russie (Orloff, Khrenovoyë), en

Hongrie (Gidran de Mésoheges), et dans quantité de haras particuliers.

En France le cheval de Tarbes, race légère, a été amélioré par l'anglo-arabe. On l'appelle encore le cheval de Navarre, le cheval bigourdan, cheval de selle fin et élégant, au dos souvent ensellé, à la tête souvent busquée (ancien espagnol), aux jarrets coudés, aux paturons trop longs.

Le haras ou la jumenterie de Pompadour (Corrèze) fut fondé en 1751 ; il fut supprimé et rétabli un grand nombre de fois. La loi de 1874 l'a réorganisé définitivement.

Vingt-sept mille juments environ appartenant à des particuliers sont employées à la reproduction dans une vingtaine de départements du Sud de la France, elles donnent annuellement 18.000 poulains. La remonte en achète 3.000 à 4.000 à quatre ans et demi; le restant de ces petits chevaux, dits chevaux du Midi, est d'un placement difficile.

Il est peu de régions qui offrent comme le Midi une aussi grande diversité dans la production du cheval. La Bretagne, le Boulonnais, la Normandie, le Perche, ont conservé et conservent leur race autochtone qui s'est créée de toutes pièces par les influences diverses des milieux.

Dans le Midi, il y a eu comme dans les contrées précédemment citées, une race spéciale, qui s'étendait du Limousin aux Pyrénées et les chevaux de ces pays étaient autrefois renommés pour leur endurance, leur souplesse et leur sang.

Aujourd'hui que les chemins de fer ont permis les voyages rapides et les déplacements moins coûteux, il est presque aussi facile de trouver à Paris ou dans le Nord, des spécimens du Midi que dans le Midi de trouver des percherons, des boulonnais, des bretons, amenés pour les besoins du camionnage, des transports, de l'artillerie et du gros trait en général. Quand l'utilisation première de ces animaux transportés a été terminée, il n'a pas été rare de les voir devenir l'apanage de l'agriculture et comme tels livrés à la reproduction. Il en résulte pour la race du pays des croisements ou des essais de croisements divers qui peuvent être intéressants à étudier.

Tarbes et ses environs présentent donc souvent au voyageur des spécimens hétéroclites, qui ne trouvent guère leur utilisation dans le pays et qui sont achetés par des marchands étrangers. La gendarmerie locale s'empare bien des meilleurs sujets, mais ce débouché est médiocre, quoique relativement rémunérateur.

La remonte qui est le grand débouché du pays, dédaigne tout produit qui n'a pas le modèle exclusif du petit chasseur et il est rare de voir acheter un cheval pouvant convenir aux dragons et à plus forte raison à l'artillerie.

La spécialisation de l'élevage à l'*anglo-arabe* est donc la règle et les éleveurs s'en tiennent là, regardant comme un accident regrettable un produit qui par sa taille, son poids, sa membrure pourrait faire un petit dragon ou un artilleur, se sachant à l'avance à la

Isaac, fils de *Chêne-Royal* et *Sarah*, par *Gingembre*.

merci du marchand qui vient acheter son cheval bon marché pour le revendre un peu plus loin dans un dépôt fournisseur de dragons et d'artilleurs. L'éleveur déplore souvent que son dépôt de remonte soit si sévère et lui enlève ainsi le bénéfice de trois pénibles années d'élevage.

Par contre, l'*anglo-arabe* sous toutes ses formes — avec ses différentes échelles graduées de sang (25 0/0, 50 0/0, 68 1/2 0/0, 75 0/0), permet à l'éleveur du Midi de satisfaire son goût du cheval et de lui assurer à peu près ses débours — avec un petit intérêt, — car il est bien démontré qu'au prix moyen de 900 francs que la remonte paye ses sujets, l'éleveur ne peut donner à son cheval une ration quotidienne d'avoine qui serait cependant indispensable pour assurer une bonne production.

Voici les différentes façons dont l'*anglo-arabe* est « fabriqué » dans la région du Sud-Ouest.

On emploie en effet pour l'obtenir :

1° La poulinière de pur sang anglais ;
2° La poulinière de pur sang arabe ;
3° La poulinière de pur sang anglo-arabe ;
4° La poulinière de 1/2 sang anglo-arabe.

Cette dernière catégorie la plus nombreuse et aussi la plus belle au point de vue *utilitaire* renferme des juments aussi parfaites que la catégorie des pur sang anglo-arabes ; elles pourraient être considérées comme telles ; ce qui les différencie c'est l'inscription au Stud-Book qui leur fait défaut.

Examinons succinctement chaque catégorie. La poulinière de pur sang anglais est légion dans le Midi ; il en est de toutes les catégories : la première catégorie est servie par les étalons de tête des haras de Pau et surtout de Tarbes. De cette partie de l'élevage sont sortis des produits remarquables dont les noms ont été dans toutes les bouches *Héro*, *Merlin*, *Caudeyran*, *Cazabat* et beaucoup d'autres. Le haras de Tarbes avait alors des étalons de pur sang anglais de premier ordre.

Les débouchés pour les produits de pur sang anglais devenant pénibles, en raison de la surproduction et des importations d'Outre-Manche, les éleveurs ont utilisé leurs juments de race pure pour la production de l'anglo-arabe.

Les poulinières anglaises livrées à l'arabe peuvent être primées par l'Administration des Haras et prendre part aux concours des juments suitées d'anglo-arabes. Aucune prime n'est accordée aux poulinières de pur sang anglais suitées d'anglais ; l'Administration n'ayant pas à encourager l'industrie privée de ce côté.

La poulinière de pur sang arabe employée à la reproduction de l'anglo-arabe n'est pas en grand nombre. Les encouragements se traduisent par des primes assez fortes de 400, 300, 200 francs suivant la qualité et le sexe du produit ; les mâles sont préférés à tous les points de vue.

Les dérivés du sang arabe, anglais ou anglo-arabe en Allemagne. — Dans les principaux haras de l'Empire, on a pratiqué le mélange du pur sang anglais avec le pur sang arabe ; la principale mention revient au haras de Trakehnen.

Le cheval de Trakehnen. — Le haras de Trakehnen (petit village de la pointe nord-est de la Prusse orientale) fut fondé en 1732 par la réunion de plusieurs petits haras (*Gestüthofe*) de la localité. Les chevaux de l'effectif (1.100 chevaux et poulains, dont 513 poulinières) étaient le résulat du croisement des petites juments communes de la Prusse orientale et de celles que les chevaliers faisaient venir de la Hollande, du Danemark et de la Thuringe (Saxe), avec des étalons arabes ramenés des Croisades.

Dix ans plus tard (en 1742) le haras de Trakehnen reçut 281 étalons à tête busquée, de race napolitaine, mais achetés en Bohême. Ils ont imprimé leurs caractères à leur descendance. Puis l'administration du haras fit l'acquisition de quelques étalons turcs, anglais (?) et danois. Sous Frédéric-Guillaume II (1786 à 1797), le haras fut épuré et débarrassé de tous les déchets d'élevage. Les reproducteurs vinrent d'Orient, d'Angleterre et du haras des Deux-Ponts (*Zweibrücken*), en Bavière (fondé en 1750), célèbre par le succès de ses croisements entre la race indigène norique et des étalons arabes.

Arrive l'invasion de Napoléon Ier qui dispersa le haras alors en pleine prospérité.

Pour reconstituer l'élevage, on acquit un grand nombre d'étalons et de juments de pur sang anglais en Angleterre, des chevaux arabes en Orient et en Turquie.

Jadis, c'était le sang arabe qui prédominait dans le Trakehnen ; aujourd'hui, c'est le pur sang anglais et l'on admet que le vrai cheval trakehnen possède 50 0/0 de sang anglais (et même davantage), 25 0/0 de sang arabe et 25 0/0 de vieux sang indigène de l'Est Prussien. C'est à l'influence du haras de Trakehnen que les chevaux de la Prusse doivent leur amélioration ; c'est lui qui a créé le type « Ost-Preussen » des excellents chevaux de la cavalerie allemande.

On élève à Trakehnen : 1° des chevaux de cavalerie légère ; 2° des chevaux massifs de cavalerie ; 3° des chevaux d'attelage de trois robes déterminées : noirs, alezans, bais. Au début de la période de reconstitution actuelle, les chevaux de selle étaient obtenus de l'union des anglais avec les arabes (anglo-arabes) et les chevaux de carrosse étaient des demi-sang résultant de la fécondation des juments prussiennes soit par l'arabe soit par l'anglais.

Aujourd'hui, le Trakehnen s'est propagé partout en Allemagne, mais surtout dans la Prusse orientale.

Le cheval de Trakehnen est bien bâti; c'est un type de cheval d'armes, mais il ne possède pas le cachet de distinction de l'anglais ni une uniformité absolue de caractères. Sa tête est osseuse, l'œil souvent petit, l'oreille un peu lourde, le cou droit, le dos assez horizontal, la croupe trop étroite aux hanches effacées, la poitrine cylindrique et pas assez descendue, le poitrail étroit. Les membres sont secs mais trop rapprochés, la corne de bonne qualité. Le Trakehnen est souvent noir jais, parfois alezan ou bai.

Outre le haras de Trakehnen, il existe en Allemagne des établissements d'élevage à l'aide du sang mélangé anglo-arabe. Tels sont le haras de Frédéric Guillaume Ier fondé en 1732 à Neustadt (Brandebourg) et transféré à Beberbeck (Hesse-Nassau) en 1877, et le haras de Zweibrücken créé en Bavière en 1750, qui sont devenus propriétés de l'État. On rencontre encore en Allemagne de nombreux haras privés où dominent le sang anglais ou le sang arabe ou leur mélange. Le haras de chevaux arabes du roi de Wurtemberg, près de Stuttgart, est l'un des plus beaux qui se puissent voir.

Le cheval Orloff, en Russie. — Ce splendide cheval russe porte le nom d'un grand dignitaire de l'État, du temps de l'impératrice Catherine II, le comte Alexis Orloff de Tschesmé. C'est au comte Orloff que ce cheval doit d'exister. Il l'obtint en son haras de Khrenovoë sous trois formes : le trotteur Orloff, le cheval de selle Orloff-Rostopchine et le cheval d'attelage Orloff.

Le comte Orloff eut recours à des chevaux arabes introduits directement de l'Orient, à des demi-sang orientaux, à des chevaux russes; mais le père de la race trotteuse d'Orloff, c'est *Bars Ier*, étalon gris, fils d'une jument hollandaise du type *Hart-Draver* (fort trotteur) et de *Polkan Ier*. *Polkan Ier* descendait du célèbre étalon *Smétanka* amené d'Arabie et d'une jument danoise.

Le trotteur Orloff possède les belles qualités nécessaires au cheval de course : la légèreté de l'avant-main, l'harmonie de l'ensemble, l'élégance de la ligne, la respiration libre et facile (le cornage est inconnu dans cette race), la facilité d'acclimatation partout, une grande vitesse d'allures. Le cheval Orloff a le « cou de cygne », particularité qu'il tient de sa mère hollandaise. Entre les années 1865 et 1875, un assez grand nombre de trotteurs russes, surtout des juments, furent importés en France (Nièvre et Normandie) et contribuèrent en partie à la création du trotteur français.

Le cheval de selle Orloff, c'est l'arabe le plus pur, de format agrandi au haras de Khrenovoë, et ayant conservé toute sa beauté et son expression natives avec plus d'ossature et de musculature. Les procréateurs du cheval de selle Orloff sont *Saltane*, *Smétanka* (cité plus haut), *Arabe Ier* et *César Boy*.

Les chevaux d'attelage pour traîneaux et voitures, d'Orloff, sont des croisements entre l'anglo-arabe et les juments russes.

Le cheval de selle Orloff-Rostopchine. — Le comte Rostopchine, contemporain d'Orloff, a créé le cheval de selle qui était connu spécialement sous le nom de cheval Rostopchine. Il a utilisé exclusivement le croisement des races arabe et anglaise. Il acheta en Arabie centrale quatre étalons de la race pure la plus ancienne : *Kadi*, *Kaïmake*, *Richane* et *Dragoute* et leur fit couvrir des juments anglaises pur sang. La prédominance du pur sang rendit le cheval Rostopchine très sec et remarquablement élégant dans son extérieur.

En l'année 1845, les haras de Khrenovoë du comte Orloff et Annenskoë du comte Rostopchine furent achetés par l'État, et les produits du haras de Rostopchine furent transférés à Khrenovoë; depuis ce temps, la race du cheval de selle Orloff et celle du cheval Rostopchine se sont jointes et ont donné naissance au type de cheval de selle appelé Orloff-Rostopchine.

Les dérivés de l'arabe ou de l'anglo-arabe en Hongrie. — Les anciens chevaux autochtones de l'Autriche-Hongrie se rattachent au type oriental : ils étaient petits et de valeur médiocre. L'empire austro-hongrois a transformé ses races par l'introduction de reproducteurs normands, anglais ou arabes. Les haras principaux de l'Empire ou « Kaiserliche-Stutterei » sont au nombre de sept : Babolna, Mézöhégyes, Radautz, Kisber et Ossiah ; Fagoras et Kisber (ces derniers créés depuis 1874). On peut y ajouter deux haras impériaux privés, celui de Lipizza (Trieste), fondé en 1580 et celui de Kladrub (Bohême), institué il y a plus de deux siècles.

Le but des haras de l'État est d'entretenir l'effectif de 3.400 étalons reproducteurs ou « Lands Beschaler » (1.800 en Hongrie, 1.600 en Autriche) nécessaires à la fécondation des juments du pays, en renouvelant cet effectif à raison du cinquième annuellement. Chaque haras a pour ainsi dire sa spécialité. En Hongrie, l'impulsion est donnée par la « Société d'élevage de la contrée de Mézöhégyes » qui agit parallèlement au célèbre haras de ce nom, situé dans le district de Baltonya et s'étendant sur une superficie de 20.000 hectares. Les chevaux du haras de Mézöhégyes sont distingués en quatre groupes : le grand Nonius, le petit Nonius, le Gidran et le Furioso-Nordstar.

Le grand Nonius. — En 1814, lors de l'invasion de la France par les alliés, les Autrichiens s'emparèrent entre autres choses de l'étalon *Nonius*, un normand à tête busquée du dépôt de Rosières. Le trouvant à leur goût, ils l'installèrent au haras de Mézöhégyes ; il y fut le prototype d'une grande famille de grands chevaux bais, à la tête forte, busquée, aux yeux plutôt trop petits. Ce groupe a été propagé en consanguinité et il est devenu le plus fixe de tous. A partir de 1840, on lui a infusé du sang anglais et produit l'anglo-nonius.

Le petit Nonius. — Issu du précédent par un appareillement de reproducteurs aux membres plus courts, au corps près de terre. Le petit *Nonius* est un peu commun dans l'ensemble ; bon dessus, encolure chargée, tête un peu lourde.

Le Gidran. — C'est la descendance directe, la famille d'un étalon arabe alezan doré, de $1^m,48$, qui se trouvait en service en 1818 au haras de Babolna. A partir de 1860, on introduisit le sang anglais de course dans les veines du *Gidran*, qui devint, par lui-même, un anglo-arabe. Il est généralement alezan doré avec pelotes et balzanes et son garrot arrive à 1 m. 60.

Le Furioso-Nordstar. — En 1842, l'étalon thoroughbred anglais *Furioso* fut accouplé à des juments moldaves, polonaises et hongroises : il forma avec elles une bonne lignée de demi-sang qui parut stable en 1853. La même année, *Nordstar* fut chargé de parfaire l'œuvre de *Furioso*.

En Hongrie, la science de l'appareillement est poussée très loin et les chevaux des deux sexes destinés à la reproduction sont soumis à des épreuves de courses.

Le cheval barbe ou berbère. — Il existe, en réalité, quatre races chevalines qui méritent le qualificatif conventionnel de « pur sang ». Deux races naturelles : l'arabe en Asie, le barbe en Afrique et deux races artificielles, c'est-à-dire dont la création a été dirigée par l'homme : le pur sang anglais et le pur sang anglo-arabe.

Le cheval barbe ou berbère est la race naturelle de l'ancienne

Barbarie ou Berbérie, ou Mauritanie. Il est avéré que de temps immémorial les tribus sédentaires du Nord de l'Afrique le possédaient. De temps immémorial aussi, le sang arabe s'est mêlé au sang barbe et *vice versa* dans le nord africain, et rares sont les barbes de vieille roche d'une pureté authentique.

Le cheval barbe est de petite taille (1^{m},45 à 1^{m},55, jusqu'à 1^{m},60), un peu plus grand que l'arabe cependant, il est moins étoffé que ce dernier et souvent écrasé d'un côté à l'autre. Sa tête manque de distinction avec son nez busqué ; ses oreilles un peu longues sont

Balthazar, demi-sang.

rapprochées, ses ganaches sont serrées. Son encolure est légèrement rouée, son dos court, son rein un peu carpu et court ne comporte souvent que 5 vertèbres. Sa croupe est étroite et oblique, sa queue mal attachée, son poitrail étroit et ses membres antérieurs rapprochés ; ses épaules plaquées, ses canons longs. Ses pieds sont étroits, à corne mince, prédisposés aux seimes quartes et à la crapaudine.

Le gris prédomine dans les nuances de la robe, mais le noir, le bai, l'alezan se rencontrent. Le barbe trotte mal, mais il galope avec aisance. Le service des haras vient d'instituer des courses de vitesse pour lui. Il a tout à gagner par son croisement avec le pur sang arabe, voire même avec le pur sang anglais.

Un *Stud-Book* de la race a été créé en Algérie, en 1885, par les soins du gouvernement.

Après avoir vu les races nobles dérivées par croisement, soit de la race arabe, soit de l'anglo-arabe, signalons celles qui doivent leurs formes et leurs aptitudes au thoroughbred.

Les chevaux métis du Royaume-Uni. — On a eu recours au thoroughbred pour améliorer presque toutes les races du Royaume-Uni, tandis que l'emploi de l'étalon arabe est tout à fait exceptionnel en Angleterre. Pour la production du cheval d'armes et du hunter, on donne la préférence aux pur sang anglais d'un modèle parfait, mais près de terre, fortement charpentés, fussent-ils des performers très médiocres, le type du cheval de service qu'il s'agit de produire devant être le principal objectif.

Le pur sang lui-même peut servir de cheval de guerre ou de chasse, s'il est de forte stature, mais il est rare qu'il soit bon cheval d'attelage, car sa charpente est trop légère, il manque de poids et ses mouvements sont peu gracieux et trop rectilignes.

Sous le rapport de leur destination, on classe les chevaux fins de l'Angleterre comme suit :

Les chevaux de selle : 1° le pur sang (pour les courses plates); 2° les steeple-chasers ou pur sang d'obstacles; 3° les hacks, covent-hack, road-hack et parck-hack; 4° le hunter (chasse); 5° le cob; 6° le trotteur du Norfolk; 7° le pony ou poney.

Les chevaux d'attelage de luxe ou les harness-horses, qui sont subdivisés en chevaux de voiture (Cleveland-Bay), de poste et de trait léger (Hackney).

Les chevaux de selle sont les chevaux de prédilection des Anglais; ils s'occupent avec moins de passion du cheval d'attelage.

Les chevaux de pur sang sont connus.

Le hack, non générique, est le cheval de selle proprement dit, celui dont tout le monde peut se servir.

Le covent-hack (*Covent :* gîte, refuge), c'est le cheval que monte le chasseur pour se porter au rendez-vous de chasse, où il sait que son hunter l'attend.

Le covent-hack doit avoir $1^{m},58$ environ au garrot; il doit être solide et bon galopeur sur le pavé autant que sur terrain mou. Le trotteur est fatigant à monter. Le covent-hack n'est souvent qu'un hunter manqué. Ce service est parfois fait par un pur sang.

Le road-hack ou roadster, c'est le cheval de voyage; il diffère du covent en ce qu'il est plutôt un trotteur, l'autre étant un galopeur, et qu'on l'utilise sur les routes pavées très dures. Un bon roadster doit faire au pas 7 à 8 kilomètres par heure et, au trot, de 13 à 22 kilomètres.

Le parck-hack, cheval de parc ou de promenade, correspond au précédent, mais avec beaucoup plus d'élégance dans le modèle et dans les actions.

Il doit avoir du cachet, porter haut et être très attrayant pour l'œil inexpérimenté.

Le hunter (de hunt, chasse, poursuite), c'est le cheval le plus utile de la Grande-Bretagne, car il se prête à tous les services.

Le hunter était primitivement obtenu dans le Norfolk et c'était le produit d'un croisement renversé : des juments de pur sang étaient rendues fécondes par des étalons de trait de la race travailleuse commune du Norfolk. Le produit est le hunter, mieux élevé encore en Irlande. On utilise aussi, pour poursuivre le gibier à courre, des pur sang membrus, de forte stature et ayant couru les obstacles. Le hunter doit avoir la poitrine ample, développée en hauteur et en profondeur plutôt qu'en largeur, le garrot très élevé, les épaules longues et obliques, le dos et le rein puissants, de la cuisse, de la culotte, du gigot et d'excellents jarrets, son caractère sera doux, obéissant, sa vue sera bonne, son allure vite. Il s'élancera sur l'obstacle et le franchira avec facilité ; il sera sobre et infatigable. On se préoccupe peu de la couleur du hunter. Cependant, en Angleterre, les robes claires, le gris et même le pie sont très en faveur, car elles contrastent avec l'habit rouge du cavalier. Les bons hunters sont rares et de grande valeur. Les meilleurs viennent de l'Irlande, où les officiers de cavalerie font d'excellentes remontes. Le hunter anglais est plus grand (jusqu'à $1^{m},70$) que l'irlandais ($1^{m},55$ à $1^{m},60$) et convient mieux à la chasse du cerf ou du renard dans les grandes plaines parsemées d'obstacles très élevés et très larges.

Le *cob*, c'est un hack trapu, près de terre, au corps épais, très étoffé, aux membres courts et gros. D'un caractère très doux et d'une sûreté à toute épreuve, ce cheval est surtout à l'usage des cavaliers âgés et inattentifs, qui ne surveillent pas leur monture. Moralement et physiquement, le cob rappelle l'ancien *Suffolk-Punch*. Sa taille moyenne est de $1^{m},56$.

Jadis, les Anglais élevaient beaucoup de chevaux pour les diligences. Depuis la fin de la *Coachingery*, vers 1850, ils ont élevé en vue des besoins du luxe et non de l'armée anglaise ni des affaires, à l'exception des chevaux de trait.

Sauf l'éleveur de pur sang, la plupart des producteurs cherchent à réaliser le type *hunter*, parce qu'ils le vendent plus aisément et plus cher que tout autre.

L'Anglais ne déploie guère d'efforts pour produire le cheval d'armes, de valeur courante, production qui était considérable dans le Royaume-Uni de 1780 à 1840.

Ce sont les agents des gouvernements étrangers qui achètent aux éleveurs anglais presque tout leur stock d'élevage en fait de chevaux d'armes, tandis que l'Angleterre préfère s'approvisionner à l'étranger pour combler les vides de ses armées. C'est ainsi que les importations qui étaient de 9.950 chevaux en 1881 se sont élevées à 43.900 en 1891.

L'accroissement anormal de 1900 (51.787) s'explique par la guerre avec le Transvaal.

Le trotteur du Norfolk. — Race obtenue à la fin du XVIIIe siècle dans les comtés de Norfolk et de Lincoln, surtout dans ce dernier, par le croisement de juments trotteuses hollandaises (*Hart-Dravers*) avec des chevaux de pur sang anglais et notamment avec *Phénoménon*, un petit-fils du célèbre *Éclipse*. Curieux exemple d'un étalon galopeur procréant des trotteurs rapides. Le trotteur du Norfolk le plus renommé des débuts de la création de la race, ce fut *Marshland Shales*, un petit cheval bai de 1[m],50 seulement, ayant l'avant-main d'un Suffolk Punch et l'arrière-main d'un pur sang qui parcourait aisément au trot de 27 à 32 kilomètres à l'heure. Il est le prototype d'une nombreuse lignée de trotteurs célèbres, mais ayant plus de taille que lui.

Le Norfolk trotteur mesure en moyenne 1[m],60 au garrot; il est noir, rouan, bai ou alezan. Le rouan clair ou vineux est la nuance préférée, car c'est la robe transmise par les trotteurs les plus réputés.

Les trotteurs du Norfolk forment un groupe sans grande uniformité de type; les uns rappellent les hollandais, d'autres ont plus de sang anglais, d'autres sont bâtis en cobs. La tête manque de noblesse, l'encolure est forte, parfois courbée en cou de cygne, la croupe est ronde et la queue noyée (hollandais). Le geste du trotteur du Norfolk est plus haut, mais moins allongé que celui du trotteur russe, mais les pas sont plus précipités, ce qui lui donne de la vitesse. Le trotteur du Norfolk convient pour les petites distancès, il est trop lourd pour les grandes courses. Ce cheval était un bon améliorateur de races de luxe ; à ce titre, il a été importé en beaucoup de contrées. Mais les Anglais, qui n'ont de passion que pour les galopeurs et dédaignent les courses au trot, ont laissé péricliter le Norfolk trotteur.

Les chevaux d'attelage de l'Angleterre ou *Harness-Horses*. — Ils étaient jadis le produit de la jument commune fécondée par le pur sang de course plate.

Actuellement, les procréateurs sont souvent des métis, les uns et les autres. Les meilleurs centres de production sont le Yorkshire, le Lincolnshire et le Shropshire.

Jadis, les métis de voiture les plus renommés étaient élevés dans le *Cleveland* (contrée de Yorkshire) et à cause, d'autre part, de leur robe baie, on les connaissait sous l'appellation de *Cleveland-Bay*.

Aujourd'hui, les chevaux d'attelage de l'Angleterre peuvent être distingués en grands carrossiers, dont le prototype est toujours le *Cleveland-Bay*, et en chevaux d'attelage légers dont le meilleur représentant est le *Hackney*.

Le cheval bai du Cleveland est le cheval du Yorkshire et des comtés voisins, ceux de Durham, de Lancashire, de Cheshire, de Northumberland, etc., pays des herbages plantureux, convenant à l'élevage des herbivores de grande taille.

D'après Sanson, le Cleveland-Bay ou carrossier du Yorkshire proviendrait de l'ancienne race germanique introduite en Angleterre par les barbares scandinaves et germains (comme les anciens chevaux de la Normandie). Croisé avec le pur sang anglais, il a donné un carrossier étoffé, grand, membru, à l'allure distinguée, mais aussi apte à exécuter les travaux de la ferme qu'à traîner la voiture de luxe. Les plus beaux se vendaient fort cher. Le règne du grand carrossier atteignit son apogée au commencement du XIXe siècle ; les grands propriétaires anglais et les seigneurs possédaient des écuries nombreuses de chevaux de coach, qu'ils attelaient à quatre et à six pour effectuer d'énormes trajets. Quant au vulgaire public, il s'entassait dans des malles-poste traînées par des carrossiers moins distingués : les déchets de l'élevage. Le chemin de fer et l'automobile ont changé tout cela. Le grand carrossier ne trouve plus son emploi de nos jours comme jadis, à moins de circonstances exceptionnelles ; aussi ne le produit-on plus guère. Aujourd'hui, le cheval d'attelage de luxe ne sert plus qu'à la promenade ou à des travaux peu fatigants ; c'est pourquoi on lui demande moins de taille, plus de légèreté, mais des allures relevées, du geste et du bouquet. Telles sont les causes qui ont amené l'éclosion du hackney.

Le hackney, c'est le vrai modèle du cheval d'attelage léger; son nom anglais a la même signification que le mot haquenée, ancien cheval de dame, doux et docile autant qu'élégant cheval de selle. Le hackney, c'est un métis léger et beau, possédant autant de brio que de bouquet. Il provient de croisements répétés entre les anciens petits chevaux de selle ou d'attelage connus jadis sous le nom de nay ou de pad en Angleterre et des étalons de pur sang. Le type nouveau parut fixé en 1885 et la première exposition de la Société du hackney horse eut lieu à Londres cette année-là. Un des piliers du Hackney Stud-Book, c'est *Old Shales*, remontant à *Darley Arabian*, un véritable Nedjed.

Le hackney est très recherché et se vend des prix élevés; il s'exporte. Le hackney est trop petit, ce n'est qu'un grand poney. On est en train d'en augmenter la taille. C'est un cheval bien construit, de taille et de corpulence au-dessous de la moyenne, à peau souple et mince, chargée de veines, de robe baie, alezane ou noire, parfois aubère ou rouane. Tout bon hackney doit tenir le juste milieu entre le type *orientalis* et le type *occidentalis*, sa tête doit être petite, courte et jolie, élégamment portée, pleine de douceur et d'énergie. Œil grand et beau, paupières fines, oreille courte et légère, attentive et bien portée, encolure de longueur moyenne, plus courte que celle du pur sang, plus longue que celle du cheval ordinaire, avec une légère courbe gracieuse en haut, vers la nuque. Port de tête haut et fier. Ligne de dessus horizontale, large et bien musclée, surtout au niveau des reins et de la croupe, queue bien attachée, tronçonnée très court. Bonne conformation d'épaule, de garrot et de poitrine : bons membres, secs et nerveux; grande puissance de chasse de l'arrière-main.

Excité, le hackney trotte en l'air, dédaigneux du sol, qu'il se borne à effleurer du bout de ses pinces. Le hackney ne possède que deux allures, toutes deux excellentes, le pas et le trot; le galop lui est pénible, et il avance moins à cette allure qu'au trot.

Le hackney est le cheval le plus élégant de notre époque; il est surtout destiné aux voitures légères à deux roues.

Les chevaux légers de l'Irlande. — L'Irlande ne paye de taxe, ni sur les chevaux ni sur les voitures, et élève plus de chevaux de bonne race, en comparaison de son étendue, qu'aucun autre pays du monde. L'élevage du cheval se trouve éparpillé entre les mains d'une foule de petits fermiers qui produisent chacun de deux à quatre poulains par an. Le grand élevage n'existe plus dans ce pays. L'Irlandais n'apprécie que le jumper, c'est-à-dire le cheval qui sait sauter, et il n'a d'yeux que pour les courses d'obstacles.

L'Irlande produit deux catégories de chevaux : le cheval de troupe et le cheval de chasse ou hunter.

Le cheval de troupe irlandais est léger, agile, bon sauteur, résistant à la fatigue; ses membres sont secs et nerveux, et il sait s'en servir. Il ne possède pas l'élégance du cheval anglais, sa tête est moins expressive, sa ligne fronto-nasale est toujours droite, son dos parfois un peu plongeant est tranchant, ses hanches saillantes, sa croupe anguleuse; sa robe souvent foncée : baie, alezane, etc. Ce cheval est élevé à la dure, vivant toute l'année au dehors, ne recevant une brassée de mauvais foin, l'hiver, que lorsque la neige recouvre l'herbe morte de la prairie depuis quatre jours. Les pâtures étant entourées de murs composés d'un amoncellement de pierres anguleuses (*wall stone* ou mur de pierre) ou de haies vives de *gorse* (*ajonc épineux*), les poulains qui franchissent ces clôtures ont appris à éviter le contact de leurs arêtes; de là, le *saut à l'irlandaise*, aptitude qui est devenue héréditaire dans la race.

On croise le cheval irlandais avec le pur sang anglais; les métis ont souvent plus de taille et plus de branche, plus d'élégance, dans la croupe et le port de la queue.

Le *hunter* irlandais est l'un des chevaux les plus résistants et les plus utiles du Royaume-Uni, non pas tant à cause de ses aptitudes pour la chasse, mais bien par les précieuses qualités de fond et d'endurance qu'il communique à ses croisés, notamment comme producteur de chevaux pour la remonte des troupes.

On en élève partout, mais c'est l'Irlande qui produit les meilleurs types. Toutefois le hunter irlandais n'a pas la grande taille du hunter anglais; il mesure en moyenne $1^{m},55$ à $1^{m},60$ au garrot et il convient surtout pour la chasse au lièvre en terrain limité. Le hunter est élevé comme les chevaux communs de la ferme; à deux ans, il travaille aux champs; à quatre ans, il commence à chasser. A ce rude service, il supplante le hunter anglais, car il est capable de chasser de deux jours l'un, l'anglais ne pouvant guère être employé qu'une fois par semaine. Il existe en Irlande une des plus importantes sociétés hippiques, qui organise chaque année, pendant trois jours, une grande exposition avec concours hippique (*Horse Show*) à Dublin, où se rendent les sportsmen du monde entier. Les jeunes chevaux y sont soumis à des épreuves d'obstacles (*Jumping Competition*); ils ont à franchir des barrières fixes de 1^m,40, et le fameux mur de pierre (*wall stone*) ou banquette irlandaise, un des obstacles les plus sérieux que je connaisse.

L'Irlande se livre aussi avec succès à l'élevage d'excellents hackneys, qui figurent audit concours de Dublin.

Les dérivés français du cheval de pur sang anglais. — *L'anglo-normand.* — La Normandie fait naître chaque année 40.000 poulains au minimum, représentant à trois ans et demi, un effectif de 30.000 jeunes chevaux, dont 4.500 sont acceptés par la remonte; c'est peu, mais les rebuts sont nombreux dans cet élevage et beaucoup de chevaux normands sont de qualité inférieure et ne savent pas galoper; c'est ce qu'on appelle par dérision dans l'armée : des *cochonnets*.

L'Administration des haras français entretient en Normandie un grand nombre d'étalons de pur sang anglais, ou de demi-sang ou carrossiers servant à la saillie de milliers de poulinières, à partir du mois de février jusqu'à la Saint-Jean (fin juin), moment où tous les étalons de l'État sont retirés des stations et réintégrés dans les dépôts jusqu'à l'année suivante. Chaque étalon a sailli de 50 à 75 juments.

En France, la somme accordée annuellement en faveur de l'élevage du cheval est énorme; elle s'est élevée à près de 18 millions de francs en 1905 et la part contributive de l'État a été de 2.231.125 francs. La Normandie absorbe une bonne part de ces subsides.

La population chevaline primitive de la Normandie accusait le type du cheval allemand. D'après Sanson — dont l'opinion est contestée — ce sont les Northmans (hommes du Nord, Normands), formés de Cimbres unis aux Teutons et de Scandinaves, peuple de pirates, qui se montrèrent en 820 à l'embouchure de la Seine et assiégèrent Paris en 885, qui implantèrent, en sol normand actuel, la souche de leurs chevaux allemands.

Les anciens chevaux de la Normandie seraient donc d'origine allemande, ce qui explique leur nez busqué. Sous l'influence du milieu, en regard de l'île de Jersey, dans la presqu'île du Cotentin et dans tout le département de la Manche (où se trouve actuellement le haras de Saint-Lô), il se produisit tout naturellement une variété lourde, apte au service des grandes voitures, qui fut bientôt connue

Cob du Colorado

sous le nom de *grands carrossiers du Cotentin*. Il y en avait des noirs et des bais; puis des chevaux plus petits, dits *de la Hague*, nerveux, propres à la selle, issus de chevaux arabes ramenés de Sicile lors de la conquête de l'Italie méridionale par les Normands. Ces chevaux étaient élevés dans le pays montagneux du nord du Cotentin, près de Cherbourg. Plus au sud de la Normandie, dans l'ancien *Merlerault* (département de l'Orne), se forma la variété normande de selle. Enfin, dans le Calvados et la plaine de Caen naquit une variété intermédiaire, apte aux deux usages, la variété *augeronne*, du nom de son berceau d'origine, la vallée d'Auge, partie du Calvados renommée pour la qualité de ses pâturages.

Les chevaux anciens de la Normandie avaient reçu du sang oriental, une première fois, lors des invasions des Maures et des Sarrasins en Europe, une deuxième fois au retour des Croisades.

A la fin du règne de Louis XV, la comtesse du Barry (1769) mit à la mode les carrossiers à tête fortement busquée. Conséquence : des étalons danois au nez en bec de corbin furent amenés en Normandie comme procréateurs de têtes bombées. La plupart de ces importés étaient corneurs et ils transmirent ce dernier vice en même temps que la forme disgracieuse de leur chanfrein.

Vers la fin du XVIIIe siècle, on songea à améliorer les trois variétés chevalines de la plaine normande par l'intervention du cheval de course anglais, le thoroughbred, mais on commença par se servir du demi-sang. Par ordre du prince de Lambesc, grand-écuyer de Louis XVI, 24 étalons de demi-sang furent importés d'Angleterre et stationnèrent au haras du Pin, en Normandie. Ce sont là les premiers facteurs de la race métisse anglo-normande; mais la révolution de 1789 vint réduire à néant les améliorations qu'ils avaient apportées.

Sous le premier Empire, on essaya d'améliorer les chevaux de la Normandie par toutes sortes de reproducteurs, à l'exception des étalons anglais. (L'Angleterre était alors fermée pour la France.) Résultats mauvais.

Sous la Restauration (règne des Bourbons, 1814), quelques étalons de pur sang anglais furent employés en Normandie, mais sans ordre ni méthode; ils ne firent aucun bien au pays et sous le règne de Louis-Philippe Ier (1830 à 1848) le cheval normand était une affreuse bête que l'on a décrite comme suit : « Formes disgracieuses, peu harmonieuses, tête lourde, longue, horriblement busquée, air stupide. Encolure courte, commune, épaisse, garrot effacé, dos bas et foulé, rein long et mou, mal attaché; hanches hautes et droites, croupe horizontale mais bombée, queue attachée haut, mais molle et sans énergie, poitrail en carène, épaules courtes et grosses, membres grêles, canons minces; jarrets coudés presque toujours tarés, tendons faibles, peau épaisse, poils rudes, tempérament lymphatique. » Peut-on imaginer description moins flatteuse d'un plus mauvais cheval!

La véritable régénération du cheval normand par l'anglais ne commence qu'après 1830, sous le règne de Louis-Philippe. L'Administration des haras, qui eut à sa tête, à cette époque de la rénovation du cheval normand, des hommes de véritable valeur, tels que Eug. Gayot, Dittmer, de Bonneval, etc., procéda en Angleterre à de judicieux achats d'étalons de pur sang particulièrement propres au croisement. Les chevaux qui contribuèrent le plus à la formation de la race anglo-normande sont les suivants, d'après des documents administratifs : *Tigris*, *Captain-Candid*, *Vampyre*, *Eartham*, *Royal-Oak*, *Y.-Emilius*, *The Juggler*, tous étalons sous poil bai.

Les étalons de l'époque actuelle, en service dans la Normandie, sont des demi-sang français et des étalons trotteurs.

Il est aisé pour l'observateur de se convaincre que l'anglo-normand n'a pas un type fixe comme les chevaux de race pure élevés en sélection; rien n'est plus variable que les lignes de ces métis, que la forme, le volume et l'expression de leur tête surtout. Tantôt, trop de sang anglais, tantôt trop de sang normand avec réapparition du nez romain.

La région la plus célèbre et la mieux cotée de la Normandie au point de vue de l'élevage du cheval, c'est le *Merlerault*, contrée de riches herbages, dans le département de l'Orne. « C'est aux herbes vives, énergiques et nutritives de cette contrée, écrivait l'hippologue du Hays, aux eaux qui contiennent du fer, qu'il faut attribuer la densité des os et des muscles des chevaux du Merlerault, la netteté de leurs membres, la vigueur, la distinction dont ils sont doués. »

L'anglo-normand joue un grand rôle dans la transformation des races chevalines du nord de la France, de même que les races du sud sont sous la coupe de l'anglo-arabe.

Il est malaisé de tracer un portrait exact du cheval anglo-normand, car la même description ne s'appliquerait pas à tous les individus de ce nom, tant s'en faut. Essayons.

Le cheval anglo-normand est haut de $1^{m},55$ à $1^{m},60$ au garrot et même plus grand. Sa tête est fréquemment longue et lourde, dolichocéphale et busquée comme chez l'un de ses ancêtres; les naseaux peu ouverts, les yeux sans trop d'éclat, les arcades orbitaires effacées, les oreilles longues, rapprochées, mal soutenues; les ganaches chargées. Bref, sa tête n'est ni belle ni intelligente le plus souvent.

L'attache de la tête à l'encolure n'est pas exempte de critique et cette encolure manque de branche; elle est droite, mais bien ou mal sortie d'entre les épaules. Le garrot est souvent bas, la ligne du dessus pèche fréquemment par sa mollesse, l'attache du rein est imparfaite. Le dos et les reins ont généralement une grande largeur en rapport avec la rondeur de la paroi costale, qui circonscrit une poitrine trop ronde et trop peu descendue, à la suite de laquelle on trouve une capacité abdominale trop vaste. La croupe est ce qu'il y a de mieux chez l'anglo-normand; elle est remarquablement musclée, large, longue, presque horizontale, avec la queue attachée haut et loin de l'angle de la fesse. La cuisse et la fesse sont larges et bien musclées, vues de profil, mais un peu plates, vues de derrière, et haut fendues.

L'épaule est généralement trop droite, en rapport avec un garrot bas; c'est l'épaule du trotteur à répétition; aussi s'agit-il de maintenir le cheval à pleins bras aux allures vives.

Les articulations sont larges et solides, l'éparvin rare, la jarde fréquente. Les tendons ne sont pas assez séparés de l'os; le paturon est court, le sabot de composition et de forme satisfaisantes. La robe prédominante, c'est le bai.

Telle est la moyenne de la conformation de l'anglo-normand. Il en est de plus beaux, il en est de moins réussis encore. L'anglo-normand est beau cheval de voiture, de grand carrosse, surtout, mais c'est un médiocre cheval de selle. Son utilité est très discutée comme améliorateur de race par le croisement.

Les chevaux trotteurs français. — Sous Louis-Philippe déjà (1830-1848), on chercha à produire des trotteurs rapides en France. La protection officielle fut accordée à ce genre d'élevage sous Napoléon III. Le Gouvernement actuel de la République a déclaré d'utilité publique l'élevage du trotteur et lui a alloué une subvention annuelle de 300.000 francs.

Origine des trotteurs français. — L'un de leurs principaux ancêtres, c'est *Kurde*, un cheval turc ramené du Kurdistan, sous

Napoléon Ier, par le général Sébastiani. *Kurde* était plutôt du type de la tribu *Tekki* ou *Turkmen*, dont le centre de production est la région de *Merv*; c'est une des sous-divisions de la race des chevaux orientaux de la Turquie (Asie).

Avec une jument arabe, *Kurde* produisit *Étincelle* (en 1817).

Fécondée par *Tigris*, *Étincelle* donna *Léda* (1827).

Léda (anglo-arabe), saillie à son tour par le demi-sang anglais *Performer*, fut la mère d'*Éclipse*, un étalon de petite taille (1m,53), très beau et surtout d'allure très rapide au trot. (Ne pas le confondre avec le célèbre *galopeur* anglais du même nom.) *Éclipse* figure dans l'arbre généalogique de beaucoup de bons trotteurs français.

Les étalons précités reproduisirent avec les meilleures juments de vitesse normandes. En somme, le trotteur français possède une certaine dose de sang oriental (*Kurde*, etc.), une dose plus forte de sang anglais, puis une dose faible du vieux sang normand.

A l'époque actuelle, on a renforcé la dose de sang anglais, on y a ajouté du trotteur russe et du trotteur américain. Les caractères ethnographiques sont brouillés; c'est la vitesse seule qui compte. Il existe néanmoins de véritables chefs de lignée, s'étant classés hors de pair et reproduisant leur modèle avec une assez constante régularité. Tels sont le célèbre trotteur *Fuschia*, puis *Harley*, *Cherbourg*; puis *Juvisy*, qui fait du beau type carrossier; puis tous les fils de *Fuschia*, dont les produits ont de la vitesse et de la tenue.

Le trotteur français *anglo-normand*, ainsi qu'on le désigne, a les formes générales du demi-sang anglo-normand, avec cette différence qu'il est moins lourd, qu'il a les formes plus nobles et les allures plus dégagées. Sa façon de trotter tient le milieu entre celle des trotteurs russes et celle des trotteurs américains : ils trottent davantage du genou lèvent davantage les pieds que ne le font les trotteurs américains, mais moins que ne le font les trotteurs russes.

Il existe d'importants élevages privés de trotteurs en Normandie, de même qu'on y rencontre de nombreux hippodromes pour courses au trot.

La *Société d'encouragement du demi-sang* dont nous parlerons plus loin, qui a son siège à Paris, patronne l'élevage du trotteur.

Les dérivés allemands du cheval de sang. — Les anciens chevaux de l'Allemagne, les *lithuaniens* surtout, voisins des polonais, étaient de moindre taille et possédaient moins d'étoffe que leurs congénères gaulois. Il existait en Lithuanie des bandes de chevaux sauvages que l'on retrouvait encore, quoique considérablement réduites, en Westphalie et en Prusse à la fin du XVIIIe siècle. On s'y livrait à la chasse du cheval. La dernière réunion cynégétique du genre eut lieu au mois de septembre 1829, en Westphalie.

Au moyen âge, période comprise entre les temps anciens et les temps modernes, les petits chevaux de l'Allemagne furent mariés avec les arabes, au retour des Croisades.

En Prusse, les chevaliers créèrent des haras, en vue de grossir le

Azur.

type du cheval aborigène et d'obtenir des destriers massifs et de grande taille. Ils s'adressèrent à des étalons achetés en Danemark, dans la Thuringe et dans les Pays-Bas (Belgique et Zélande).

Plus tard, le soin d'améliorer les races germaniques fut confié aux napolitains et aux noirs genets d'Espagne. C'était sous Charles-Quint au XVIe siècle.

Maintenant, les différents royaumes, grands-duchés, duchés et principautés, qui constituent par leur groupement l'empire d'Allemagne, possèdent un total de 3.500.000 chevaux, en chiffres ronds, dont les neuf dixièmes ont été améliorés à l'intervention du sang anglais et du sang arabe ou encore de l'anglo-arabe.

Les haras ont toujours été nombreux en Allemagne. C'est surtout après la guerre de Trente Ans (de 1618 à 1648), qui décima la population chevaline, que leur nombre s'accrut pour combler les vides et que furent créés les principaux haras de la Germanie : En 1732, le haras de *Trakehnen* et celui de Frédéric-Guillaume à *Neustadt ;* en 1750, celui de *Zweibrücken*, en Bavière. Ceux de *Herrenhausen*, en Hanovre; ceux de *Graditz* et de *Beberbeek*. La Prusse, qui compte la plus forte partie de la population chevaline de l'Empire allemand, possède à elle seule les trois grands haras (*Hauptgestüte*) de Trakehnen, Graditz et Beberbeek avec environ 650 poulinières ; elle a établi cinq dépôts d'étalons (*Landegestüte*) ayant une population totale de 2.000 reproducteurs, soit en moyenne 130 par dépôt. C'est la Prusse qui approvisionne d'étalons les autres pays de la Confédération.

Dans la Prusse Rhénane, à Wickrath, le gouvernement allemand a créé un haras de trait et un dépôt d'une certaine quantité d'étalons de trait belge pour produire le *Rheinische Pferd*, ou cheval de trait de la vallée du Rhin.

Dans la Silésie occidentale, le Schleswig-Holstein, les Saxes, etc., quelques tentatives d'élevage de chevaux de trait ont été entreprises, mais la préférence est accordée aux chevaux adultes, propres aux lourds travaux, importés de Belgique.

En Allemagne, les haras élèvent en vue de l'approvisionnement des dépôts d'étalons : 1° des chevaux de pur sang anglais (au haras de Graditz) ; 2° des chevaux de pur sang arabe ; 3° des anglo-arabes ; 4° des demi-sang mélangés du type trakehnen. Beaucoup de haras particuliers sont calqués sur le modèle de ceux de l'État. Au commencement du XIXe siècle, le haras privé du roi Guillaume de Wurtemberg était célèbre par la belle qualité des arabes de la plus pure race qu'il produisait. A côté de ce haras arabe établi à Stuttgart, il en existait un autre, également au roi Guillaume, où l'on élevait pour les services de la Cour : 1° des chevaux bais (juments du type hunter, étalons arabes) ; 2° des chevaux noirs (mélange de trakehnen, de hanovrien et d'anglais) ; 3° des chevaux gris (mélange d'irlandais et de yorkshire). Après la mort du roi Guillaume, ses haras ne tardèrent pas à péricliter. Dans le haras des carrossiers, on a introduit en dernier lieu des étalons anglo-normands pour augmenter la taille.

Les chevaux de la Prusse orientale. — Sont bâtis sur le modèle du trakehnen ; comme lui, ils ont donc 50 0/0 d'anglais 25 0/0 d'arabe

Cleveland Bai (étalon).

et 25 0/0 de sang indigène lithuanien. Produits en grande quantité, ces chevaux servent surtout aux remontes de l'armée. Leur taille va de $1^m,60$ à $1^m,70$, leur conformation est harmonieuse, leur tempérament doux et docile, leur rapidité d'allures et leur endurance très satisfaisantes.

Dans la Prusse orientale, le cheval issu d'une jument d'un particulier et d'un étalon de l'État est estampillé à la fesse d'une couronne limitée en bas, par une barre horizontale.

Le cheval du Hanovre. — Le Hanovre, qui fait suite en quelque sorte au nord de la Hollande, continuant la série des plaines du littoral de la mer du Nord et de la Baltique, possède d'excellents pâturages, surtout dans sa partie occidentale, l'*Ostfriesland;* aussi ses chevaux étaient-ils déjà réputés pour leurs belles qualités au XVIIe siècle.

Au XVIIIe siècle, avec le pur sang comme améliorateur, on y fit naître des chevaux de selle de haute taille; les carrossiers reçurent aussi du sang anglais.

Avant l'annexion du Hanovre à la Prusse, l'élevage du cheval de selle dans ce pays agricole plus que manufacturier fut plutôt l'œuvre des rois de Hanovre que des cultivateurs, mais il fut restreint, numériquement parlant, et perdit en qualité. Deux haras hanovriens, *Herrenhausen* et *Radbruck*, ont eu une certaine célébrité. Il existe à *Cellé* un dépôt de 200 étalons, en partie anglais.

Les carrossiers du Hanovre plaisent à l'œil; ils sont faits sur le modèle des anglo-allemands, voire même des anglo-normands, mais ils sont un peu mous et leur développement est si tardif qu'on ne peut les considérer comme faits avant l'âge de six à sept ans. Dans l'Ostfriesland, on élève des chevaux plus lourds, propres au gros trait.

Le haras de Herrenhausen, de même que celui de *Fredericksborg*, en Danemark, a produit deux singulières variétés de chevaux que l'on a cessé de propager; ce sont les chevaux royaux blancs de naissance du Danemark (les *weissgeborenen*) et les chevaux café-au-lait, aux crins dorés (les *gelben*).

La *race albine* du Hanovre et du Danemark était représentée sur les armes de la Maison allemande de Brunswick. Sous le règne de Georges II, de 1730 à 1740, les chevaux blancs de naissance formaient déjà un groupe bien typique, qui avait son quartier général au haras de *Memsen* (Hanovre). Cette tribu provenant de l'union d'un étalon *blanc de naissance*, nommé *Auguste*, avec des juments nées blanches ou d'autres juments d'un gris très clair ou des isabelles. Mais le *blanc laiteux* ne fut obtenu qu'après l'introduction en 1746 de l'étalon danois appelé si justement *Le Blanc*. En 1840, lors de la réforme du haras danois de Fredericksborg, l'étalon de ce nom passa du Danemark en Hanovre et devint le réel créateur d'un groupe fixe de chevaux qui naquirent blancs, à partir de 1841. La tribu des *weissgeborenen* se maintint tant bien que mal jusqu'en 1895, époque où fut abattu, au haras de Herrenhausen même, le dernier de ses reproducteurs officiels en Hanovre.

Au reste, l'infécondité croissante des reproducteurs des deux sexes aurait fatalement anéanti la race.

Quant à l'élevage du cheval isabelle, ou café-au-lait aux crins dorés, dit le *gelben*, au haras de *Radbruck*, il n'a eu qu'une durée de cent soixante-quinze ans et a cessé brusquement au début de 1897. On conserve un groupe de ces chevaux dans les écuries royales d'Angleterre et un autre dans les écuries de l'empereur de Russie. Peut-être est-il encore possible de s'en procurer chez certains éleveurs des pays, le Hanovre et le Danemark, qui ont vu naître cette singularité hippique.

Ces chevaux étonnent par l'originalité de leurs formes, de leur aspect et de leur robe. De taille moyenne ($1^m,57$ à $1^m,60$) ou beaucoup plus grands, ces chevaux ont quelque chose de carnavalesque dans leur ensemble comme dans leur démarche. Leur tête est fortement busquée, courbée comme une vielle. L'œil a un aspect étrange avec son iris couleur bois de noyer; l'oreille est petite et dressée, de couleur plus foncée que le reste du corps. L'encolure est droite, le ventre moyennement développé, le rein trop long, la croupe assez bonne, plutôt ronde; leur carène sternale tranchante se porte démesurément en avant du poitrail; les membres, longs et secs, les jarrets plus ou moins crochus. Leur robe est d'un blanc laiteux ou d'un alezan clair, café-au-lait ou soupe de lait. Les crins, longs au point que la queue se souille dans la litière et que la crinière recouvre les épaules, sont plus foncés, couleur or vierge.

Des taches de ladre fort étendues se remarquent en différents endroits du corps, surtout au pourtour des ouvertures naturelles. Ces chevaux s'efforcent de prendre les allures lentes ou cadencées de l'aristocratie chevaline. Ils ont le tempérament lymphatique et manquent de l'énergie qui fait le bon cheval.

La race avait été créée uniquement dans le but de fournir aux cours royales un type de chevaux sortant tout à fait de l'ordinaire, hors de la portée des vulgaires amateurs. Aujourd'hui, elle appartient plutôt au domaine de l'histoire.

Le cheval de l'Oldenbourg. — Issu de la même souche que le cheval du Hanovre, pays dans lequel le duché d'Oldenbourg se trouve enclavé, le cheval de l'Oldenbourg a subi des transformations, non pas à l'intervention du pur sang, mais seulement du demi-sang. Aussi ce cheval est-il resté plus rustique que le hanovrien. Le cheval de l'Oldenbourg a moins de distinction que ce dernier; il est plus grand et plus fort. Sa tête est parfois légèrement busquée, son encolure, de longueur moyenne, est trop large, son garrot bas, son dos long et mou, sa croupe ronde avec queue assez bien attachée cependant. Les membres sont solidement établis, la musculature épaisse, les sabots larges et cassants. La robe baie prédomine. Tous les chevaux de l'Oldenbourg sont élevés en vue de l'attelage; exceptionnellement, il en est d'aptes à la selle.

Leurs allures sont belles, mais leur tempérament est mou. Leur docilité est reconnue.

Les chevaux du Schleswig et du Holstein. — La plupart sont des chevaux de trait bais, ayant beaucoup de sang belge (voir plus haut) ou ressemblant aux chevaux danois. A l'ouest du Holstein, on élève d'assez bons carrossiers. Il y a dans le Holstein, à *Traventhal*, un dépôt d'étalons de l'État avec un effectif de 120 têtes (1 pur sang, 113 demi-sang et 7 danois). Outre cela, sont employés des étalons reconnus appartenant à des particuliers (R. de Schleswig), d'Oldenbourg, du Hanovre et une douzaine d'étalons de trait, belges pour la plupart. Le centre de l'industrie chevaline holsteinoise, c'est Elmshorn, siège de la Société hippique, du Stud-Book et de l'école de dressage pour la selle et l'attelage.

Le cheval du Mecklembourg. — Souvent bai, ce cheval, corpulent mais léger d'allures tout à la fois, était jadis le plus grand et le plus élégant carrossier de l'Allemagne. En lui infusant trop de sang anglais, on l'a affiné et on lui a fait perdre son cachet de race et son aptitude. C'est un métis anglais, trop anglais, en état de variation désordonnée, que le mecklembourgeois actuel.

Les chevaux du Danemark. — Les chevaux danois des siècles derniers avaient grande réputation ; ils étaient expédiés dans tous les pays, soit comme reproducteurs, soit comme chevaux de service. Les ancêtres de ces chevaux étaient de petite taille, mais étoffés et robustes. Le plus ancien haras du pays est celui de *Fredericksborg*, fondé par le roi Frédéric II, en 1562, à 30 kilomètres de Copenhague. Ce haras célèbre au XVIIIe siècle comprenait des chevaux espagnols, napolitains, turcs, anglais, frisons, des étalons du Wurtemberg et de la Courlande.

En 1605, sous Christian IV, il y existait un groupe de chevaux d'un gris clair, descendants directs de reproducteurs importés d'Angleterre. En 1672, sous Frédéric III, des juments de cette famille furent fécondées par des étalons blancs amenés du Wurtemberg, puis mises en rapport avec d'autres importés de la Courlande, du type *kranich;* mais le meilleur reproducteur de *weissgeborenen*, ce fut un étalon oldenbourgeois, d'un blanc laiteux, appelé *Jom Früen* (*La Vierge*). Telle est la genèse des chevaux *blancs de naissance* en Danemark (voir plus haut l'historique de la même production en Hanovre). La singularité cutanée qui caractérisait les weissgeborenen fut difficile à fixer, puis on constata que ces albinos se montraient peu féconds ou inféconds. On essaya d'un étalon blanc amené de Turquie, dont les fils, nés au haras de Fredericksborg, blancs comme leur père, firent merveille. Mais l'infécondité reparut bientôt chez ces albinos, et, en 1871, le haras royal fut supprimé par arrêté du roi Christian IX.

Au commencement du XIXe siècle, Fredericksborg comportait un effectif d'environ 2.000 chevaux marqués sur une cuisse ainsi qu'en Espagne et portant la date de leur naissance sur l'autre ; ces chevaux formaient différents groupes distincts. D'après une notice rédigée par M. Jensen, conseil agricole de l'État, pour l'élevage, à l'occasion de l'exposition universelle chevaline de Paris en 1900, il n'y aurait plus que deux races naturelles de chevaux en Danemark et encore le danois a-t-il reçu de fortes infusions de sang anglais par l'introduction, au Jutland, d'environ 50 étalons *Coach Horse*, il y a un demi-siècle.

L'une des races danoises auxquelles M. Jensen fait allusion, s'appelle la race de *Fredericksborg* (nom de l'ancien haras royal) ; elle est d'origine espagnole et rappelle la haquenée ou le hackney anglais, avec plus de taille ($1^m,54$ à $1^m,60$). Ce cheval n'est jamais ni très haut ni très gros ; il est bai foncé ou brun ; sa tête est un peu busquée, elle est bien attachée, son encolure est fine; il est propre au trait léger et trotte avec aisance. On l'emploie aussi au labour des terres sablonneuses pas trop fortes. Il s'élève surtout dans l'île de Seeland. Cette race autrefois célèbre était entretenue dans le haras royal de Fredericksborg, qui fournissait les étalons du pays.

Aujourd'hui, le Danemark a adopté le système belge, il n'a plus ni haras, ni dépôt d'étalons et se contente de récompenser l'initiative privée par l'octroi de primes.

La seconde race est celle du *Jutland*, qui est plus lourde. C'est elle qui fournit la plupart des chevaux connus sous le nom de danois, car on exporte fort peu de chevaux de la race de Fredericksborg, tandis que la race du Jutland donne 14.000 sujets à l'exportation, aptes au service du camionnage au trot, des tramways, etc. Ces chevaux bai cerise, foncé ou brun, rarement noirs toisent de $1^{m},55$ à $1^{m},65$ et pèsent de 500 à 800 kilogrammes. Leur croupe est ronde, leur queue mal attachée. Leur tête est tantôt carrée, tantôt busquée. Ce sont des chevaux d'entretien facile, robustes et trottant avec aisance et sûreté de pied. Leur caractère est très doux.

Les éleveurs du Danemark importent chaque année des reproducteurs ardennais, achetés en Belgique.

L'élevage du demi-sang en Belgique. — L'élevage du cheval de pur sang en Belgique est concentré entre les mains de quelques sportsmen qui exploitent les produits sur les hippodromes ou les vendent en vente publique annuelle. Cet élevage est du ressort du Jockey-Club.

La *Société du cheval de trait belge* s'occupe de l'élevage et de l'amélioration par sélection du cheval de trait indigène. Elle tient les rênes du Stud-Book de la race et organise une exposition nationale chaque été à Bruxelles.

La *Société royale hippique de Belgique* préconise la production et l'élevage du cheval métis, parallèlement aux deux autres élevages. Elle publie annuellement la liste des étalons thoroughbred et demi-sang faisant la monte dans quelques provinces; annuellement aussi, elle donne à Bruxelles, à l'occasion du concours hippique, un concours de reproducteurs de sang et de demi-sang, ainsi que de chevaux de demi-sang, y compris les hongres, nés et élevés dans le pays, et leur alloue des prix importants. Elle prône l'élevage du hackney et importe des juments d'Angleterre.

Les trois sociétés sont fusionnées en une *Fédération nationale de l'élevage du cheval en Belgique*, qui a pour but de réunir et d'unir tous les éleveurs de chevaux du pays pour étudier les questions qui se rapportent à l'encouragement et au développement de l'hippotechnie en Belgique.

Malgré les louables efforts de la *Société royale hippique*, les résultats qu'elle obtient ne sont pas encourageants, l'élevage du superbe cheval de gros trait dont notre climat nous a favorisés, dit le professeur Reul, étant infiniment plus rémunérateur que tout autre pour les cultivateurs.

Des essais d'élevage de demi-sang ont déjà été tentés souvent par des particuliers, qui ont dû y renoncer pour des raisons financières ou découragés par des insuccès notoires. Rares sont ceux qui ont réussi dans cette voie.

En 1850, le Gouvernement lui-même avait fait une tentative de ce genre en instituant à Gembloux et à Tervueren un haras et un dépôt d'étalons de pur sang anglais, de pur sang arabe, de demi et de trois quarts-sang, auxquels on avait ajouté quelques percherons, en tout 65 reproducteurs.

Ces institutions furent supprimées en 1865, tant les résultats qu'elles avaient donnés étaient détestables. La plupart des chevaux dérivés du sang se montraient d'un décousu sans pareil et leur valeur était nulle en comparaison des frais qu'avait nécessités leur élevage jusqu'au moment de leur utilisation.

Des trotteurs américains. — Les Américains ont un goût prononcé pour leurs célèbres trotteurs. C'est devenu, chez la plupart, une véritable passion, et leur plus grand désir est d'en montrer de très vites à leurs voitures légères. On ne se sert, en effet, de ce genre de chevaux qu'au harnais ; on les attelle seuls, ou à deux, ou même exceptionnellement à quatre. Mais on a totalement renoncé à les faire courir montés, ainsi que cela se faisait il y a une quarantaine d'années.

Le public en est arrivé aujourd'hui à n'estimer un cheval qu'en raison du temps qu'il met à faire, au trot, le mille (1.609 mètres), ou des espérances qu'il donne par son origine, eu égard aux performances de ses ascendants. La conformation, la régularité des aplombs, l'élégance des lignes, la netteté des membres, l'intégrité des organes respiratoires, sont de peu d'importance pour l'amateur. Le marchand semble avoir oublié son métier, car, en dehors de la vitesse, il ne cherche pas à faire valoir les qualités souvent réelles de sa marchandise; il ne songe pas non plus à en pallier les défauts par trop visibles; il ne prononce généralement qu'une phrase : « Ce cheval fait le mille en deux minutes tant de secondes. » Et tout est dit. Quant à l'acheteur, il tire gravement de sa poche son chronomètre et suit sur cet instrument, avec la plus grande attention, la marche des aiguilles pendant l'épreuve au harnais. L'essai terminé, si le vendeur a dit vrai, sans regarder davantage l'animal, il l'achète.

Cet engouement a produit les résultats les plus fâcheux. D'abord il a faussé absolument la valeur réelle de la grande masse des chevaux qui ont une certaine vitesse au trot. Puis il a déterminé, chez quelques spécialistes ou connaisseurs, une réaction contre le goût du trotting.

Ces hommes éclairés se sont indignés de voir payer à des prix fantastiques des animaux laids, mal bâtis, étroits de partout, tarés ou corneurs, uniquement parce qu'ils étaient vites pour un très petit parcours, et alors ils sont devenus eux-mêmes injustes pour les magnifiques trotteurs qui existent aussi en Amérique et qu'on ne saurait trop admirer. Ces superbes reproducteurs ne paraissent guère sur les hippodromes, et surtout ne se rencontrent ni dans l'est ni dans le nord-est des États-Unis. Aussi, bien des gens semblent-ils en ignorer l'existence, et vont-ils fort loin au delà des mers chercher des améliorateurs souvent inférieurs à ceux qu'ils possèdent dans certaines contrées de leur grande patrie.

Il y a plus, il est devenu de bon ton de dire du mal des trotteurs, comme il était de mode en France, il y a quelques années, de décrier le demi-sang et d'exalter outre mesure le pur sang anglais, qui est bien, selon nous, le premier cheval du monde; mais il existe cependant d'autres races ou variétés, qui, pour certains services, lui sont avec raison préférées.

Les trotteurs constituent-ils une race fixée? Maintenant les trotteurs américains constituent-ils une race bien définie se reproduisant en elle-même et remontant à la même source?

Les avis sont fort partagés sur cette question; mais, de ce que nous avons lu, ou appris dans de nombreuses conversations, nous pensons que ce qui suit est à peu près la vérité.

Le premier étalon trotteur connu en Amérique a été *Messenger*, cheval de pur sang anglais, importé à Philadelphie en 1788. Ce célèbre fils de *Mambrino* a compté et compte encore dans sa descendance un nombre très considérable de trotteurs. Mais c'est une erreur de vouloir rattacher à lui tous ceux qui existent ou ont existé depuis cette époque.

En général, on obtient un trotteur d'un père et d'une mère déjà trotteurs tous les deux, mais il arrive souvent cependant qu'il en sort un aussi d'un étalon de pur sang, par exemple, et d'une jument trotteuse, c'est-à-dire d'un accouplement dont l'un des deux animaux n'était point inscrit à l'*American trotting register*.

Ce livre, qui n'a pas la régularité d'un *Stud-Book* anglais ou français pour le pur sang, est l'œuvre d'un particulier, M. J.-H. Vallace, et contient les noms, avec les pedigrees, de tous les trotteurs reconnus tels d'après leurs performances en public ou parce qu'ils ont une généalogie authentique.

Mais il n'y a pas, du reste, de règle absolue à cet égard, et ces inscriptions ne se font pas avec toute la conscience qui serait désirable, ni en partant d'une base invariable, quoique les pedigrees soient préalablement soumis au contrôle d'un comité composé de censeurs pris dans l'association nationale des éleveurs de trotteurs.

Des familles issues de trotteurs. — Les nombreux croisements des célèbres étalons trotteurs avec des juments trotteuses elles-mêmes ou avec d'autres juments du pays ont produit des familles plus ou moins estimées, et dans lesquelles on retrouve généralement les caractères de l'étalon qui a donné son nom à sa descendance.

Mais il n'y a pas là de race possédant des caractères identiques de conformation et d'allure, et se reproduisant en elle-même sans qu'il faille y infuser de temps à autre un sang différent.

Des trotteurs à sang froid. — Il est à remarquer, au contraire, qu'aujourd'hui, dans le Nord surtout, les trotteurs ont souvent, comme les anciennes espèces locales, le sang froid (*cold blood*), suivant l'expression originale des Américains. Ils se sont étiolés ; ils manquent de muscles, de compacité, de trempe, parce qu'ils n'ont plus, par leurs ascendants les plus rapprochés, assez de sang anglais. En ne les réchauffant pas par des croisements intelligents, et en cherchant uniquement la vitesse pour une petite distance, on est arrivé à la longue à ces types si médiocres, si disgracieux, si justement critiqués par les connaisseurs.

Ces chevaux sont bâtis comme s'ils avaient été pris entre deux planches et étirés dans tous les sens. Ils ont le chanfrein étroit et busqué, la ganache serrée, l'encolure renversée, le dos démesurément long et plongé, la côte plate, le rein en toit et attaché en *V*, la croupe relativement courte, les membres grêles et trop longs pour le corps. De plus, ils manquent de saillies musculaires, et dans leurs *heats* (épreuves d'un mille), si l'allure est, il est vrai, généralement belle et haute, il semble que l'animal manque de force et que l'effort ne saurait se prolonger longtemps.

Bien autres sont les trotteurs qui ont dans leurs veines une forte proportion de sang anglais, qui comptent dans leurs ascendants les plus rapprochés plusieurs chevaux de cette dernière race, surtout quand ils sortent d'une écurie dont le maître possède la science des croisements, et que l'herbe du pays où ils ont été élevés a pu donner à leurs os et à leurs muscles tout le développement désirable. Alors on trouve des animaux comme on sait les produire dans certains haras du Kentucky ou du Tennessee, par exemple, et dont *Mambrino-King* était le plus merveilleux spécimen qu'il ait été donné d'admirer. Ce cheval appartenait à M. le Dr L. Herr, de Lexington (Kentucky). Qu'on se figure un cheval alezan brûlé, zain, de 1^{m},60, avec une tête expressive, de grands yeux intelligents et fiers, la ganache bien ouverte, les oreilles bien plantées, l'encolure admirablement dessinée, longue et gracieusement arrondie, l'épaule puissante et bien renversée, le garrot sorti, bien à sa place, le dessus très musclé, la côte ronde, le rein superbe, la croupe longue et large, des membres magnifiques, des articulations puissantes et près de terre, un port de queue splendide et les actions les plus belles, les plus hautes et les plus étendues qu'on puisse imaginer, et l'on aura une idée de cet étalon, aussi ouvert vu de face qu'il l'est dans son carré de derrière, aussi pur de lignes qu'élégant et souple dans tout son être. C'était une perfection, on assure qu'il était aussi agréable monté que facile à la voiture, et il était difficile de dire s'il était plus beau comme cheval de selle ou comme cheval de harnais.

Il faut reconnaître, cependant, que les éleveurs les plus éclairés ne sont pas encore bien fixés sur la question des trotteurs. L'un d'eux, qui dirige un des haras les plus considérables et les plus intelligemment compris des environs de Frankfort (Kentucky), pense être arrivé à fixer à peu près la race des siens. Il croit que cette famille va pouvoir maintenant se continuer sur elle-même par des croisements judicieux faits entre ses propres produits. Partant de ce principe qu'il faut les empêcher de retourner au sang froid, il admet qu'un trotteur doit compter dans ses derniers ascendants un tiers ou au moins un quart de pur sang anglais. Il applique depuis de longues années ce principe dans son haras, et il en est arrivé à pouvoir dire justement aujourd'hui que chacun de ses élèves trotteurs remplit ces conditions. Il pense avoir fait aussi bien qu'il est possible, et il va voir maintenant s'il pourra, comme il l'espère, attendre plusieurs générations avant de remettre du sang anglais dans ses croisements. Mais il n'hésitera pas à le faire beaucoup plus tôt s'il juge que cela devient nécessaire et que la chaleur, la trempe et le fond de ses produits diminuent.

Alix, que cet éleveur a fait naître, est une jolie jument qui accuse beaucoup de sang. Elle est fine de tissus et a de superbes saillies musculaires. La tête manque peut-être un peu de distinction, le dos est légèrement trop long, et l'attache du rein laisse à désirer; mais les jarrets sont magnifiques, la croupe est puissante, quoique un peu courte, les articulations sont près de terre et les genoux larges; le garrot est un peu bas, mais la direction des épaules est bonne et le devant bien ouvert.

Quelle que soit, d'ailleurs, l'opinion individuelle des différents propriétaires des haras de trotteurs, on doit les diviser en deux grandes classes : ceux qui font les bons, c'est-à-dire des produits bien conformés, bien trempés, susceptibles de devenir des pères à leur tour et de faire, sinon des trotteurs rapides, du moins de parfaits chevaux de service ou de luxe, réguliers dans leurs formes et résistants au travail ; et ceux qui font les mauvais, c'est-à-dire des animaux à sang froid, pauvres d'aspect, manquant d'ampleur et de muscles, sans se préoccuper de la conformation ou des tares héréditaires.

Ces derniers sont une plaie pour l'Amérique, parce qu'ils « empoisonnent », par leurs détestables produits, les meilleures espèces locales.

DEUXIÈME PARTIE

LE CHEVAL DE DEMI-SANG

CHAPITRE PREMIER

LE DEMI-SANG GALOPEUR

Le cheval d'armes, demi-sang galopeur. — La question du cheval d'armes n'a pas cessé d'être à l'ordre du jour. Elle en disparaîtrait qu'il faudrait s'empresser de l'y remettre : n'est-elle pas intéressante au double point de vue de l'industrie agricole et de la défense nationale ?

Qu'est-ce que la question du cheval d'armes ?

Elle est tout entière dans les trois propositions suivantes :

Première proposition. — Le pur sang a, en France, 5.400 francs d'encouragement par tête, alors qu'en Angleterre il n'en a que 2.000. Le carrossier trotteur a 1.000 francs. Le cheval de selle, le demi-sang galopeur, le cheval de guerre a 0 fr. 0 cent.

Deuxième proposition résultant de la précédente. — Un yearling de pur sang vaut en moyenne 7.000 francs ; un foal carrossier trotteur, 2.000 ; un poulain fait en cheval de selle, 300.

Troisième proposition résultant des deux précédentes. — Avec l'organisation actuelle, l'éleveur doit avant tout éviter de produire le type de selle.

C'est pourquoi la remonte éprouve une difficulté croissante à trouver le modèle du cheval de selle pour les dragons et les cuirassiers et notre grosse cavalerie, qui doit se contenter des carrossiers ratés dont le commerce n'a pas voulu, est très médiocrement montée : ses ressources au point de vue de la mobilisation sont nulles. Les animaux dont on la pourvoit ne sont pas des chevaux de guerre moderne. La plupart sont incapables de galoper facilement.

On a beaucoup épilogué depuis quelque temps sur cette faculté de galoper. M. de Tréveneuc a cité à la tribune la vitesse au galop de la cavalerie allemande qui est d'un cinquième supérieure à la nôtre : c'est une preuve que le cheval allemand galope mieux que le cheval français, ce qui, en temps de guerre, lui donnerait une supériorité incontestable sur ce dernier.

Mais il ne s'agit pas seulement de savoir en combien de minutes notre cheval de cavalerie parcourt une certaine distance, ce qui pourtant a bien son importance, mais, encore, de savoir s'il galope facilement et s'il est très maniable à cette allure, car le galop est la véritable allure du cheval d'armes, peut-être pas en temps de paix, mais certainement en temps de guerre : c'est au galop qu'on charge, qu'on attaque, qu'on fuit, qu'on poursuit, qu'on porte un ordre, qu'on franchit un obstacle, qu'on fait une reconnaissance au milieu des lignes ennemies, c'est en un mot, au galop qu'on va vite, et, dans les prochaines guerres, la vitesse sera un des principaux facteurs du succès.

Or, beaucoup de nos trotteurs sont trop lourds pour galoper facilement et légèrement, la brièveté de leur encolure, leur mauvaise attache de tête et le volume de ladite tête les rend impossibles à bien diriger aux allures vives en terrain varié ! On sait évidemment fort bien qu'ils emploient l'allure à trois temps qu'on appelle le galop, mais ce ne sont pas des « galopeurs » puisqu'ils ne sont pas utilisables à cette allure.

C'est ce qui ressort d'une enquête à laquelle s'est voué M. de Comminges, qui a demandé à de nombreux officiers leur opinion sur l'anglo-normand.

Les anglo-normands sont-ils précoces ou tardifs? — Tous ont répondu : tardifs. Ils ne sont faits qu'à sept ans, huit ans et même neuf ans; tardifs aussi, les vendéens, tous les chevaux français sont tardifs, parce que mal élevés.

Ces chevaux peuvent-ils fournir un travail vite et long? — Oui, mais très lent; ce ne sont pas des galopeurs. — Non, l'emploi fréquent du galop les fait baisser de condition et ruine leurs membres. — Oui, quelques chevaux, choisis, ménagés et avoinés jusqu'à sept ans peuvent travailler vite. — D'autres officiers ont répondu : oui, mais très lentement.

L'ensemble des chevaux de troupe (réserve) répond-il pleinement aux exigences de la tactique moderne? — Oui, pour la moitié de l'effectif d'un régiment. D'autres ont répondu : non.

Sont-ils faciles à monter par la troupe? — Oui, à l'unanimité. — Oui, mais lourds et difficiles à conduire au galop; c'est ainsi que je m'imagine la cavalerie du moyen âge, dit M. de Comminges.

Ont-ils le modèle qui fait supposer des aptitudes selle? — Oui, mais encore trop d'exceptions. — Ni le trotteur, ni le bourdon normand, ne sont du modèle-selle, cependant les fils de trotteurs qualifiés ont plus de sang et sont plus utiles. — Non, mais il y a un réel progrès. — Ni selle, ni voiture : défectueux. — Tous les autres ont répondu : non; modèle carrossier, mou et rond, dos mauvais, mauvaise direction de jarrets, tête énorme.

Se tarent-ils plus facilement que les autres? — Non. — Très

Demi-sang galopeur.

vite, si on les fait travailler vite. — Oui, surtout pendant le dressage et, à travail égal, plus facilement que les tarbais; le dressage de ces chevaux lourds ne devrait pas être le même que celui des chevaux plus légers.

Pas et trot? — Pas souvent détraqué. — Trot moyen. Les autres ont répondu : non.

Galop? — Vite, sur un déboulé de 500 mètres, ils manquent totalement de tenue sur 1.300 mètres. — Galop passable, pour les vendéens. — Les autres ont répondu, pour les normands : mauvais galop, lourd, lent, inconfortable pour le cheval qui « rame » et qui n'avance pas. — Mauvais, même pour les fils de trotteurs qualifiés qui ont cependant plus de sang. Généralement, exception est faite pour les fils d'étalons de pur sang et de juments trotteuses, ou améliorées.

Sont-ils susceptibles de raids très durs? — Oui, pour les vendéens. — Oui, mais très lentement, avec énormément de soins, d'avoine, de bonnes écuries. — En aucune façon. Ceux qui ont moins de neuf ans en ont assez au 50e kilomètre. Pour les vieux, 80 kilomètres est le bout du monde. — Des essais d'une douzaine de chevaux ont été tentés qui ont réussi, mais cela ne prouve rien pour l'ensemble. — Les autres ont répondu : non.

Les chevaux de tête de réserve sont-ils suffisants comme modèle et allures? — Absolument non. — Même les fils de trotteurs célèbres sont payés trop cher par les remontes, ce ne sont que des carrossiers. — Si, parfois, ils sont suffisants comme modèle, alors ce ne sont que de beaux voleurs. — Quand il y a un beau cheval, il est taré, avant que son âge permette à l'officier de le prendre.

Quelle est la valeur des chevaux autres que les anglo-normands employés dans votre régiment? — Les non-normands viennent de Montrouge, ils sont des rebuts de pur sang ou d'irlandais, ou, s'ils sont beaux, corneurs, ou tarés, mais sages, achetés pour les généraux. — Les anglo-vendéens sont satisfaisants plus que les normands. — Quelques nivernais sont bons et bien bâtis. — Quelques pur sang achetés par la remonte sont encore de meilleurs chevaux d'armes que nos carrossiers manqués de Saint-Lô et de Caen.

Desiderata des officiers pour leur remonte et celle de la troupe. — La remonte de la troupe s'améliore, qu'elle continue; mais pour la remonte des officiers, tout le système est à changer. — Plus de sang, fût-ce par le trotteur. — Du sang pour le cheval de troupe; un crédit de 2.000 francs au lieu de 1.400 francs, mis à la disposition des commissions d'achat régimentaires, lesquelles sont trop timides, et aiment mieux acheter un mauvais cheval net, qu'un excellent avec quelques pointes de feu. — Plus de sang partout. — Autre chose que les normands; nivernais et vendéens sont meilleurs. — Plus de sang. — Plus de pur sang pour les officiers; sur nos cinq officiers supérieurs, trois sont remontés en pur sang achetés dans le commerce. Il en est de même pour les officiers subalternes. Mais tous en sont de leur poche. — Système à changer.

Dans une lettre ouverte à un officier de cavalerie, parue dans le *Sport Universel Illustré*, M. Donatien Levesque pose quelques jalons qu'il est intéressant de reproduire.

« Jusqu'ici, dit l'auteur, je m'étais contenté de cette définition admirable dans sa simplicité :

« Le cheval de guerre est celui qui est monté par un soldat.

« Vous avez bien voulu m'expliquer qu'elle est tout de même insuffisante. Il faut qu'il soit capable de porter le soldat, même de le transporter vite et loin.

« C'est le cheval de chasse pour gros poids, le *weight carrying hunter* des Anglais.

« Si le mot *charger* signifie cheval d'armes, il ne désigne pas l'espèce, mais la fonction.

« Le même animal est *hunter* quand il chasse et *charger* quand il guerroye. C'est celui-là que vous voulez faire connaître, récompenser s'il est bon, améliorer s'il est mauvais.

« Et dans ce but, vous avez l'intention de distribuer des primes aux poulains issus d'un croisement avec le cheval de pur sang et aux chevaux achetés par les commissions de remonte et qui, par leur modèle, paraissent aptes à faire de bons chevaux d'armes.

« C'est très bien.

« Mais ne pensez-vous pas que l'encouragement serait encore moins exposé à se tromper d'adresse si, au lieu de le donner à l'animal qu'on suppose devoir devenir un bon cheval de guerre, on l'accordait à celui qui peut prouver qu'il en est un?

« J'entends souvent les jeunes lieutenants parler des reconnaissances qu'ils seront obligés de faire et de la nécessité qui s'imposera pour eux, non pas de fuir — le mot est vilain — mais de s'éloigner le plus rapidement possible de l'ennemi qui les aura découverts, afin de rapporter à leur état-major les renseignements qu'ils seront allés chercher au péril de leur vie.

« Un officier supérieur, déjà plus calme et plus rassis, m'a expliqué que ces reconnaissances devront certainement être accomplies avec hardiesse, mais aussi et surtout avec une grande connaissance de la carte et le talent d'aller se placer aux endroits d'où l'on peut voir le mieux ce qui se passe en s'exposant le moins à être vu.

« Elles seront faites non par un officier isolé, mais par une petite troupe, avec des chevaux chargés, et quand viendra le moment de se replier, la retraite devra s'exécuter en bon ordre et non dans un sauve-qui-peut, en abandonnant les traînards.

« Et puis, toute reconnaissance se fait avec des armes, c'est donc qu'elle peut se trouver dans l'obligation de se défendre, peut-être même d'attaquer pour faire des prisonniers et en tirer d'utiles renseignements.

« Ce qu'il faut rechercher serait donc plutôt le train soutenu et la cohésion d'une troupe que la vitesse excessive d'un seul.

« Et ce serait un bon cheval de guerre celui qui pourrait galoper à une vive allure, en terrain varié, passant partout, en compagnie d'autres bons galopeurs comme lui sous un gros poids.

« Pourquoi n'instituerait-on pas, pour officiers sous la direction d'un capitaine et pour sous-officiers sous celle d'un lieutenant, des épreuves au galop sur 6.000 ou 8.000 mètres, en terrain varié par dessus des obstacles choisis et tâtés d'avance par le conducteur ? Les concurrents seraient obligés de le suivre jusqu'au moment où il donnerait le signal pour la lutte finale qui se ferait sur une distance d'environ 500 mètres en plat ou avec deux ou trois haies et au cours de laquelle le meilleur cheval aurait encore le temps d'affirmer sa supériorité.

« C'est à lui, au second et au troisième que vous offririez des timbales en argent de trois grandeurs différentes et dont la plus grande pourrait valoir 100 francs, la moyenne 75, la petite 50.

« Donc pas de fraude à craindre, pas de fortune scandaleuse édifiée par ce moyen.

« Les officiers et les sous-officiers vainqueurs n'auraient été que les intermédiaires qui vous auraient permis de reconnaître les meilleurs chevaux de guerre et de récompenser leurs éleveurs. A ceux-ci vous offririez les primes que vous jugeriez convenables, et soyez sûr que plus elles seraient élevées, plus ils seraient reconnaissants et tentés de vous fournir ce que vous désirez.

« Soyez sûr aussi qu'officiers et sous-officiers ne demanderaient qu'à vous donner leur concours.

« La mode est aux épreuves de fond, 40 ou 50 kilomètres sur route, suivies le lendemain d'une autre épreuve sur le parcours des steeple-chases de Vincennes.

« La manière de faire que je me permets de vous signaler réunit les deux épreuves en une seule. Si vous n'en exagérez pas la longueur, vous n'aurez jamais de chevaux claqués, parce que la plus longue partie de la course se fera à une allure réglée pour laquelle il ne sera pas besoin d'avoir recours à un entraînement spécial.

« Le travail du champ de manœuvres y suffira.

« Pas de chute pour la même raison, mais une bonne leçon d'équitation pour les cavaliers et de dressage pour les chevaux.

« Mais où trouver le terrain convenable ?

« Quand vous voudrez me faire le plaisir de venir me voir en Bretagne, je vous montrerai celui que j'améliore chaque année depuis dix ans autour de l'hippodrome de Dinard, et sur lequel j'ai pu fournir aux officiers et aux sous-officiers de Dinan et de Rennes l'occasion de galoper sur de longues distances et sous l'œil bienveillant et charmé des chefs.

« Les talus, haies vives, banquettes, grimpettes, rivières, et ruisseaux, machinés avec soin et persévérance, y sont restés naturels.

« Je n'ai pas à vous apprendre qu'il en existe un sur les bords de la Meuse, à Verdun. C'est vous qui y avez fait courir les premiers Rallye-Verdun et Rallye-Vulcain.

« Et vous me rappeliez l'autre jour qu'en 1887, vous étiez arrivé premier dans une course à travers champs sur la ferme de Hammonières, aux environs de Nantes, où vous étiez en garnison.

« Nous chevauchions souvent ensemble alors, et je ne cessais de vous faire l'éloge du pays de Pau, d'où j'arrivais. C'est que là il y en a des parcours, et à proximité des régiments de Tarbes.

« Le comte d'Ideville vous a dit, comme à moi, qu'il en connaît un admirable auprès d'Évreux.

« Il y a une chose plus difficile à trouver : c'est l'argent pour acheter des timbales *idem* et payer des primes aux éleveurs.

« Et pourtant, il n'y a qu'un mot à dire.

« En vertu de l'article 2 du règlement du 12 novembre 1903, le Ministre de la Guerre n'a qu'à autoriser une nouvelle série d'épreuves militaires, au même titre que celles déjà existantes. Elles seraient sur des longues distances et pourraient se disputer autour des hippodromes de province, qui sont souvent les mieux appropriés à ce genre d'exercice.

« Dès lors, la Société d'encouragement à l'élevage du cheval de guerre pourrait venir en aide aux petites sociétés de courses, chez lesquelles, en revanche, elle trouverait un concours et un appui.

« Ces épreuves seraient réservées aux chevaux de demi-sang français.

« Ah non! par exemple, va-t-on me dire. Le demi-sang galopeur, nous le connaissons; c'est un pur sang manqué ou déguisé. Il n'est qu'un prétexte et un encouragement à la fraude. Il n'en faut plus.

« S'il s'agissait de courses civiles, avec des grosses allocations, vous auriez raison ; mais je ne vois pas bien un éleveur substituant subrepticement un poulain de pur sang à un autre de demi-sang, dans le but de le vendre à trois ans à la remonte, et l'espoir de le voir, à six, gagner une timbale de cent francs et une prime à l'éleveur, de même somme, ce qui ferait un total de dix louis. L'amour du lucre illicite ne peut pas aller jusque-là.

« Par contre, je vois dans ce genre d'épreuve un avantage pour l'officier qui veut s'entretenir dans la pratique du cheval au galop et sur des obstacles, qui a le cœur bon encore, mais auquel des considérations de poids, de ménage ou de fortune ne permettent pas d'acheter, d'entretenir, de monter et de claquer des chevaux de course.

« Ne croyez-vous pas que le ministre aurait raison de le prononcer, ce mot magique qui permettrait à ces hommes de bonne volonté de chercher dans les escadrons et de tirer du rang où il se cache le demi-sang galopeur, celui qui sera le cheval des reconnaissances futures dans la guerre de demain? »

Sous l'influence de la direction donnée à l'élevage par l'Administration des haras, le cheval alliant la distinction à la force, le cheval galopeur n'existe plus qu'à l'état d'exception dans tout le Nord-Ouest de la France.

Le cheval de selle a insensiblement disparu ! Comment pourrait-elle encourager sa production ? En créant des courses au galop pour demi-sang. Ce projet qui avait soulevé de vives controverses lorsque la Société du cheval de guerre fut créée, ne rencontrerait certainement plus autant de résistances, aujourd'hui que le danger que constitue l'automobilisme, est reconnu de tous.

Pour organiser les courses de demi-sang au galop, il faut un million de francs. Cette somme serait répartie presque entièrement en province : les prix seraient nombreux, mais peu élevés, car c'est surtout sur le nombre qu'on doit agir. Affecter aux courses au galop une somme supérieure pourrait être dangereux, car j'estime que ces épreuves ne doivent pas être le principal, mais l'accessoire, et qu'elles doivent uniquement permettre aux éleveurs ayant produit le « beau cheval » ne trottant pas en 1'40" d'en tirer néanmoins un parti rémunérateur.

Ces 700.000 francs doivent être pris sur le budget suffisamment élevé des courses d'obstacles, qui, en Angleterre, n'ont pas un million, alors que leur dotation est cinq fois supérieure en France.

Or, les courses d'obstacles ne peuvent être considérées que comme l'exutoire des mauvais chevaux de plat. Leur exagération a poussé les éleveurs à produire le nombre et la médiocrité, elle empêche les haras de recruter des étalons de croisement, car les propriétaires aiment mieux faire courir en obstacles leurs chevaux jusqu'à extinction de vitalité. En revanche, on ne voit pas très bien quelle influence salutaire ont eu sur l'élevage ces épreuves, qui n'ont pas révélé un bon reproducteur en vingt-cinq ans.

Le demi-sang galopeur doit donc peu à peu se substituer au mauvais et inutile pur sang.

Cette substitution progressive se fera sans douleur.

Elle sera bienfaisante pour beaucoup d'éleveurs de pur sang qui vendent leurs yearlings à peine le prix de l'avoine qu'ils ont mangée et qui seront fort aises de produire des demi-sang galopeurs; de nombreux éleveurs de demi-sang l'accueilleront avec plaisir, car la surproduction va bientôt faire baisser le prix des poulains trotteurs de second ordre, et cette branche si intéressante de notre industrie agricole a besoin d'un élément nouveau qui donne plus de valeur aux produits de demi-sang.

La Société des Steeple-Chases de France et la Société Sportive d'Encouragement peuvent donc réserver au demi-sang galopeur quelques prix sur leurs hippodromes et une bonne partie des subventions qu'elles donnent à la province. Ces dernières épreuves ne sont courues que par des médiocrités qui ne peuvent avoir sur l'élevage qu'une influence trompeuse et délétère.

La Société de Sport donne des prix à des « hacks et hunters » qui n'ont jamais été ni hacks ni hunters. Ne serait-elle pas bien plus dans son rôle en encourageant le demi-sang galopeur, qui, lui, est bien le type du hack et du hunter ?

J'en dirai tout autant de l'hippodrome de Vincennes qui pourrait donner au demi-sang galopeur la plupart de ses épreuves d'obstacles.

Ces Sociétés et les Sociétés de province qui encaissent près de 4.000.000 de francs et plus de bénéfices nets sur les prélèvements du pari mutuel, peuvent incontestablement fournir les ressources nécessaires pour alimenter les courses de demi-sang au galop, et cela, sans apporter aucun trouble à l'organisation actuelle des courses et de l'élevage.

CHAPITRE II

LE DEMI-SANG TROTTEUR

Société d'Encouragement pour l'amélioration des chevaux de demi-sang et les courses au trot. — La Société d'encouragement pour l'amélioration du cheval français de Demi-Sang, a été fondée à Caen en 1864, par un groupe d'éleveurs de Normandie : quelques tentatives avaient eu lieu auparavant sur l'initiative d'un inspecteur des haras, M. Ephrem Houel, et plusieurs hippodromes avaient été créés dans certaines villes des départements de la Manche, du Calvados et de l'Orne ; mais les budgets des courses au trot n'en restaient pas moins très modestes et, en 1864, ils ne s'élevaient qu'à 92.000 francs, y comprises les subventions de l'État, des départements et des villes.

Les courses au trot doivent être pour le demi-sang spécialisé dans les courses au trot, ce que les courses au galop sont pour le pur sang. C'est-à-dire des épreuves propres à mettre en relief les qualités de tout reproducteur. Il ne nous appartient pas de rappeler ici tous les croisements qui ont été faits et dont les résultats heureux se trouvent condensés dans cette création d'une race trotteuse, dont nous pouvons à juste titre nous enorgueillir. Les épreuves au trot n'existent d'une manière régulière que depuis quarante ans seulement, et l'observation la plus superficielle nous apprendra que nos trotteurs sont maintenant bien confirmés, et que tous font partie d'une des cinq familles désignées par le nom des cinq étalons qui devaient faire souche, *Conquérant*, *Normand*, *The Heir-of-Linne*, *Lavater*, *Niger*. Nous avons déjà dit que cette race trotteuse, aujourd'hui confirmée, est excellente pour figurer sur les hippodromes, mais qu'elle ne peut avoir qu'une influence bien lointaine sur l'amélioration du cheval de selle et du carrossier.

Il est un point sur lequel tout le monde est d'accord :

C'est l'augmentation de la vitesse chez nos trotteurs. On pourrait à ce sujet multiplier les exemples et trouver la matière d'un livre, qui ne manquerait pas d'intéresser les amateurs. Pour nous en tenir à une seule preuve, prenons le Derby des trotteurs dis-

Beaumanoir.

puté à Rouen et qui, jusqu'à ces dernières années, était l'épreuve de trot la plus richement dotée. Nous voyons que la distance de 3.200 mètres était parcourue, lors du Derby de 1882, en 5′41″ par le vainqueur *Beaugé*. En 1887, *Gérance* fournissait le parcours en 5′25″. En 1892, *l'Estafette* trottait les 3.200 mètres en 5′17″. Enfin en 1898, *Redowa* obtenait le record de 4′59″, vitesse qui a été encore augmentée par le fameux *Trinqueur* et quelques autres. Il en résulte qu'un cheval qui, il y a dix ans, pouvait trotter le kilomètre sur le pied de 1′40″ était considéré comme extraordinaire et susceptible de glaner les plus belles épreuves; quand nous aurons dit que le meilleur trotteur de l'année fournit son kilomètre couramment en 1'31" et qu'en 1906, plus de 80 chevaux de trois ans ont obtenu le record 1'40", nous aurons, ce semble, donné les indications suffisantes pour que l'on puisse mesurer d'un seul coup d'œil toute l'importance des résultats obtenus. Il était juste que des subventions, chaque année plus considérables, vinssent récompenser d'aussi sérieux efforts et consacrer le succès. Mais l'utilité incontestable des courses au trot n'avait pu commander l'intérêt que les joueurs pouvaient y trouver, en tant que spectacle, et jusqu'à ces dernières années le public parisien les délaissait totalement. Fort heureusement, la Société du Demi-Sang eut l'excellente idée de donner des courses plates sur son hippodrome, et de consacrer aux trotteurs les bénéfices qu'elle pouvait en retirer. De même furent instituées des réunions mixtes, dans lesquelles deux épreuves de trot adroitement intercalées au milieu d'épreuves d'obstacles, amenèrent le public à comprendre et à apprécier un sport qu'il ne connaissait point.

Toutes ces tentatives ont été couronnées de succès. Le budget de la Société du Demi-Sang a suivi, chaque année, une marche progressive, et les allocations distribuées en 1900 se sont élevées au chiffre considérable de 1.834.300 francs.

Les augmentations paraîtront encore beaucoup plus sensibles, si l'on s'en tient uniquement au montant des prix principaux. Il n'y a pas bien longtemps, et cette assertion est encore aujourd'hui vraie pour la province, qu'une somme de 1.000 francs donnée au premier paraissait être une généreuse rémunération. Le Derby de Rouen, dont le vainqueur recueillait environ 25.000 francs était le trophée que rêvait de gagner, pour consacrer sa réputation, tout éleveur de demi-sang. Que de chemin parcouru dans l'espace de cinq ans, quand on considère que les prix de 10.000 francs offerts par la Société du Demi-Sang, sur ses hippodromes, sont aujourd'hui chose courante et qu'en 1900 un prix de 100.000 francs a été disputé à Vincennes!

Malgré tout, il y a encore beaucoup à faire et les résultats des réunions internationales disputées en octobre dernier, en sont la preuve la plus convaincante. Le meilleur de nos champions à l'attelage n'a pu exister contre les Russes et pas un seul de nos chevaux n'a osé se mesurer avec les Américains. Il serait néanmoins hors de propos de se désoler, car notre infériorité vis-à-vis des étrangers comporte beaucoup d'atténuations. Remarquons d'abord que, si nous n'avons pas osé affronter la lutte dans les courses au trot attelé, la réciproque est presque vraie pour les courses au trot monté dans lesquelles un cheval italien s'est présenté, d'ailleurs sans succès, sous la selle ; donc, notre supériorité ne semble pas pouvoir être mise en doute.

En ce qui touche l'attelage, une explication est également nécessaire, et il serait même surprenant de ne pas être battu par des Américains et par des Russes, qui récoltent le fruit des efforts faits pendant plus d'un siècle, alors que c'est seulement depuis quarante ans que nous nous appliquons à produire des trotteurs; sans compter que les champions étrangers, contre lesquels il nous aurait fallu lutter, étaient âgés d'au moins sept ans, tandis que nos chevaux qui servent de terme de comparaison, sont dans leurs troisième et quatrième années. Ce qui prouve une fois de plus que les faits pris dans leur ensemble n'ont de valeur qu'autant que les mêmes circonstances et les mêmes conditions président à l'élevage des animaux dont on veut apprécier le mérite comparatif.

Pour être complet, nous devons signaler la création de l'hippodrome de la Fouilleuse, inauguré il y a quatre ans. Ce nouveau champ de courses est, au point de vue des platers, le modèle du genre mais les trotteurs se perdent sur la vaste étendue de terrain de ses pistes, ce qui ne tardera pas à faire perdre aux courses au trot la vogue que Levallois leur avait acquise.

Ces quelques explications suffiront pour montrer les immenses services rendus par la Société du Demi-Sang à la cause du trotting, et cela, dans un espace de temps relativement très court. Ces succès sont d'autant plus méritoires, que les initiateurs de 1864 avaient à combattre des idées préconçues très enracinées, et que pour faire triompher leurs projets, ils ne disposaient que de modestes ressources.

Le public parisien est-il amateur de courses au trot? Oui, sans doute, mais il serait indispensable d'offrir à ce public des programmes qui attirent toutes les personnes qui s'intéressent au cheval. Cela n'est possible qu'en créant des épreuves originales, ce qui, entre parenthèses, ne doit pas être difficile à établir.

De plus, il y a lieu de comprendre le rôle d'une société de courses, de deux grandes façons : 1° diriger l'élevage en veillant à l'amélioration de la race; 2° encourager l'élevage en lui permettant d'écouler ses produits, en fournissant même aux chevaux indignes le moyen de gagner leur avoine.

Voyez ce qui se passe dans le milieu du pur sang. La Société d'Encouragement s'inspirant de principes immuables imprime à l'élevage telle direction qui lui plaît dans le but de conserver à la race pure les qualités de vitesse et de résistance qui sont son apanage.

Mais à côté d'elle la Société des Steeples et la Société Sportive offrent des allocations énormes, fiches de consolation somptueuses, dont la destination est moins rigidement déterminée.

Ces allocations ont créé un marché, marché qui a même pris une extension excessive. Grâce à elles les éleveurs trouvent à écouler ceux de leurs produits qu'ils ne peuvent ou ne veulent consacrer à la reproduction. Le pur sang en tant qu'animal d'hippodrome a acquis ainsi une valeur, évidemment artificielle, mais qui permet d'éteindre une partie des frais d'exploitation du stud.

Dans le milieu du demi-sang cet état de choses n'existe pas. La Société mère s'est retranchée dans la partie de son rôle qui consiste à surveiller et à encourager l'élevage d'une façon directe. Les programmes sont conçus en vue de mettre en valeur les chevaux aptes au métier d'étalon. On veille même à ce que les futurs sires et les futures poulinières ne s'attardent pas outre mesure sur le turf.

Mais on a négligé d'une façon absolue de créer des débouchés au trop plein. Or, comme il n'existe à côté de la Société du Demi-Sang aucune société secondaire de quelque importance, le marché du trotteur en tant que cheval d'hippodrome n'existe pas.

De cela résultent deux inconvénients graves : 1° la dépréciation hâtive des trotteurs lorsqu'ils ne sont pas bâtis pour le service du stud; 2° le manque d'intérêt absolu au point de vue sportif des courses au trot.

Comprises comme elles le sont à l'heure actuelle les courses au trot sont réduites à être des épreuves de reproducteurs. Nous avons déjà critiqué le manque de progression des programmes; l'uniformité des distances à parcourir, etc.

Mais à côté de toute la partie, certes la plus importante qui doit être réservée aux jeunes chevaux, il serait bon d'en réserver une infiniment plus modeste pour les vieux lutteurs d'hippodrome, partie sportive dont l'attrait pourrait attirer et captiver le public. Nous ferons remarquer d'abord que par une décision certainement sans pareille dans l'histoire des sociétés de courses, la Société du Demi-Sang a cru devoir se retirer une de ses prérogatives les plus enviables. Elle a rayé de ses programmes les handicaps. On sait la place qu'ils tiennent tant en plat qu'en steeple; l'élément d'intérêt qu'ils apportent dans les journées même les mieux remplies par les courses classiques.

Les handicaps sont entre les mains des commissaires un moyen de corriger les écarts de la fortune, ils permettent de faire en quelque sorte cadeau d'une course aux écuries méritantes et malheureuses. Pour cette seule raison on devrait les inventer s'ils n'existaient pas.

Il est donc difficile de comprendre comment la Société du Demi-Sang a pu se priver de ce moyen d'action. Quelques propriétaires patients et peu scrupuleux auraient déjoué la perspicacité du handicapeur à plusieurs reprises, et c'est à la suite de victoires d'une facilité ridicule qu'on aurait décidé la suppression des handicaps.

Cela aurait simplement dû servir d'avertissement et avec un peu d'attention il est facile de se garer des trop malins. On le fait bien ailleurs.

La suppression des internationaux a également enlevé un grand élément de spectacle à nos courses au trot. On n'a du reste pas empêché, pour cela, les Américains de courir, on les a simplement forcés à se naturaliser clandestinement. Le but cherché a été manqué et le trotting en pâtit.

C'est encore un excès de scrupule qui a fait rayer les courses de heats des programmes. L'interversion de l'ordre des places dans les différentes épreuves semblait bizarre aux joueurs malheureux! Sont-ils moins soupçonneux quand il s'agit d'épreuves en une manche? Et doit-on se laisser guider par ces considérations.

A notre sens le grand tort de la Société du Demi-Sang est de vouloir supprimer des vices inhérents aux courses même. Chaque genre d'épreuves comporte ses inconvénients. Chacun peut faire naître des abus que l'expérience apprendra à réprimer.

Il ne faut pas, par un excès de scrupule, louable à la vérité, et dans le but d'éviter quelques irrégularités, d'empêcher quelques fraudes, porter à la cause du trotting un coup fatal.

Avec les programmes actuels, on s'ennuie aux courses au trot et l'on devrait s'y distraire. Car il est très facile de varier le spectacle. La spécialité dispose de moyens nombreux.

Après avoir tracé une piste de 1.300 à 1.400 mètres, sablée, il suffirait de rétablir les handicaps, les heats, quelques internationaux (pour chevaux de grande classe afin de ne pas fournir de prises à la fraude). On pourrait créer quelques courses attelées en paire, à l'instar de celles données à Nice. Établir des primes aux records qui seraient l'objet de tentatives intéressantes à chaque journée de courses.

Le public apprendrait vite à apprécier les essais surtout si les concurrents avaient le droit de se faire entraîner par des galopeurs.

En un mot créer à côté de la partie purement technique une partie sportive, une partie de spectacle.

Nous ne demandons pour elle que de très modestes allocations. Assez de chevaux se disputeront les miettes de la table dressée pour les éleveurs normands.

Le public y viendra vite nombreux. Il suffit pour s'en convaincre de constater le succès toujours croissant que remportent en province les sociétés de courses où quelques-uns de ces éléments d'attraction sont employés.

Quand on songe à la qualité ultra-médiocre des champions qui alimentent les meetings cependant prospères de Bordeaux et de Marseille, on se prend à rêver à ce que l'on pourrait faire à Paris avec les protagonistes qui fréquentent nos hippodromes. Ces réflexions nous sont suggérées par la vogue croissante de la réunion annuelle que donne à Nice le Trotting du Littoral.

Malgré l'éloignement et les frais de déplacement de nombreux chevaux viennent d'Italie, du Centre et du Nord.

Les courses réunissent un nombre considérable de partants. Il y en a eu jusqu'à vingt-cinq. Les meilleurs spécialistes de l'attelage de France et de nombreux champions étrangers célèbres s'y sont donné et s'y donnent régulièrement rendez-vous tous les ans. Il serait trop long de citer les noms de tous les brillants trotteurs qui viennent d'Italie, d'Autriche-Hongrie, etc., pour fournir des courses animées et passionnantes.

Depuis huit ans qu'on court tous les ans à cette époque, l'éducation sportive des habitants s'est développée et les Niçois viennent aussi nombreux au Var pour les courses au trot que pour les courses au galop.

Bien plus, le trotteur est entré dans les mœurs au point que de nombreux habitués du littoral ont acheté des chevaux très vites, incomparables animaux de service, qui prennent part non sans succès, soit aux courses d'amateurs, soit aux courses régulières.

Nous avons vu notamment le prince Lubomirski prendre part à plusieurs épreuves et conduire avec maëstria sa jument *Quarterouw* avec laquelle il s'est placé dans des lots nombreux.

Cet exemple sera suivi, sans aucun doute, et la cause du trotting y gagnera.

Croit-on qu'on n'arriverait pas au même résultat à Paris si l'on demandait quelques concessions à l'esprit, un peu trop puritain, qui préside actuellement aux destinées du trotting?

On peut l'affirmer hardiment et tous les efforts de ceux qui s'intéressent au demi-sang, des véritables amis de la Société de Saint-Cloud et de Vincennes, doivent tendre à ce but.

Cela doit être également le souhait de tout véritable sportsman qui suit avec intérêt les réunions de trotting parisiennes.

La déformation du demi-sang trotteur. — On se souvient de la querelle qui a divisé un moment le monde du cheval lors de la fondation de la Société du cheval de guerre, qui avait comme aujourd'hui encore, pour objet l'encouragement du demi-sang galopeur. C'est alors qu'on vit surgir la fameuse théorie de la déformation qui fut le grand cheval de bataille des organisateurs de cette Société. M. de Gasté chercha à démontrer que l'augmentation de vitesse demandée aux trotteurs modifiait leur forme dans un sens préjudiciable à la solidité de leur mécanisme et les rendait impropres au service de la selle.

La question ayant été posée au point de vue anatomique, il est intéressant, croyons-nous, de rappeler l'opinion de M. G. Barrier qui publia sur ce sujet un fort intéressant article dans le *Recueil de médecine vétérinaire*, dont nous allons résumer les points essentiels.

Le trot, a-t-on prétendu, ne développe que les muscles qui commandent les mouvements des membres. Mais les lois de la mécanique animale n'indiquent-elles pas que pour obtenir à cette vitesse le déplacement de la masse, il est essentiel d'assurer la rigidité de la colonne vertébrale, précisément dans la partie où elle est le plus exposée à se déformer, à l'encolure et aux reins, « pour laisser à l'impulsion du derrière toute sa puissance, pour donner au centre de gravité, par l'attitude de la tête, une position en rapport avec le degré de vitesse obtenu, enfin pour placer le mastoïdo-huméral dans les meilleures conditions d'une contraction efficace et étendue. Or, cette rigidité de l'encolure et des reins n'est possible que par la contraction énergique de tous les muscles spinaux, et, qui plus est, des muscles thoraciques et abdominaux... La preuve en est fournie par ce fait que, pendant la course, les mouvements respiratoires sont à peine supérieurs à ceux du repos, tandis qu'après la course leur nombre peut être sept, huit, dix fois plus considérable... »

Sans doute, pour les raisons qui précèdent, l'encolure du trotteur a besoin d'être tenue haute et droite; mais il n'est pas exact d'en conclure que l'épaule doit être droite et courte, en avant et le bras aussi horizontal que possible, pour éviter que la contraction du mastoïdo-huméral relève trop la pointe de l'épaule et le membre tout entier, ce qui aurait pour conséquence un ralentissement dans la vitesse, le pied posant moins rapidement à terre. Or, il a été prouvé par des mensurations que chez les trotteurs américains bien conformés et ayant des performances, la longueur de l'épaule était considérable et l'axe scapulaire convenablement incliné ; la longueur est très grande également chez les trotteurs russes, mais l'humérus est plutôt droit. L'épaule est droite, en général, chez le normand ; mais ce n'est pas parce qu'on l'entraîne à fournir de plus en plus de vitesse, c'est tout simplement parce que telle est et que telle semble avoir toujours été sa conformation.

« Si, lors de la course, l'élévation de la pointe de l'épaule est nécessaire pour commander une enjambée de grande amplitude, il en faut pas oublier qu'elle est bien plus fonction de la longueur des muscles chargés d'opérer la bascule du rayon scapulaire que de la direction même de celui-ci. Le membre antérieur ne se porte pas en avant tout d'une pièce ; ses divers rayons se déploient comme l'épaule, et il est facile à l'un d'eux, l'avant-bras par exemple, de corriger par un peu plus de flexion l'insuffisance relative du déplacement angulaire commencé par le rayon initial. Rien ne peut compenser l'insuffisance de la longueur des muscles, car l'étendue de leur contraction est proportionnelle à la longueur de leurs corps charnus... »

Est-il plus exact de dire que la croupe participe seule à l'impulsion, et que seule dans l'arrière-main, elle doive être puissante chez le trotteur ? Mais « l'impulsion résulte de l'ouverture simultanée ou successive, non pas d'un seul angle locomoteur, mais bien de tous les angles articulaires du membre à l'appui, convenablement arc-bouté dans le tronc. Aussi faut-il rechercher la puissance dans l'arrière-main tout entière, dans la cuisse, la fesse, la jambe au même titre que dans la croupe ». L'entraînement développe la musculature en général, une gymnastique spéciale celle de tel groupe musculaire. L'entraînement au galop donnera au trotteur, l'expérience l'a prouvé, la puissance nécessaire pour assurer à l'allure nouvelle tout ce qu'on aura à lui demander.

Est-il donc nécessaire que chez le trotteur la croupe soit fortement abattue pour que les membres postérieurs puissent se mieux déployer en avant? En aucune façon. « L'obliquité de l'ilium commande l'amplitude de la flexion fémorale. Plus elle se rapproche de la verticale, plus le fémur est éloigné de sa limite de flexion, plus ce rayon peut effectuer en avant une oscillation angulaire étendue,

Aléryon.

mais moins aussi il est capable de fournir, lorsqu'il a à franchir en arrière la verticale passant par le centre coxo-fémoral, une extension de grande amplitude, utilisable pour la chasse de l'arrière-main. D'où il suit que pour laisser à la cuisse un jeu de flexion et d'extension suffisantes, soit un champ d'action permettant aux membres postérieurs de se déployer largement en avant et en arrière de la verticale, il importe que l'ilium ne soit ni trop horizontal, ni trop oblique, car, ce que le pas gagnerait en amplitude, il le perdrait en action impulsive et réciproquement... L'horizontalité de la croupe en fermant l'angle coxo-fémoral, accroît le travail et la fatigue des muscles qui s'opposent à sa flexion pendant la station, ou, lors du choc locomoteur, au cours de l'allure. C'est une des raisons pour lesquelles les trotteurs de selle dont la voûte dorso-lombaire a plus de poids à supporter, et qui sont du reste plus massifs que les trotteurs d'attelage, ont et doivent avoir la croupe plus oblique... »

On nous a dit que le trot attelé allongeait le corps pour éviter les chances d'atteintes, et que la musculature des reins s'appauvrissait, la colonne dorso-lombaire restant presque passive, tandis que — ce qui paraît bizarre — le rein était l'organe qui fatiguait le plus. Ce serait pour cette raison que, pour échapper à la souffrance qui en résulte, le cheval prendrait le galop. L'étude du jeu des membres pendant la transition du trot au galop suffit pour rectifier cette assertion que l'examen des photographies sériées ou la méthode graphique du professeur Marey viennent également réfuter. Le simple raisonnement aussi bien que la notation graphique de la transition du trot au galop établissent que « l'enlever » des trotteurs n'est autre chose que la conséquence de l'accroissement de vitesse demandé et fourni, et non pas d'une souffrance éprouvée par les reins.

Le galop n'atténuerait pas cette souffrance, si elle était réelle, il l'accuserait, au contraire, car, à cette allure où le balancement vertical du corps esquisse un peu des mouvements du cabrer, les lombes « peinent », fatiguent, plus que dans le trot. Le seul moyen que le cheval pourrait employer pour se soustraire à la soi-disant douleur qu'il ressent, serait donc de ralentir son trot et non pas d'augmenter sa vitesse.

De même, si le dessus est bien musclé, il y aura assez de place sous le tronc pour que les membres postérieurs puissent se développer sans risques d'atteintes, quand la distance entre l'angle dorsal du scapulum à l'angle de la hanche sera égale à la longueur de l'épaule et dans ce cas le dos ne peut être regardé comme trop long, ni comme manquant de soutien. Les mensurations ont donné ces proportions chez tous les pur sang, des « galopeurs » selon l'expression nouvelle, bien conformés.

Après avoir fait ressortir certaines inconséquences sur lesquelles il serait trop long d'insister, M. Barrier fait remarquer « qu'étant donné que la charge dorsale énorme imposée par le service de la guerre, ne se répartit pas également sur les deux bipèdes du cheval, alors même qu'elle se réduit au poids du cavalier ; qu'elle surcharge davantage l'antérieur et fatigue les reins, il faut au cheval d'armes de la taille, une certaine ampleur, peu de longueur de corps, de la puissance, beaucoup de solidité et une légèreté relative du devant,... il doit posséder, d'autre part, une bonne vitesse, un caractère docile et du tempérament. Mais les commissions d'achat ne sont et ne peuvent se montrer aussi exigeantes; elles ne sauraient demander que les conditions de dressage qu'on réclame fussent remplies. Les limites des prix qui leur sont fixées ne le leur permettent pas. Il est inutile dès lors de réclamer ce qui, par force majeure, est impossible à obtenir.

Rien n'a été prouvé pour établir que les haras achètent des étalons trotteurs n'offrant pas le modèle du cheval de selle. Une visite aux dépôts de Saint-Lô et du Pin pourrait convaincre du contraire. D'ailleurs, un des plus ardents adversaires des haras n'a-t-il pas, à l'époque de cette discussion, envoyé ses juments de race pure à l'un des étalons trotteurs les plus en vue que possède l'Administration, *Cherbourg*, pour ne pas le nommer? S'il avait craint d'obtenir des produits aussi mal conformés qu'il l'a dit, il n'aurait certainement pas risqué et renouvelé l'expérience comme il l'a fait.

En terminant, M. Barrier faisait remarquer avec beaucoup d'à propos que l'on n'a pas à demander au cheval d'armes, les aptitudes du hunter qui a une tout autre mission à remplir. Et il rappelle qu'en 1897, la remonte a donné 3.000 francs d'un cheval, fils, petit-fils et arrière-petit-fils de trotteurs, et que sur les trente-huit chevaux payés le plus cher par les Comités de Saint-Lô et d'Alençon, il s'en trouvait dix-neuf issus directement de ces trotteurs qui « déforment » alors que les produits d'étalons de pur sang étaient achetés à des prix relativement inférieurs.

L'explication du professeur Barrier est rigoureusement exacte, précise, scientifique. Mais ce qui a surtout préoccupé les écrivains qui ont pris part à cette controverse, c'est l'horizontalité du bras, constatée chez quelques sujets. Il semblerait cependant, que c'est le contraire qui aurait dû se produire, car sous l'action des phénomènes de compression et d'extension, etc..., qui augmentent d'intensité avec l'augmentation de la vitesse, le bras par suite de la réactivité naturelle à tous les organismes aurait dû se rapprocher de la perpendiculaire sans exagérer la force des deux résultantes que forment le bras et l'épaule.

Certains facteurs, tels que la compression, l'extension, etc., lorsqu'ils agissent pendant un certain temps, comme c'est le cas chez les trotteurs à l'entraînement, dans une direction donnée sur des agrégats de cellules, exercent une action importante sur divers processus, notamment sur la direction des places de division des cellules, sur leur forme et leur disposition, ainsi que sur la formation des tissus mécaniques.

Ces phénomènes démontrent que l'extension et la compression agissent comme un excitant, qui stimule la formation dans le protoplasme, de substances résistant à l'extension et à la compression, et qui favorise leur localisation dans les points du corps les mieux appropriés. Si le développement des tissus mécaniques est une réaction à des excitations mécaniques, on doit s'attendre à ce que la réaction se produise surtout aux points qui sont spécialement soumis à l'action de l'excitant, c'est-à-dire aux points utilisés mécaniquement. Les structures engendrées de cette façon doivent donc apparaître comme parfaitement adaptées à ces actions, attendu qu'elles correspondent aux conditions mécaniques réalisées en elles. Des exemples très nombreux nous démontrent que des dispositions parfaitement appropriées peuvent s'être développées par adaptation aux conditions extérieures dont l'entraînement fait partie.

Les formations squelettiques ont une structure conforme aux lois de la mécanique ainsi qu'aux principes de la science de l'ingénieur, qui en découlent. Étant donné qu'il est peu de systèmes d'organes qui prouvent aussi nettement que les conditions mécaniques externes exercent une influence directe sur la conformation, il conviendrait de nous y arrêter quelques instants, mais nous croyons inutile, pour aujourd'hui du moins, de fatiguer le lecteur par une démonstration sur la déformation dans les solides de résistance.

Il règne une harmonie et une dépendance mutuelle entre les organes et les tissus de telle sorte qu'une transformation survenue dans l'un des organes a pour conséquence inévitable de nombreuses transformations dans d'autres organes.

La corrélation évidente entre le système musculaire et le système squelettique n'est pas la seule qui existe ; il y en a d'autres encore. Chaque fibre musculaire recevant une fibre nerveuse, les nerfs subissent, par croissance corrélative, une augmentation de volume correspondante. Il est probable que d'autres transformations, en rapport avec la précédente, intéressent aussi les origines de ces nerfs dans la moelle épinière, attendu que les fibres nerveuses motrices sont les prolongements cylindraxiles de cellules nerveuses motrices, qui siègent dans la substance grise de la moelle ; peut-être même les transformations corrélatives touchent-elles jusqu'à l'écorce cérébrale, où les voies pyramidales ont leurs origines centrales.

De même que le système nerveux, de même aussi le système vasculaire sanguin s'est modifié. Le calibre des artères qui fournissent aux muscles, a augmenté proportionnellement au développement pris par ces muscles. L'augmentation du calibre de ces artères a entraîné l'épaississement de leurs parois, dont les différentes tuniques se sont histologiquement modifiées par corrélation. La tunique interne, plus épaisse, doit en effet contenir plus de tissu élastique, et la tunique moyenne, des cellules musculaires lisses plus nombreuses. Nous voyons donc que le développement pris par les muscles a entraîné, par croissance corrélative, celui des nerfs moteurs de ces muscles, ainsi que des transformations dans les vaisseaux sanguins qui s'y distribuent.

De plus, le tissu tendineux qui unit ces muscles au squelette subit aussi des transformations corrélatives. Le muscle grand pectoral étant devenu plus puissant, son tendon d'insertion à l'humérus est devenu plus volumineux, ce qui a eu pour conséquence la formation d'une tubérosité plus saillante au point d'insertion de ce muscle à l'humérus. Le tissu conjonctif intramusculaire du grand pectoral est aussi devenu plus abondant et la gaine conjonctive du nerf grand thoracique antérieur a pris un développement proportionné à l'épaisseur de ce nerf lui-même.

Le développement des muscles thoraciques, déterminé par l'adaptation au train rapide, a donc entraîné un très grand nombre de transformations, dues à une croissance corrélative, dans une foule d'organes et de tissus, sans compter des modifications nombreuses, dont nous n'avons pas parlé, et qui se sont produites dans d'autres organes du corps, tels que les poumons, le cœur, etc.

Dans l'exemple que nous venons d'examiner, on se rend parfaitement compte des rapports de causalité qui existent entre les transformations corrélatives. Mais il n'en est pas de même dans d'autres cas, auxquels nous empruntons notre second exemple.

Nous pouvons résumer notre manière de voir de la façon suivante : les modifications squelettiques se produisent toujours à la suite de l'exercice, de la gymnastique fonctionnelle, mais il n'est pas possible de les limiter à certaines parties du corps plutôt qu'à certaines autres. En envisageant le problème au point de vue héréditaire voici nos conclusions :

Il n'est pas évident *a priori* que des modifications de structure causées par des changements de fonction, doivent se transmettre au descendant. De ce qu'un changement dans la forme d'un organe s'est produit par suite d'un changement dans son activité, il ne s'ensuit pas nécessairement qu'il doive se produire dans les unités physiologiques de l'organisme tout entier une modification telle que, quand des groupes de ces unités se détacheront des parents sous la forme de centres de reproduction, les organismes auxquels ils donneront naissance doivent aussi présenter la même modification de l'organe en question.

En traitant de l'adaptation, nous avons vu qu'il faut beaucoup de temps à un organe modifié par accroissement ou décroissement de fonction, pour réagir sur l'organisme en général, de façon à faire surgir les changements corrélatifs nécessaires à la production d'un nouvel état d'équilibre; et pourtant c'est seulement quand cet équilibre nouveau s'est établi, que nous pouvons nous attendre à en trouver l'expression complète dans les unités physiologiques dont l'organisme est construit; alors seulement nous pouvons compter sur une transmission complète de la modification aux descendants.

Néanmoins il semble que les changements de structure causés par des changements d'action, doivent aussi se transmettre, bien qu'obscurément, d'une génération à l'autre, en vertu d'un corollaire des premiers principes; sinon d'un corollaire spécifique, du moins d'une conséquence qui y est impliquée d'une façon générale. En effet, si un organisme A se trouve, en vertu d'une habitude ou d'une condition particulière d'existence, modifié en la forme A', il en résulte inévitablement que toutes les fonctions de A', la fonction de reproduction comprise, doivent différer à quelque degré des fonctions de A.

Un organisme n'étant qu'une combinaison de parties qui jouent rythmiquement un rôle dans la constitution d'un état d'équilibre instable, il est impossible de changer l'action et la structure de l'une quelconque de ses parties, sans déterminer des modifications dans l'action et la structure de l'organisme tout entier, tout comme aucun membre du système solaire ne saurait être modifié dans son mouvement ou sa masse, sans produire un arrangement nouveau dans le système solaire tout entier. Si l'organisme A, pour devenir A' doit s'être modifié dans toutes ses fonctions, le rejeton de A' ne saurait être ce qu'il aurait été s'il avait été engendré par A. Ce serait nier implicitement la persistance de la force que de dire que A peut être changé en A′ et donner néanmoins un rejeton exactement semblable à ceux qu'il aurait donnés s'il n'avait pas été changé. La nécessité qui veut que le changement dans le rejeton s'effectue, toutes choses égales d'ailleurs, dans le même sens que celui du parent, nous apparaît comme impliquée dans le fait que le changement apporté dans le système du parent constitue un changement vers un nouvel état d'équilibre, changement tendant à mettre l'activité de tous les organes, y compris ceux de la reproduction, en harmonie avec ces activités nouvelles.

Ou bien encore, pour ramener la question à sa forme définitive et la plus simple, nous dirons que comme, d'une part, les unités physiologiques se disposent, en vertu de leurs polarités spéciales, pour former un organisme d'une structure spéciale, d'autre part, aussi, si la structure de cet organisme est modifiée par la fonction modifiée, elle imprimera une modification correspondante à la structure et aux polarités de ses unités. Les unités et l'agrégat doivent agir et réagir l'un sur l'autre. Les forces exercées par chaque unité sur l'agrégat et par l'agrégat sur chaque unité, doivent toujours tendre vers un état d'équilibre. Si rien ne s'y oppose, les unités modèleront l'agrégat sous une forme en équilibre avec leurs polarités préexistantes. Au contraire, si des actions incidentes font prendre à l'agrégat une forme nouvelle, ses forces doivent tendre à remodeler les unités d'une façon harmonique à cette nouvelle forme. Mais dire que les unités physiologiques sont, à quelque degré que ce soit, transformées de telle sorte qu'elles aient leurs forces polaires en équilibre avec celles de l'agrégat modifié, c'est dire que ces unités, lorsqu'elles se seront séparées sous forme de centres de reproduction, tendront à s'édifier en un agrégat modifié dans la même direction.

La substance qui, dans la théorie de la biogenèse est le substratum des caractères ou propriétés de l'espèce, et constitue la masse héréditaire que contient toute cellule d'un organisme pluricellulaire, jouit des propriétés que H. Spencer attribue à ses unités physiologiques hypothétiques.

Chevaux de trot et chevaux de galop. — La question si souvent débattue entre les partisans du cheval galopeur et ceux du cheval trotteur se renouvelle d'une manière continue. Un petit opuscule : *Chevaux de trot et chevaux de galop*, par M. Cormier, vétérinaire militaire, a remis cette année sur le tapis, de la Société centrale de médecine vétérinaire, cette intéressante discussion.

Le sous-titre de cette brochure : *Banqueroute du trotteur* indique l'idée directrice de l'auteur, qui essaie de prouver que l'excès du sang trotteur a pour effet de donner des chevaux qui, comme chevaux d'armes, se montrent inférieurs à ceux qui ont dans leur ascendance une proportion plus forte de sang anglais. Cette opinion s'appuie sur des comparaisons faites, depuis plusieurs années, entre les produits en provenance des dépôts de remonte de Normandie et ceux de la Vendée et du Poitou.

En protestant contre la mise en vedette du sous-titre, de cette soi-disant banqueroute du trotteur, voici comment s'est exprimé M. Gallier : « Dire que le trotteur est incapable de faire un cheval galopeur, c'est s'inscrire en faux contre la réalité des faits ; c'est dénier les résultats de la pratique journalière, et il suffit de consulter le palmarès des récents concours pour constater que les primes ont été remportées par des trotteurs ou fils de trotteurs, que nous avons vus, d'ailleurs, briller au concours central.

« Soutenir que le trotteur n'est pas apte à galoper, c'est rééditer les théories qui ont été réfutées si brillamment par M. Barrier et par M. Le Hello. La vérité, c'est que le trotteur a toujours dans ses lignes paternelle et maternelle un ou plusieurs courants de sang, et c'est à eux qu'il doit l'influx nerveux, l'énergie, la vigueur, qui lui permettent de subir les fatigues de l'entraînement et des courses.

« M. Cormier s'adresse au petit éleveur et l'engage à donner le pur sang à ses juments. Ce serait pour lui une opération funeste dont il ne récolterait que des mécomptes et très probablement la ruine, ses produits n'étant la plupart du temps que des claquettes que refuseraient les Remontes, malgré leur meilleure volonté et dont ne voudrait pas le commerce.

« L'opération qui consiste à créer une race n'est pas une opération pharmaceutique. Il ne suffit pas de mettre dans un mortier une dose déterminée de pur sang, une autre dose déterminée de cheval commun pour obtenir, après un mélange intime, un cheval de demi-sang ayant les qualités des deux produits. C'est une entreprise de longue haleine et il faut se féliciter des résultats obtenus depuis près de 50 ans par les haras, qui nous ont dotés de cette race incomparable qui s'appelle la race anglo-normande. Qu'on sélectionne les trotteurs, qu'on choisisse, comme reproducteurs ceux ayant une excellente conformation, mais qu'on ne dise pas qu'ils ne peuvent galoper et jette, sans raison, un discrédit sur un élevage qui fournit plus des trois quarts des chevaux destinés à l'armée. »

« Il ne s'agit pas, a répondu M. Dechambre, de remplacer complètement et immédiatement le trotteur par le cheval de pur sang; mais de faire remarquer que les chevaux spécialisés pour les courses au trot sont des chevaux laissant à désirer comme chevaux de selle. L'objet du travail de M. Cormier n'est pas de faire le procès du trotteur, ajoute le professeur de Grignon ; il vise à démontrer que les produits des étalons trotteurs n'ont pas toutes les qualités recherchées dans le cheval de selle et le cheval d'armes. »

Cette dernière idée exprimée par M. Dechambre, est reprise par M. Barrier qui y voit une petite part de vérité et une grosse part d'erreur. « Certes, si du jour au lendemain vous voulez faire d'un trotteur un galopeur, la chose ne sera pas possible, parce que ces deux types sont dressés et équilibrés d'une façon tout à fait différente. Mais si vous prenez le soin de dresser, d'éduquer, d'entraîner ce trotteur au galop, il modifiera son équilibre et se servira de son mécanisme aussi bien que le meilleur galopeur de carrière. Cela n'est pas douteux. Les concours et les épreuves le montrent tous les jours. Mais, pour obtenir ce résultat, *il faut que le trotteur soit conformé en cheval de selle.* »

Je sais qu'il n'en est pas toujours ainsi, ce qui explique et justifie les critiques que bien des cavaliers lui adressent. La faute n'en est pas au genre d'entraînement qu'il a subi ; elle réside dans la défectuosité du modèle. Par contre, le galopeur est obligé de le posséder, ce modèle ; mais souvent il offre les imperfections mécaniques du cheval qui a trop de sang : légèreté, faiblesse de la membrure, impressionnabilité excessive, par exemple. Le manque de puissance et de résistance qui en résulte explique et justifie aussi les reproches que bien des officiers lui adressent comme cheval de service.

Tout cela montre qu'il y a des trotteurs et des galopeurs bien conformés pour la selle, et aussi qu'il y en a, dans les deux types, de mauvais. Ma conclusion est donc tout à fait éclectique : il faut chercher les qualités de sang, de conformation, de vitesse et d'entraînement qui conviennent au service de la selle, sans trop se préoccuper de savoir si le sujet qui les présente est de pur sang ou plus ou moins près du sang. C'est là, je crois, qu'est la sagesse. Aller plus loin, c'est faire de la réclame, non toujours désintéressée, en faveur de l'une ou de l'autre chapelle, ce qui échappe, il me semble, à notre compétence.

M. Lavalard que nous avons vu intervenir aux Congrès hippiques de ces deux dernières années, dans ces questions, s'exprime en ces termes : « La question du cheval galopeur et du cheval trotteur surgit d'une manière presque constante.

« Les premiers, que défend M. Cormier dans sa brochure, et les seconds, que soutient M. Gallier, ne tiennent compte que d'une sorte de spécialisation des allures, comme l'a fait remarquer M. Barrier. Tous deux, il est vrai, reconnaissent la supériorité du pur sang, qu'il soit galopeur ou trotteur, et pour arriver à s'entendre et à savoir quels sont les chevaux qui seront choisis de préférence comme reproducteurs, ils ne nient pas que c'est toujours le pur sang qui fournira les meilleurs étalons pour la création d'un bon cheval de selle. »

Qu'est-ce qu'un cheval de pur sang, légalement parlant ? C'est un cheval dont on a pu suivre la filiation et qui est issu de père et de mère inscrits au *Stud-Book* à l'aide de certificats qui justifient cette immatriculation, et on donne le nom de cheval de demi-sang au cheval qui n'est pas de pur sang, c'est-à-dire qui ne se trouve pas inscrit au *Stud-Book* français ou anglais.

Dans ces derniers temps, lors des courses de steeple-chases, et surtout par suite du développement des courses au trot, on fut amené à déterminer ce que c'était qu'un cheval de demi-sang ; et pour ce faire on décida que *pour qu'un cheval soit qualifié demi-sang, il faut non seulement qu'il ne soit pas de pur sang, mais encore qu'il puisse prouver que l'un de ses auteurs, mâle ou femelle, est bien demi-sang*.

Nous avons exposé les raisons qui faisaient regretter que les *Stud-Books* de demi-sang n'aient pas continué à être tenus avec soin. Et si peut-être on a pu reprocher quelque chose aux étalons trotteurs, cela tient plutôt à ce qu'ils ne sont pas toujours, comme les chevaux galopeurs, aussi rapprochés du sang, que leur filiation a été moins suivie.

Il est certain que les chevaux de demi-sang, c'est-à-dire ceux qui ne sont pas de pur sang, et c'est le cas des trotteurs, s'éloignent ou se rapprochent du type primitif dans une proportion évidemment inégale, suivant le plus ou moins de sang de leurs auteurs.

Les Américains ont su perfectionner leurs chevaux trotteurs jusqu'à arriver à leur donner une très grande vitesse, et le *Stud-*

Book spécial des trotteurs américains a toujours été tenu avec le plus grand soin.

Et c'est au moment où la plus grande attention doit être apportée pour créer le cheval utile à chaque emploi et à chaque service, en présence de la concurrence, résultant de la traction mécanique, qu'on mélange les reproducteurs de toutes les races.

Si l'Administration des haras ne donne pas toujours à chaque localité les étalons qui peuvent lui convenir, les éleveurs sont encore bien plus coupables de ne pas veiller à l'appareillement de leurs juments avec des reproducteurs bien choisis et aptes à créer des chevaux utilisables et pouvant donner le plus grand rendement, comme moteurs quel que soit le service auquel on les destine.

Nous sommes donc d'avis que la production chevaline doit revenir à de plus saines pratiques, éviter les mélanges de races quelquefois très différentes entre elles ; que les *Stud-Books* pourront la guider et lui permettre de reproduire pour chaque race les qualités si précieuses du cheval de pur sang, qui les doit aux soins qu'on prend pour choisir de bons reproducteurs, c'est-à-dire de s'inspirer de l'hérédité, du modèle et des performances. J'estime que les résultats seront meilleurs, si on s'arrête à une sélection guidée par ces trois derniers termes, plutôt qu'à des croisements qui semblent dosés comme pour une mixture. A ce sujet, l'observation de M. Gallier est parfaitement juste.

« Je dois aussi faire remarquer, poursuit M. Lavalard, que l'administration des haras, tout en portant ses efforts sur le cheval de selle, ne peut négliger, d'après les règles de sa constitution, toute la production chevaline française en général, car il ne faut pas perdre de vue, qu'en le faisant, elle concourra d'une manière certaine à la multiplication des chevaux de guerre.

« Je tiens aussi à affirmer à nouveau que l'automobilisme ne fera pas disparaître les chevaux de luxe, mais qu'il amènera une meilleure production de ces chevaux. »

Enfin, M. Jacoulet termine cette discusssion en disant :

« Sans doute, il est de bons chevaux de selle issus du trotting, mais ce n'est pas seulement parce que trotteurs, c'est — comme l'a dit M. Barrier — parce que, ayant débuté dans le trotting, ils sont trempés et conformés en chevaux de selle.

« Le dressage de la première à la deuxième adaptation ne peut être fructueux qu'à cette condition, qui assure le modèle et une certaine aptitude innée sans lesquels la selle se place mal, le cheval s'équilibre difficilement, manque d'aisance, de souplesse, de légèreté, de sûreté de pied, se blesse, etc.

« Les performances du trotting constituent donc un critérium insuffisant de sélectionnement pour les chevaux de selle, et la Normandie doit modifier peu à peu l'orientation de ses moyens de production, qui sont puissants et dignes d'encouragements.

« A ce dernier point de vue, je regrette l'expression mise en vedette par M. Cormier; sa thèse, juste au seul regard zootechnique, ne pouvait rien y gagner.

« La Normandie est un puissant pays de production chevaline qui nous a donné un bon type de demi-sang. Elle pouvait et peut encore nous le donner meilleur, c'est-à-dire mieux adapté à nos besoins; qu'elle le veuille. Mais, d'autre part, la Normandie ne saurait avoir la prétention d'être le dépôt général des reproducteurs de notre élevage national.

« Si M. Lavalard peut si légitimement regretter le remplacement de nos anciens, beaux et bons types de chevaux de transports rapides par des sortes de demi-sang décousus, ratés, c'est précisément parce que partout les haras ont répandu le demi-sang normand comme le palladium de notre production chevaline, au détriment de la sélection. »

Le demi-sang, cheval de courses plates de l'avenir. — « L'équidé, le type le plus parfait de la locomotion rapide sur la terre ferme, s'est lentement constitué depuis le tertiaire, par une série de modifications : l'évolution du type se continue de nos jours sur les sujets sélectionnés pour les courses de vitesse et entraînés méthodiquement, les métacarpes et les tarses présentant une série de modifications.

« Les deux métacarpiens rudimentaires qui accompagnent le métacarpien principal se confondent avec ce dernier, par ossification du ligament intermétacarpien : il paraît, d'après Joly, que cette ossification jadis spéciale aux vieux chevaux, se fait maintenant d'une façon précoce sur des chevaux de 7, 6, 5, 4, 3 et même 2 ans.

« En 1700, les premiers anatomistes vétérinaires décrivaient sept os au tarse, cette règle est devenue l'exception et il n'y a plus que 2 0/0 des chevaux qui ont 7 os tarsiens. Elle est particulièrement fréquente chez les sujets issus de pur sang anglais. Il est possible que l'évolution qui se continue de nos jours ait pour effet final de retirer la prééminence au cheval qui court le mieux pour laisser sa place à un type moins étroitement spécialisé. »

Tel est le résumé d'une intéressante communication qui, sous le titre de *Solipédisation des Équidés dans les temps actuels*, a posé le problème de l'avenir de la race pure et de la possibilité de son remplacement par un animal moins spécialisé.

La légèreté, l'agilité, la vitesse colossale qui caractérisent le cheval de pur sang ne sont devenues possibles qu'au prix de modifications successives, non pas seulement dans le squelette du cheval, mais en vertu des lois de corrélation et de balancement dans beaucoup d'autres parties. N'envisageons toutefois, pour simplifier le problème, que les modifications du squelette. Elles sont très sensibles. On sait que, sous l'influence de la vitesse toujours plus grande, exigée du cheval à un âge toujours plus précoce, le squelette se « solipédise » de plus en plus, surtout au niveau du canon et du tarse, et que la constitution se modifie profondément chez l'animal de course lui-même et chez ses descendants. La modification est due à ce que les hippiâtres appellent l'ostéite de fatigue : une inflammation du tissu osseux, due à la suractivité, et dont un des effets consiste en la raréfaction de ce tissu. Sous l'influence de l'ostéite de fatigue, l'os devient plus creux, plus vide; il renferme moins de tissu osseux. Pourtant il perd de sa solidité, il devient plus fragile naturellement. Et alors qu'arrive-t-il? L'exemple d'*Holocauste* est là pour le montrer : d'*Holocauste*, sur qui tant d'espérances étaient fondées, et qui s'abat sur le champ de courses, le paturon brisé, de telle sorte que, sur le terrain où la pauvre bête semblait devoir triompher quelques minutes plus tard, il a fallu l'abattre. Chez ce cheval admirablement taillé pour la course, l'ostéite de fatigue avait à tel point raréfié le tissu osseux des jambes qu'il se brisa pour ainsi dire tout seul.

Il est de toute évidence que les meilleurs chevaux de l'époque actuelle sont tous des animaux aux membres bien conformés, qui supposent une structure sinon plus solide, du moins mieux adaptée aux courses de vitesse, tels : *Flying Fox*, et ses illustres fils; puis *Prestige*, *Maintenon*, *Moulins-la-Marche*.

Il y a dans ce fait des indications précieuses à retenir : 1° pour les éleveurs qui devront choisir des animaux possédant un bon développement des membres; 2° pour les entraîneurs qui devront veiller à la conservation de l'intégrité des membres en apportant tous leurs soins à la ferrure, aux massages des membres, etc... ; 3° pour les sociétés de courses qui se verront dans l'obligation d'augmenter les distances des épreuves pour obtenir une diminution de la vitesse, cause unique de la spécialisation extrême de notre pur sang ; 4° pour ceux qui ont la charge de l'amélioration de nos races, la création de courses au galop, pour demi-sang, ce cheval devant, dans une époque plus ou moins éloignée, remplacer le cheval de courses plates actuel.

Donc la race pure porte dans son squelette les preuves d'un antagonisme très évident entre la conservation au corps d'une bonne conformation et l'acquisition, jusqu'à présent continue, d'une raréfaction du tissu osseux. Qu'adviendra-t-il de cet antagonisme? La transformation s'arrêtera-t-elle au maximum actuel, ou bien des phénomènes nouveaux viendront-ils bouleverser le développement du pur sang et le soumettre à d'autres lois? Personne ne le sait. Mais nous pouvons affirmer que, dans la voie suivie jusqu'à ce jour, le cheval de course sera obligé soit de s'arrêter, soit de choir.

Aussi peu modeste que le titre même de ce paragraphe paraîtrait quiconque aurait la prétention de posséder dès aujourd'hui les secrets de l'évolution future du thoroughbred et de prédire ses transformations à venir. Ni les documents rudimentaires de la science, ni l'imagination de ceux qui cherchent à tort dans le simple raisonnement la solution des problèmes de la nature ne nous ont encore dévoilé, ni même fait entrevoir quel sort est réservé à la race pure dans la suite des temps.

Depuis l'époque où l'hipparion a eu pour successeur l'être nouveau qui s'appelle le cheval de course, des milliers d'années se sont écoulées si nous en croyons les savants qui ont étudié les origines de l'espèce chevaline. Il est le roi de cette espèce ; sa suprématie est indiscutable, tout au moins, en ce qui a trait à la vitesse. Avant le jour lointain où, par dégénérescence terminale ou par une autre fin, sa race pourrait disparaître, un laps de temps très long s'écoulera sans doute. A cette race vieillie une race neuve succédera-t-elle? Des bouleversements dans nos mœurs viendront-ils favoriser ou troubler la marche normale de la sélection? Tout cela est possible, mais non moins douteux. Les essais de prévision que permettraient les données actuelles de la science, de plausibles aujourd'hui peuvent devenir erronés dès demain par l'intervention d'influences imprévues. Les successions des races, même dans le passé, sont des problèmes fort complexes ; sur ces sujets, les esprits prudents n'hésitent pas à mettre de grandes réserves dans leurs opinions. Les transformations de l'avenir sont encore plus obscures.

Dans le « devenir » de chaque race existent des inconnues insoupçonnées. Virtuelles aujourd'hui, elles se manifesteront peut-être bientôt, et peut-être ne se réaliseront jamais. Vite ou lentement, tout se transforme sur notre globe. Les débris d'espèces disparues dont le sol est si riche, les animaux divers dont le globe est actuellement peuplé, le cheval lui-même, avec ses modifications suivant les races et son élévation progressive dans le temps, élévation nettement entrevue par la comparaison des ossements fossiles et des squelettes modernes, prouvent ces modifications perpétuelles.

Il est, croyons-nous, fort inutile de décrire ici les procédés d'examens et de mensurations successivement inventés par les savants et les chercheurs. Il est même superflu de relater leurs résultats précis. Ces études de technique nécessitent un apprentissage tout particulier; elles sont ardues et hérissées de chiffres. De plus, elles sont faites tout au long dans des ouvrages spéciaux, français ou étrangers, où elles sont à leurs places respectives. Mais l'anatomie et la pathologie sont comme les autres sciences, derrière des descriptions techniques et des comparaisons arides; elles cachent souvent des déductions pratiques accessibles à tous les esprits. Exposer ces déductions, voilà présentement notre but.

L'atrophie des extrémités du squelette, est une cause de dangers d'ordre mécanique pour le cheval. Très réels, ils ont des manifestations nombreuses. La plus curieuse est l'ostéite de fatigue qui, se transmettant par voie de génération, peut, en s'accumulant, enlever à la race sa suprématie sur les races ou variétés qui dérivent d'elle à un degré quelconque.

Pour comprendre ce phénomène que les anatomistes nous démontreront plus exactement un jour, il faut accepter la théorie transformiste et la supposer démontrée. Le transformisme est une théorie et non pas un dogme; il peut être utile quoique faux; on peut l'accepter en totalité, on peut le nier en partie, on peut surtout le révoquer en doute quand il s'éloigne des faits constatés pour se perdre dans les hauteurs de la métaphysique. L'origine des espèces est inconnue à la science, mais leurs transformations, dans de courtes limites, se font sous nos yeux, quotidiennement. Ce transformisme-là, pour être plus lent, est aussi indéniable que celui de nos civilisations. Comme toute hypothèse, le transformisme doit être et rester, jusqu'à plus ample informé, un guide dans les études d'anatomie comparée. La vérité oblige à lui reconnaître la plus belle des qualités d'une théorie : une extraordinaire fécondité.

On peut presque affirmer aujourd'hui que les métacarpes et les tarses chez le cheval de course semblent avoir atteint, ou peu s'en faut, le plus petit volume compatible avec une bonne conformation du corps. L'appréciation est purement anatomique, seuls, les anatomistes pourront en contrôler l'exactitude.

Nous nous préoccuperons seulement ici de poser la question de savoir si la race pure pourra conserver sa supériorité sur ses voisines immédiates? Une race nouvelle ne pourrait-elle pas s'élever au-dessus du thoroughbred autant que celui-ci s'est élevé au-dessus des races communes ? Il ne paraît pas impossible de se figurer par l'imagination, l'existence dans un avenir lointain, indéterminé, d'une race supérieure à la race du cheval de pur sang qui aura dégénéré. Par meilleure adaptation aux courses de l'avenir, par sélection ou par suite des évolutions que l'on ne peut à peine ébaucher, l'apparition de ce nouveau cheval de course ne semble pas irréalisable. Nous nous en faisons une idée en supposant réalisées les courses de demi-sang galopeurs; en supposant chez les chevaux de valeur moyenne de cette race, une qualité égale à la qualité des quelques racers exceptionnels d'aujourd'hui.

Purement imaginaire, cette hypothèse est plausible après tout, car nous supposons que les pratiques de l'élevage, de l'entraînement et de l'alimentation, ne peuvent rester à tout jamais dans leur imperfection actuelle. Chaque génération d'éleveurs et de sportsmen laisse à la suivante une grande partie du fruit de son expérience et de sa culture générale. De ces héritages sans cesse grossissants l'éleveur et le sportsman hériteront.

Sachant mieux élever, mieux entraîner, mieux nourrir, ils pourront refaire avec le demi-sang adapté aux courses de l'avenir, un animal, sinon supérieur, du moins égal au cheval de pur sang actuel.

Physiologiste et sportsman avant tout, nous attachons une grande importance à l'exactitude de nos explications pour ce qui concerne la solipédisation et toutes les transformations corrélatives du thoroughbred. Elles peuvent et même elles doivent conduire à des applications que nous étudierons dans un ouvrage en ce moment en préparation.

L'intérêt pratique de ces observations sur l'avenir de la race pure n'est pas immédiat et leur pessimisme ne doit pas troubler notre quiétude. De nombreuses années, sans doute, seraient nécessaires à la dégénérescence terminale du pur sang. Pendant ce long espace de temps, beaucoup d'imprévu se produira certainement.

Ce qui peut avoir lieu d'abord, c'est que le système des courses soit modifié, une fois de plus. Les causes et le mécanisme de la simplification tarsienne étant connus, il sera possible de ne pas l'exagérer et, ce qui vaut mieux encore, il sera possible de l'atténuer par un entraînement et des épreuves bien compris.

CHAPITRE III

LA PRODUCTION DU CHEVAL DE REMONTE

Pourquoi d'abord le cheval de guerre est-il si peu en faveur et quelle est la partie de la France qui fait le plus de chevaux de remonte? La Normandie fait le cheval de commerce ou le trotteur et ne livre à la remonte que ses carrossiers manqués; la Vendée fait de même; le Midi, après avoir fait pendant longtemps le demi-sang léger, se désintéresse de plus en plus de cet élevage pour faire du pur sang anglais. Reste le Centre qui semble avoir actuellement le monopole du demi-sang léger ou galopeur. Pourquoi? — Tout simplement parce qu'il est dans de plus mauvaises conditions que la Normandie et le Midi (par le manque de débouchés notamment) pour élever autre chose. L'élevage du cheval de remonte, étant donnée la situation qui lui est faite, n'est plus qu'un pis aller.

Le cheval de remonte, en effet, est acheté au plus tôt (chevaux de tête) à trois ans et demi. A cet âge il est payé une moyenne de 1.000 francs, prix très insuffisant. Pour un cheval accepté par la Commission, beaucoup, en effet, sont refusés et vendus péniblement 500 francs aux compagnies de voitures. Pourquoi sont-ils refusés? Bien souvent pour de petites tares qui ne diminuent que très légèrement la valeur des chevaux de pur sang : or, une simple jarde fait impitoyablement refuser un demi-sang par la remonte; tous ceux qui s'occupent d'élevage savent combien il est difficile de produire des chevaux absolument nets. Au point de vue de la conformation générale, de l'attache du rein, les officiers de remonte sont aussi beaucoup plus difficiles que bien des éleveurs de pur sang.

Donc, pour pouvoir simplement joindre les deux bouts, l'éleveur du cheval de remonte qui veut nourrir ses chevaux autrement qu'avec des pommes de terre et des topinambours, a besoin de subventions autres que les prix d'achat.

Ces subventions, il appartient à l'administration des haras de les donner. Les distribue-t-elle de façon à favoriser et encourager l'élevage du cheval de guerre? C'est ce que nous allons voir.

Considérons d'abord les poulains mâles : j'ai dit que le propriétaire, sans subvention, ne pouvait élever sans y perdre, eh bien, pour les poulains mâles, les subventions n'existent pas. Un poulain castré, si réussi qu'il soit, ne peut, jusqu'au moment de sa vente, à trois ans et demi, bénéficier d'un centime; de plus il n'est pas payé à cet âge plus cher que les pouliches. Que fait donc l'éleveur? Il vend ses mâles au sevrage, évitant ainsi les risques de la castration et de l'élevage, et beaucoup, achetés par des étrangers, sont exportés.

Restent les pouliches. A deux et trois ans, celles-ci peuvent concourir pour des primes de conservation données dans chaque arrondissement par l'administration des haras. Ces primes, quoique peu importantes, seraient suffisantes comme indemnité d'élevage, mais grâce à la façon dont elles sont distribuées depuis peu, et surtout à la manière dont on songe à réglementer cette distribution, elles sont nuisibles : 1° à la remonte; 2° à l'élevage en général.

Je m'explique : le propriétaire pour toucher la prime de sa pouliche doit prendre l'engagement de la faire saillir deux années de suite par les étalons de l'État. Donc, impossibilité de la vendre à la remonte, et comme il a déjà vendu ses mâles au sevrage, il ne lui reste rien à présenter. De plus, cette mesure prise en faveur de l'élevage lui est forcément nuisible.

Voici pourquoi : je prends comme exemple un propriétaire qui, après des sacrifices coûteux ou un long sélectionnement, s'est composé un lot de dix poulinières de demi-sang de choix (ceux qui élèvent uniquement en vue de la remonte en ont rarement davantage) ; ses poulinières lui donneront en moyenne quatre ou cinq pouliches par an, au bout de quelques années, il se trouvera donc, s'il veut toucher ses primes de pouliches sans recourir à des moyens louches, à la tête d'une quantité de poulinières beaucoup trop considérable pour le genre d'élevage qu'il veut et peut faire.

Et ce nombre de poulinières ira en augmentant, à moins que le propriétaire ne se décide à vendre les mères, il le fera forcément et ce sera un tort : il est rare, en effet, qu'une jument de choix, fasse des produits qui lui soient supérieurs.

Le propriétaire sera donc obligé de vendre une bonne poulinière, encore jeune, dans des conditions souvent onéreuses, et cela pour la remplacer par une de ses filles qui ne la vaudra à aucun point de vue. La fille se serait très facilement vendue à la remonte, la mère qui vaut mieux se vendra mal, car elle sera déformée par la production et généralement sans dressage. Résultat : perte pour l'éleveur et perte pour l'élevage.

Je ne parlerai que pour en faire mention de l'obligation de faire courir au trot les pouliches primées, imposée dans les villes pourvues d'un hippodrome : cette mesure est si opposée à celle de la saillie obligatoire et par cela même si incompréhensible que je n'insisterai pas.

Et il serait si facile, il me semble, de concilier l'intérêt de la remonte et celui de l'élevage !

D'abord en ce qui concerne les pouliches : l'idée d'obliger un propriétaire à remplacer une poulinière par sa fille est très bonne dans le cas où la fille vaudrait mieux que la mère, mais pourquoi généraliser et forcer aussi le propriétaire à remplacer une bonne jument par une plus mauvaise? Pourquoi donc ne pas prendre dans cette mesure ce qu'elle a de bon et l'appliquer ainsi :

Le propriétaire sera tenu de présenter au concours des pouliches de trois ans les juments mères des dites pouliches, et la saillie ne sera obligatoire pour la pouliche primée que si elle est reconnue supérieure à sa mère conservée comme poulinière chez le même propriétaire.

Ce système ne serait peut être pas encore parfait, mais en l'appliquant il se produirait une amélioration à tous les degrés de l'échelle.

Passons maintenant aux poulains mâles : pour encourager l'éleveur à les garder pour la remonte, ne pourrait-on, comme cela se faisait autrefois, et se fait même encore dans certains départements, leur distribuer à deux et trois ans des primes comme aux pouliches ?

Et si les fonds manquent aux haras, les remontes ne pourraient-elles distribuer de cette façon une partie du crédit de 1.200.000 francs voté ces dernières années? L'obligation de présenter à trois ans et demi à la remonte le poulain primé serait la conséquence de la prime.

Enfin, sans vouloir de parti-pris critiquer l'administration des haras, on est bien obligé de reconnaître, qu'elle ne possède pas un assez grand choix d'étalons destinés à faire du cheval de remonte.

Elle emploie une grosse part de ses crédits à payer 125, 150, 160 000 francs des chevaux comme *Ragotsky*, *Clamart*, *Bérenger*, *Frontier*, *Fourire*, *Rataplan*, qui ne sont utiles qu'à l'élevage du cheval de course, qu'elle n'a pas pour mission de subventionner. Au lieu de payer très cher des cracks célèbres, elle ferait mieux d'acheter un plus grand nombre d'étalons de croisement, des étalons de trois quarts-sang, bâtis en chevaux de selle destinés à fournir des chevaux de tête de cavalerie de ligne et de réserve, et surtout des pur sang anglo-arabes qui réussissent parfaitement pour la production du cheval de légère et même de ligne. Ces chevaux payés de 15 à 20.000 francs rempliraient toutes les conditions de conformation voulues et amélioreraient sur une grande échelle, parce qu'ils seraient plus nombreux, la production du cheval de guerre.

Il manque, paraît-il, 130.000 chevaux à notre cavalerie : encouragez donc les éleveurs à produire ce genre de cheval, mettez-les surtout à même de le produire sans y perdre et sa production augmentera. Sinon, l'exemple du Midi et de la Normandie sera suivi de plus en plus, toutes les régions abandonneront à leur tour le demi-sang léger pour s'orienter vers un autre genre de production.

Le cheval de troupe en France, en Allemagne et en Angleterre. — On a tellement discuté sur la condition du cheval de remonte, on a si souvent réclamé en sa faveur, que je crois intéressant de faire connaître en quelques mots, dans l'exposé qui va suivre, la situation respective de la cavalerie dans trois des plus grands pays d'élevage, au point de vue du cheval d'armes, le seul auquel je puisse ici me placer. L'armée anglaise n'a sans doute pas la même importance que celles des deux autres puissances, mais, en matière de cheval, il est bien difficile de ne pas parler de l'Angleterre, qui a sous ce rapport le droit indiscuté d'être placée au premier rang.

En ce qui concerne le nombre, la population chevaline est à peu près la même dans les trois pays : trois millions de têtes environ, mais il n'est pas besoin d'ajouter que l'Angleterre est loin de posséder une cavalerie aussi nombreuse que celle de la France ou de l'Allemagne. La proportion du nombre des chevaux par rapport aux hommes est toutefois la même, soit d'un cheval par cinq hommes. Les armées allemande et française comprennent chacune sur le pied de guerre 2.500.000 hommes ; elles doivent employer 500.000 chevaux, soit le sixième de leur population chevaline. Comme on le sait, il est pourvu à cette lourde exigence par un système de conscription analogue à celui qu'on emploie pour les hommes; seulement, tandis que l'homme n'est pour ainsi dire pas payé, le propriétaire du cheval reçoit une indemnité très appréciable, à laquelle il a du reste tous les droits. Il est vrai qu'elle est presque toujours très inférieure à la valeur de l'animal qu'on lui prend.

Cette immense quantité de chevaux n'est pas, cela va sans dire, destinée à la seule cavalerie ; l'artillerie et le service des transports en emploient même la plus grande partie. Mais il n'en faut pas moins, en dehors du service des états-majors, de celui des officiers d'infanterie montés et enfin des réserves, 100.000 chevaux en chiffres ronds pour la cavalerie seule, dont l'effectif est à peu près le même en France qu'en Allemagne. La première possède un nombre un peu moins élevé de régiments actifs, mais sa réserve est plus importante, de telle sorte qu'il y a dans les deux armées un nombre égal de chevaux, à peu de chose près. Pour l'Angleterre, avec ses deux corps d'armée et ses six régiments de la Garde, 32.000 chevaux suffisent en temps de paix ; sur ce nombre 5.000 sont affectés à la Garde seule. Ce chiffre serait un peu plus que doublé sur le pied de guerre. Il existe dans les trois armées une réserve permanente de chevaux de troupe, qui est laissée dans les dépôts des corps.

En France aussi bien qu'en Allemagne, les chevaux ne font leur service de campagne qu'à partir de six ans, et chaque cheval est soumis à un dressage et à un entraînement de deux années avant d'être envoyé à l'escadron. Il a été reconnu qu'un animal plus jeune est incapable de résister aux fatigues d'une campagne, et que deux ans de dressage préparatoire sont indispensables pour que le cheval connaisse bien son métier. Cette durée de la période préparatoire est devenue d'autant plus nécessaire, que la réduction à deux ans du service militaire rend bien difficile l'instruction complète de l'homme appelé à le monter. Il est en effet à peu près impossible de former un bon cavalier en deux années, ou plus exactement en vingt-deux mois, et le cheval est chargé de compléter ce que l'instructeur n'a pas eu le temps de faire. En Angleterre, où la durée du service est de huit ans, on a estimé inutile de consacrer autant de temps au dressage ; mais il est peut-être imprudent de compter sur le tact des hommes pour monter sagement des chevaux trop jeunes, et au lieu d'admettre à l'escadron, comme on le fait, des animaux âgés de moins de cinq ans, il serait plus rationnel d'adopter le minimum d'âge que les deux autres pays ont fixé.

Le dressage parfait du cheval de troupe est indispensable à tous les points de vue. Une charge ne saurait avoir d'effet utile que si elle est faite bien en ligne, l'action devant être simultanée pour que le choc et surtout l'effet moral aient toute leur puissance. On n'y réussira qu'avec des animaux ayant bien l'habitude du rang et tous « du même pied ». Pour le service d'éclaireurs, les chevaux doivent être en état de passer partout sans hésiter, sans presque que l'homme qui les monte ait besoin de les soutenir, et sans se laisser effrayer par rien. Deux années suffisent donc à peine pour que l'éducation du cheval de troupe soit vraiment complète.

Ce n'est pas tout. Un animal admirablement dressé ne sera qu'un mauvais serviteur s'il ne possède pas l'endurance qui lui permettra de supporter, en portant un gros poids, les exigences du service pénible qu'on lui demandera en campagne. Plus que l'homme encore, le cheval est mis à réquisition, c'est à lui surtout qu'on demande le plus fréquemment des efforts anormaux. Régulièrement un animal doit pouvoir faire de 130 à 140 kilomètres en trois étapes consécutives sans en être éprouvé ; mais la cavalerie n'est plus guère appelée à agir souvent par grandes masses, et le service d'éclaireurs ou d'estafettes exige un effort beaucoup plus considérable. Il n'est pas rare alors qu'un cheval ait à parcourir 90 et même 100 kilomètres en vingt-quatre heures.

Ainsi s'expliquent ces expériences faites fréquemment, en ces dernières années surtout, ces courses à très longs parcours qui ont pour but d'établir le degré de résistance des forces du cheval. Épreuves cruelles, sans doute, et impossibles à généraliser ; mais les indications qu'elles fournissent, font connaître ce qu'il est permis à un moment donné d'exiger d'un animal sans atteindre la limite extrême de ses forces. Elles établissent également que l'effort normal qu'on est en droit de demander à un cheval est plus grand qu'on ne le croit généralement. Elles ont donc une raison d'être indiscutable, comme l'ont pour l'homme, à un degré moindre il est vrai, les courses à pied de six jours consécutifs dont le gros public ne comprend guère le véritable but et qui, si populaires en Angleterre, ne provoqueraient en France aucun intérêt.

Seulement, on n'aurait jamais dû oublier ce principe fondamental : à la fin de la marche la plus longue, de l'entreprise la plus pénible, le cheval doit, comme l'homme, posséder une certaine réserve de forces lui permettant au besoin de se rendre encore utile. En d'autres termes, il ne faut jamais atteindre l'extrême limite de ses moyens, et c'est pour cette raison que dans ces courses à longue distance, l'état à l'arrivée, du cheval et du cavalier, doit être pris en considération pour la répartition des récompenses.

J'examinerai maintenant la condition du cheval de troupe dans les trois pays dont je m'occupe ; on pourra ainsi juger de son aptitude à faire, sans fatigue exagérée, le service qu'on en attend.

Je viens de dire qu'il était indispensable de ne jamais atteindre les limites des forces d'un cheval ; j'examinerai aujourd'hui si l'on fait bien tout ce qu'il faut pour observer ce principe fondamental.

La charge qu'on lui fait porter est-elle, en premier lieu, rationnelle et en proportion normale avec sa force de résistance? Les tableaux comparatifs qui suivent nous édifieront à ce sujet. Ils donnent, pour les différentes armes, les poids portés par les chevaux de troupe dans les trois pays. Les voici :

EN FRANCE

Cavalerie légère (hussards et chasseurs)........	114 kilogrammes
Cavalerie de ligne (dragons)..................	117 —
Cavalerie de réserve (cuirassiers).............	136 —

EN ALLEMAGNE

Cavalerie légère..............................	118 kilogrammes
Grosse cavalerie..............................	140 —

EN ANGLETERRE

Cavalerie légère..............................	127 kilogrammes
Grosse cavalerie..............................	138 —

Il est presque incroyable que le poids que l'on fait porter aujourd'hui aux chevaux de grosse cavalerie soit inférieur de 25 kilogrammes seulement à celui qu'avaient à porter les chevaux du moyen âge, au temps des hommes bardés de fer et de lourdes armures. Sous ce rapport, les États-Unis et la Belgique, qui ne possèdent pas, il est vrai, de grosse cavalerie, ont un avantage sensible : on y a réduit le poids à 95 kilogrammes et on s'applique à le diminuer encore. En Amérique, l'expérience acquise pendant la guerre de sécession a été concluante; en Belgique, la taille moyenne des hommes est relativement petite et on a allégé l'équipement autant que cela a été possible.

C'est ce qu'on n'a pas fait en France, pas plus, d'ailleurs, qu'en Allemagne ou en Angleterre. Il est probable qu'on s'en est préoccupé, mais jusqu'ici on en est resté à la théorie, car dans la pratique on ne s'aperçoit guère qu'on se soit appliqué à calculer le poids, suivant les aptitudes et la force du cheval qui doit le porter.

En effet, en prenant le détail de la charge qu'on impose au cheval de troupe, on arrive à la moyenne suivante :

Homme	67	kilogrammes
Selle complète	22	—
Paquetage, armes et munitions	17	—
Effets de rechange et de campement	20	—
TOTAL	126	kilogrammes

Soit un minimum moyen de 126 kilogrammes; il est évident, en effet, que le poids moyen d'un dragon ou d'un cuirassier est sensiblement supérieur à 67 kilogrammes.

D'autre part, il est reconnu par les vétérinaires et les zootechniciens compétents que le poids de l'animal fournit des indications précises, sur celui qu'il est susceptible de porter, le travail qui lui sera demandé étant un second facteur essentiel de ce calcul. Or, un animal qui doit marcher avec sa charge pendant des heures et des journées entières, plusieurs semaines de suite, ne peut pas porter normalement plus du cinquième de son propre poids.

Le poids moyen d'un cheval de troupe étant de 460 kilogrammes, sa charge doit être limitée à 95 ou 96 kilogrammes. Admettons même qu'elle soit portée à 100 kilogrammes, puisqu'il serait impossible de réduire le poids actuel de l'équipement. On voit que nous sommes loin encore du poids réel indiqué plus haut.

Il serait peu pratique, ce serait même une imprudence de compter sur des voitures pour alléger le poids, car trop souvent les convois sont incapables de suivre les troupes. Il est, d'un autre côté, évident par ce qui précède que les chevaux ont une charge trop forte à porter, pour pouvoir la porter rapidement pendant longtemps. Cette charge ne pouvant être diminuée d'une manière appréciable, quel est le remède qui permettra de sortir de ce cercle vicieux?

C'est ici que la question de sélection s'impose, c'est-à-dire celle de l'origine et de l'élevage.

Il est assez difficile de comparer d'une manière un peu précise le degré de résistance des chevaux de troupe dans les trois pays dont je m'occupe. En Angleterre, on n'a guère, pour apprécier l'endurance actuelle des chevaux en campagne, que la marche de la cavalerie sur le Caire, après la bataille de Tel-el-Kebir; ils ont fait alors tout ce qu'on leur a demandé, mais on conviendra que cela se réduisait à peu de chose.

Il est certain que, pendant la guerre de 1870, la cavalerie allemande a montré plus de résistance que la nôtre, mais elle se trouvait dans de tout autres conditions. En outre, depuis vingt-six ans de grands progrès ont été réalisés en France. Si, après les manœuvres d'automne, les chevaux allemands conservent leur condition, on peut en dire autant des nôtres, qui seraient certainement plus résistants qu'eux, si les manœuvres duraient plus longtemps. Il n'y a guère qu'un seul avantage que nous puissions envier aux Allemands : l'absence de blessures ou d'excoriations sur le dos, qui est due à l'adoption d'une selle meilleure que la nôtre. En outre, si leur nourriture était plus substantielle, si leurs écuries habituelles étaient mieux aménagées, la supériorité absolue de nos chevaux deviendrait incontestable.

Pour la charge, où la masse la plus pesante aura toujours un avantage décisif, aussi bien que pour l'endurance et la force qui permettra à l'animal de porter le poids, les chevaux vigoureux, étoffés et bien membrés devront être recherchés et c'est ici que la question d'origine importe avant tout.

Les chevaux forts et lourds ne possèdent en effet aucune endurance réelle s'ils n'ont pas une certaine dose de sang. Un animal commun, pesant, n'aura jamais une charpente aussi résistante qu'un cheval bien né et bien élevé, auquel le sang aura donné plus d'influx nerveux, plus de volonté et d'énergie cérébrale, en un mot plus de cette puissance mystérieuse d'où dépendent le courage et l'endurance. Une alimentation substantielle permettra de conserver et de développer ces qualités, une fois acquises.

Les caractéristiques des chevaux anglais, allemands et français peuvent se résumer en quelques mots. Le cheval anglais est, bien entendu, au moins d'aussi bonne origine que le cheval allemand, il a autant de sang que lui, mais il est en général d'un tempérament plus vigoureux et il a plus de substance. Il rendra par suite les mêmes services dans les marches et à la manœuvre, mais en campagne et dans la charge son action sera plus efficace. Le cheval français de grosse cavalerie ne possède pas autant de sang que le cheval allemand, mais celui de dragons et de légère en a au moins tout autant, ses membres sont meilleurs, et la lymphe est beaucoup moins développée chez lui. Nous n'avons donc qu'à continuer ce que nous avons fait depuis vingt-cinq ans, mais à la condition de lui donner, autant que cela est possible, une conformation pour la selle et d'exiger une alimentation substantielle dès le jeune âge. Quant au sang, nous en possédons maintenant à une dose presque suffisante.

Les chevaux de notre cavalerie peuvent donc dans leur ensemble soutenir avec avantage la comparaison avec ceux des deux autres pays comme qualité et comme quantité; ils ont encore à gagner en conformation. C'est à l'action de l'administration des haras qu'est due notre bonne situation relative actuelle ; c'est à elle qu'il appartient de nous la conserver et de l'améliorer encore, en maintenant l'élevage dans la voie où elle a pour mission de le diriger. A cet égard, le passé peut nous répondre de l'avenir.

Pour cela, et pour assurer encore les progrès nécessaires, elle doit s'inquiéter un peu moins des courses qui peuvent fort bien aujourd'hui se passer de son aide, et un peu plus du cheval de service dont certains politiciens cherchent constamment à détourner son attention.

CHAPITRE IV

LE CHEVAL ET L'AUTOMOBILE

Que de fois à propos de la comparaison de ces deux moteurs, n'a-t-on pas répété : *Ceci tuera cela*. A plusieurs reprises, nous avons protesté dans la presse spéciale contre les cris de « mort au cheval » et nous pensons que l'automobile et le cheval subsisteront selon les goûts, les habitudes, la fortune ou les besoins de ceux qui les utilisent. M. Baron soutenait l'an dernier cette thèse au cours d'une conférence dont je vais citer les principaux passages :

« Bien des gens riches se débarrassent de leurs attelages pour acheter des automobiles. A ce propos, laissez-moi vous citer un fait qui s'est passé il y a quelques années dans une des plus grosses maisons de Paris, le *Bon Marché*. L'administration, se trouvant dans la nécessité de procéder à un nouvel aménagement des écuries et remises, se demande, naturellement, s'il ne conviendrait pas de supprimer sa cavalerie et de la remplacer par des moteurs mécaniques. Notez que l'automobile, pour une maison de commerce, présente le sérieux avantage de produire bon effet, et qu'elle constitue une sorte de réclame qui n'est pas à dédaigner. Au sein du conseil d'administration, le directeur de la cavalerie fit valoir, en faveur de la traction animale, des arguments que je ne puis mieux faire que de vous résumer.

« L'automobile est en voie de progrès, elle tend vers la perfection, mais en achetant aujourd'hui une voiture, ne risquons-nous pas d'être bientôt au-dessous du progrès et d'avoir ainsi une voiture démodée qui constituerait une réclame mauvaise? Cet argument sera bon, tant que l'automobile ne fera que tendre vers la perfection, vers une asymptote, comme disent les géomètres. Autre inconvénient, quand un moteur animal est détérioré, il suffit, pour utiliser le véhicule, de changer le moteur; de même si c'est le véhicule qui ne peut servir, il suffit de le remplacer pour rendre le moteur utilisable. C'est là une opération facile. Rien de semblable pour l'automobile, le moteur n'a pas la même indépendance vis-à-vis de la voiture et réciproquement, le démontage en est délicat et si, à la rigueur, ils peuvent donner lieu à de nouveaux arrangements mécaniques, il n'en est pas moins vrai que leur séparation n'est jamais sans causer d'ennuis à leur propriétaire.

« Ces raisonnements parurent convaincants aux administrateurs du *Bon Marché*, qui ont acheté de nouveaux terrains, construit des bâtiments et refait leur cavalerie. Leurs installations ont été assurément plus importantes et plus coûteuses que s'ils avaient édifié simplement des garages pour automobiles.

« Vous me direz que le *Bon Marché* a peut-être eu tort. Mais je vais vous citer un second exemple qui me sera fourni par une autre grande maison de Paris, la maison Potin qui, elle aussi, a une cavalerie nombreuse.

« La même chose s'est produite que pour le *Bon Marché* et de façon plus topique encore :

« Le directeur de la cavalerie, que je connais, me dit un jour que la maison avait été sur le point de prendre l'automobile, mais quand on consulta M. Potin lui-même, il se déclara opposé à une telle mesure.

« — Mais, lui dit-on, vous avez bien vous-même une automobile?

« — Parfaitement, mais pour mon agrément personnel et comme passe-temps sportif, mais je n'en veux à aucun prix dans ma maison.

« Le côté réclame de l'automobile ne le séduisait pas.

« Sont-ce de simples contingences et casualités, ou bien des faits que je vous ai cités, devons-nous tirer des conclusions plus générales?

« Pour répondre à cette question, il faut envisager la tranformabilité presque absolue du cheval au sujet de laquelle j'aurais pu vous dire encore d'autres choses intéressantes. Le cheval est transformable par la zootechnie, par la sélection. Quel exemple plus frappant que le cheval de course? On peut demander au cheval des services, lui trouver des emplois que l'automobile serait incapable de remplir.

« Revenons donc à notre loi économique et prenons le cas où

il y aura des disparitions. Mettons qu'un jour viendra où il y aura moins de chevaux et partant moins de vétérinaires et plus d'ingénieurs. Quels seront les chevaux qui disparaîtront les premiers ? Pour moi, je suis convaincu que ce seront les chevaux les moins solvables ; vous savez quel sens je donne à ce terme. Vous me direz avec quelque apparence de raison que c'est dans les grands quartiers que les affaires des vétérinaires diminuent. Eh bien ! je crois que c'est là un phénomène passager. Bien des gens qui ont de beaux attelages voudront les conserver, d'autres qui s'en sont défaits en acquerront d'autres, quand l'automobile aura tellement baissé de prix qu'ils pourront, sans dépenser davantage avoir deux modes de traction. On s'est emballé, il y a tout lieu de croire que l'on reviendra à une plus juste appréciation des choses, et que le beau cheval, c'est-à-dire le cheval le plus solvable, subsistera. C'est ma fameuse loi de l'optimum.

« Incontestablement, l'automobile usurpera certains services, mais il en laissera au cheval. Ce sera le partage de l'empire d'Alexandre. Et puis, si je voulais faire ici la psychologie comparée de l'homme de cheval et du conducteur d'automobile, je trouverais que celui-ci est surtout animé par le désir de la vitesse et que celui-là éprouve le plaisir de monter ou conduire un être vivant que l'on sent animé à côté de soi.

« Il y a une foule de services rendus actuellement par le cheval et qu'on ne pourra jamais lui disputer. Le cheval a son domaine dont on ne le délogera pas, comme lui-même n'a pas chassé l'âne du sien. Il est enfin un domaine inviolable pour le cheval : ce sont les courses ; jamais, en effet, on ne pourra instituer de paris dans des courses d'automobiles. C'est une psychologie trop différente.

« Je reviens de Châlons-sur-Marne, où j'ai vu un vétérinaire qui m'a fait des confidences au sujet de l'utilisation possible de l'automobile par les vétérinaires. Vinsot, de Chartres, me rappelait de son côté, ce que disait souvent mon père : « Si je n'étais pas vétérinaire, j'aurais inventé un système de traction mécanique. » Il n'aurait peut-être plus les mêmes scrupules aujourd'hui. C'est qu'en effet, la chose semblerait moins bizarre. Les paysans ont compris que l'essentiel était d'arriver vite pour sauver l'animal (je ne veux pas dire qu'on le sauve toujours). Vous connaissez la psychologie du client qui attend le médecin ou le vétérinaire ; il s'impatiente, se demande pourquoi il tarde tant à venir.... s'il arrive aussitôt, il est satisfait. Je me range de l'avis de Vinsot : non seulement nous ne sommes pas opposés à l'automobile, mais nous reconnaissons les services qu'il peut rendre.

« Ma conclusion sera que, malgré la baisse constatée par vos registres, et bien que cette baisse se produise actuellement plutôt dans les grandes villes et dans les grands quartiers, les chevaux qui disparaîtront le plus rapidement seront les chevaux les moins solvables et que les personnes auxquelles leurs ressources permettent d'avoir de beaux attelages tiendront soit à les conserver, soit à en acquérir.

« Il y aura une réaction. Laissez-moi finir par une pointe finale qui constituera le couronnement de ma pyramide. Chaque jour l'automobilisme fait les progrès que nous pouvons constater; sur les routes autrefois parcourues par les diligences, les vieilles auberges rouvriront leurs portes. Qu'on aille vite ou qu'on aille lentement, on aime à se reposer de temps à autre. Des sortes de relais s'établiront où les voyageurs trouveront, outre le vivre et le couvert, des ateliers de réparations mécaniques. Pourquoi n'y trouveraient-ils pas aussi le cheval qui pourra aller chercher sur la route et remorquer l'automobile en panne??? »

Il n'est pas douteux que le cheval ait été atteint en tant qu'animal de service par l'automobile, ainsi que comme animal de luxe, comme instrument de sport.

On constate cependant des symptômes de réaction qu'il serait bon d'exploiter. Un des sports qui avaient fait le plus de mal au cheval, la bicyclette, a été tué par l'automobile au moins dans un certain milieu. Il n'est plus « chic » d'enfourcher une bécane; c'est devenu et ça restera un mode de locomotion, mais qui est par trop à la portée de tout le monde aujourd'hui. Et puis, à Paris surtout, et dans tous les environs de tous les grands centres, il est sinon dangereux, du moins désagréable de pédaler. A chaque instant, une 24 ou une 40 chevaux, cornant avec furie, fond sur le malheureux promeneur à une allure variant de 50 à 75 à l'heure, lui laissant bien juste le temps de grimper sur les bas-côtés de gazon — au risque d'une culbute si le sol est glissant — et l'enveloppant d'un nuage de poussière dont il sort saupoudré de la tête aux pieds. Les femmes particulièrement ont dû renoncer à des promenades qui n'étaient pas sans charmes, naguère.

Peut-être en sera-t-il un jour de l'automobile comme de la bicyclette ; c'est le seul espoir que puissent conserver les éleveurs.

Mais à l'heure actuelle, les chauffeurs ne prennent pas encore l'auto comme un simple moyen de transport, ils ne sont pas encore blasés sur la saveur des vastes randonnées où l'on brûle le paysage sans avoir le temps de s'en pénétrer ; on croit faire du sport en se ruant à la conquête de la route à une allure dangereuse pour les piétons et pour soi-même. A mon sens, le conducteur d'une machine puissante peut prétendre, avec raison, qu'il fait du sport. Une certaine habileté et un grand sang-froid sont nécessaires pour maîtriser le monstre à pétrole, une tension d'esprit toute spéciale pour scruter le ruban blanc qui se dévide devant vous et qui parfois s'enroule dans un lacet perfide. Mais le monsieur, moelleusement enfoui dans les coussins de sa limousine, à moins qu'il n'éprouve une certaine défiance en l'habileté ou en la sagesse de son automédon, auquel cas sa promenade tourne au supplice, ne peut ressentir aucune sensation bien sportive à se faire véhiculer ainsi.

On peut donc escompter la lassitude, non parce qu'on se servira moins des autos, au contraire, mais parce que l'emploi s'en sera répandu, qu'ils seront devenus une nécessité de l'existence, et n'en seront plus un des passe-temps.

Ce moment, qu'il faut souhaiter prochain, n'est pas encore venu, et cependant on monte un peu plus à cheval dans les manèges qu'on ne le faisait il y a quelques années. C'est d'un bon augure, car ce sont les jeunes générations qu'il faut façonner au goût du cheval. Le vote de la loi de deux ans et les nouvelles circulaires ministérielles qui donnent aux conscrits une certaine latitude dans le choix de leur arme accentueront sans doute cette reprise de l'équitation.

Pourquoi le cheval disparaîtrait-il, lui qui a résisté à une poussée infiniment plus sérieuse, celle des chemins de fer, à leur début ? Je ne parle pas des chemins de fer actuels, ils se démodent de plus en plus et le public s'en éloigne à cause des ennuis qu'ils suscitent.

Voyez d'autre part à quelle altitude est monté le prix des chevaux de toutes catégories et combien l'éleveur s'applique à l'amélioration des races, parce qu'il est sûr d'en tirer un plus grand profit qu'avant que la concurrence des moteurs mécaniques vînt effrayer les timorés.

Examinons, maintenant, la question au point de vue du cheval de guerre.

Trouverons-nous, au jour de la mobilisation, les chevaux dont nous aurons besoin? Telle est la question qui depuis longtemps préoccupe nombre de bons esprits ; mais aujourd'hui, le problème se complique par suite du développement de l'automobilisme.

Certes, rien n'est plus ridicule que de vouloir entraver la marche d'une industrie appelée peut-être à prendre une extension considérable ; mais, d'autre part, rien n'est plus rationnel que de s'inquiéter à l'avance des modifications qui peuvent en résulter.

Il ne s'agit donc pas ici de prêcher une croisade contre l'automobilisme, mais de rechercher les influences néfastes que peut avoir cette invention nouvelle sur la valeur de nos chevaux et de nos cavaliers.

L'organisation de notre armée, tant de première ligne que de seconde ligne, a été conçue selon un certain idéal qui ne peut évidemment être entièrement atteint, mais qu'il est bon de considérer.

Le rôle du cheval dans les armées a de tout temps été considérable. Non seulement il est indispensable à la cavalerie, au train des équipages, aux états-majors, mais l'importance chaque jour croissante de l'artillerie lui réserve un rôle décisif à jouer sur le théâtre de la guerre. Sans le cheval, pas d'armée.

Quant aux chevaux de réquisition et aux réservistes, ils ne sont immédiatement utilisables que dans une très faible proportion, qui constitue un véritable danger en cas de guerre.

Telle est la situation actuelle, bien éloignée de l'idéal.

Loin de s'améliorer, l'état de choses dont nous souffrons ne peut que s'aggraver encore du fait de l'automobilisme. Si cette invention, malgré le prix considérablement élevé des machines automobiles, doit prendre l'extension que certains de ses adeptes se plaisent à lui prédire, elle peut avoir, au point de vue de la défense nationale, les plus funestes conséquences. Il convient de les envisager sans parti pris, mais avec la plus scrupuleuse attention, car il y va de la force de notre armée.

Quelle sera donc l'influence de l'automobilisme sur les ressources en chevaux, tant de réquisition que de troupe et sur la valeur des cavaliers de l'armée active, de la réserve et de la territoriale ?

Parmi les chevaux réservistes, le nombre de chevaux de luxe diminuera sensiblement, du moins en ce qui concerne les chevaux de voiture. En effet, la plupart des voitures automobiles qui circulent à l'heure actuelle dans Paris, sont des voitures de luxe qui représentent peut-être chacune la suppression de deux chevaux.

Les chevaux de voiture de cette catégorie seraient donc appelés à disparaître en partie. Quant aux chevaux de selle, de course et de chasse, il est évident que la nouvelle invention n'aura que peu d'influence sur leur marche, mais il ne faut pas oublier que ces animaux ne représentent qu'une infime partie des chevaux de luxe, si les chevaux de voitures venaient à disparaître, la catégorie des chevaux de luxe ne serait plus qu'une bien faible ressource pour les effectifs de l'armée.

Mais c'est dans les rangs des chevaux de commerce que l'automobilisme s'apprête à exercer ses ravages, chevaux de tramways, d'omnibus, de voitures de livraisons sont déjà fortement diminués du fait des véhicules à traction mécanique. En outre nous sommes menacés à présent de fiacres automobiles qui peut-être, la mode aidant, feront disparaître les fiacres attelés de chevaux, sans aucun avantage pratique, puisque l'autorité supérieure limite leur allure dans Paris à une vitesse qui est égalée et dépassée bien souvent par la plupart des chevaux de fiacre et que, d'autre part, le prix élevé de ces voitures ne permettra par d'abaisser le tarif des transports. Ici chaque automobile équivaut à la suppression certaine de trois chevaux. Or, je crois avoir prouvé que, parmi tous les chevaux de réquisition, la catégorie dont on devait attendre le plus de services en temps de guerre était précisément la catégorie des chevaux de commerce. Et c'est celle-là justement que, dans sa marche inconsciente, l'automobilisme s'acharne à détruire! Le danger est réel et immense.

L'automobilisme aura une répercussion moins sensible sur la production du cheval de ferme, parce que, pour le moment du moins, les travaux agricoles se font encore en France avec le concours des chevaux et que si le machinisme a fait de grands progrès en agriculture, le moteur de ces machines est le plus souvent le cheval.

Toutefois le nombre des chevaux diminuera fatalement dans les campagnes, parce que les débouchés manqueront aux éleveurs par suite de la suppression presque complète de l'emploi du cheval dans les villes. La remonte sera presque le seul acquéreur de chevaux. Et voilà du même coup le cheval de troupe atteint par l'invention nouvelle, car il est clair que, si les commissions d'achat prennent la même quantité d'animaux, bien qu'on leur en présente dix fois moins, il n'y aura plus de sélection possible et force sera d'acheter des animaux que, dans l'état de choses actuel, elles refuseraient impitoyablement.

Ce n'est pas seulement sur le cheval que l'automobilisme aura une influence néfaste, mais encore sur le cavalier. Tout d'abord, les recrues seront bien plus nombreuses encore, qui, avant leur arrivée au corps, n'auront jamais été en contact avec le cheval, même pas pour le soigner ; de telle sorte que si actuellement le service de deux ans est à peine suffisant pour faire un cavalier, il ne le sera plus pour apprendre ce que c'est qu'un cheval aux véritables fantassins que recevront alors les régiments de cavalerie et d'artillerie. Mais le préjudice causé à l'armée active n'est rien, si on le compare à l'atteinte portée à la valeur des réserves.

En effet, si actuellement les nombreux emplois de cochers, palefreniers, piqueurs, etc... permettent à beaucoup de cavaliers libérés de rester en contact avec le cheval au régiment en qualité de réservistes ou de territoriaux, la suppression de ces mêmes emplois et leur remplacement par des places de chauffeurs ne donneront plus à ces mêmes hommes la possibilité de rester cavaliers dans la vie civile; l'armée de seconde ligne ne comptera plus, le jour de la mobilisation, ni cavaliers, ni artilleurs. Et le plus triste, c'est qu'il n'y aura pas, dans ce cas transformation d'hommes nécessaires en hommes utiles, comme a fait, par exemple, la bicyclette qui a supprimé quelques cavaliers médiocres, et qui, en revanche, a produit de robustes bicyclistes et de solides fantassins ; non l'automobilisme aura pris des cavaliers pour en faire des êtres inaptes à la guerre, parce que l'automobilisme est absolument l'inverse d'un sport.

CHAPITRE V

CONCOURS HIPPIQUES. — ACHATS D'ÉTALONS EXPORTATIONS ET IMPORTATIONS

Les concours hippiques. — Il existe une société, puissante par l'argent dont elle dispose, sous le nom de société hippique française pour l'encouragement des chevaux de service, et qui, chaque année, organise, sur divers points de la France, des concours de circonscription, couronnés par un concours général à Paris.

Cette société, instituée sur les bases les plus pratiques. rend de véritables services à la production. Ses concours sont des marchés auxquels les épreuves de toutes sortes qu'y subissent les chevaux exposés, eu égard aux diverses spécialités de service, donnent un grand attrait. Le public élégant s'y rend avec empressement et paie des droits d'entrée qui mettent à la disposition de la société des ressources considérables.

On ne saurait être trop élogieux pour l'initiative prise par ses fondateurs et surtout pour l'esprit pratique dont ils ont fait preuve dans son organisation. Ils ont surtout suivi l'exemple donné depuis longtemps par la Société royale d'Agriculture d'Angleterre, mais il ne leur en a pas moins fallu pour arriver au succès légitime qu'ils ont heureusement atteint, déployer une activité éclairée et inspirée par le sentiment de l'intérêt public.

Elle admet des chevaux de tout âge et de toute provenance, en les faisant concourir chacun dans la catégorie de service pour laquelle il a été déclaré. Elle ouvre des catégories selon les aptitudes admises par le commerce et fondées, soit sur les nécessités réelles, soit sur la mode actuelle. Ces aptitudes sont, comme on sait, principalement déterminées par la taille. Elle n'a pas, dans ses concours, d'autre parti pris que celui de mettre en lumière les sujets les plus aptes pour le service auquel ils doivent être employés, sans se préoccuper en aucune façon des questions de race. Elle est donc dans la voie la plus pratique.

Nous n'insisterons pas sur les concours hippiques français que tout le monde connaît. Nous examinerons les réunions du même genre en Amérique généralement moins connues.

Concours hippiques en Amérique. — Tout comme en Angleterre, les sociétés qui organisent ces expositions qui correspondent à nos concours hippiques, sont essentiellement privées, ne disposent d'aucun monopole, d'aucun appui gouvernemental ou municipal. Elles n'en sont ni moins puissantes, ni moins utiles, ni surtout moins progressistes.

L'État ne distribue aux particuliers aucune prime d'encouragement, ni pour les étalons, ni pour les poulinières. Il n'exerce même, ce qui est très fâcheux, aucun contrôle sur ces reproducteurs. Les sociétés particulières font donc, dans leurs concours, une place importante à ces deux catégories qui sont exclues de ceux de la Société hippique française réservés aux animaux de service.

Cela seul suffirait à différencier notablement les horse shows américains des concours hippiques français. Chez nous ces réunions se recommandent davantage par leur allure mondaine et élégante que par leur fond. Il en est tout autrement là-bas.

Ce n'est pas que les horse shows soient moins suivis et par un public moins select. Mais c'est que les gens qui s'y rendent n'y vont pas pour papoter et parader, mais pour voir exhiber ou acheter des chevaux.

Les concours réunissent de nombreux concurrents, appartenant aux catégories les plus variées. Les conditions des épreuves établies avec soin correspondent scrupuleusement aux exigences des différentes classes. Peut-être pourrait-on dans une certaine mesure s'en inspirer chez nous. Nous allons sommairement en donner une idée.

Animaux reproducteurs :

A chaque espèce caractérisée il est attribué des prix pour les étalons et pour les juments : trotteurs, pur sang, hackneys, poneys, animaux destinés à la production des chevaux d'armes, chevaux de trait, etc.

Les jeunes étalons sont primés sur leur apparence. Mais, quant aux vieux, on exige qu'ils soient présentés en même temps que quatre de leurs produits; l'apparence des poulains compte ainsi dans le classement qui est déterminé par l'individualité, l'origine de l'étalon et enfin sa façon de se présenter sur la piste. Chacun de ces facteurs intervient pour une quotité déterminante dans le nombre des points à accorder. Les poulains sont également l'objet de primes. Mais ce sont naturellement les chevaux en service qui tiennent la place la plus importante dans le concours.

Parmi eux, les trotteurs attelés, bien entendu. Des catégories sont réservées aux chevaux de course ayant des records, d'autres aux roadsters attelés seuls et en paires.

Les « chevaux sous le harnais » correspondent à nos internationaux. Dans l'attribution des points, le cheval est compté pour 70 0/0; le harnais, la voiture, la livrée, pour 30 0/0.

Une catégorie spéciale est d'ailleurs réservée sous le titre de *Harnachement* aux voitures élégantes; le cheval n'y compte plus que pour 50 0/0; la voiture, pour 25 0/0; le harnais, pour 15 0/0; la livrée, pour 10 0/0.

Les hackneys, aussi nombreux en Amérique qu'en Angleterre, ont naturellement leurs classes à part parmi les chevaux d'attelage. On les juge en attribuant un certain nombre de points à la conformation, aux allures, aux actions, à la force et enfin à l'équipement.

Notons que, d'après nos confrères américains, l'engouement dont cette race de chevaux a été l'objet en Amérique diminue d'une façon très notable.

Tout au contraire la faveur se porte sur nos carrossiers anglo-normands de grand gala, les « french coach horses », à qui est réservée une classe spéciale comptant 1.500 francs de prix.

Les attelages à quatre, les tandems, les poneys ont leurs classes respectives.

Le même système est adopté en ce qui concerne les chevaux de selle.

Ceux-ci comprennent les chevaux de chasse et les chevaux de selle proprement dits. Les premiers sont divisés en hunters de pur sang et de demi-sang pour poids moyen (de 165 à 190 livres anglaises), et en chevaux pour poids plus élevés. La conformation est comptée pour 50 0/0, la qualité et l'aptitude pour un égal pourcentage. Dans d'autres concours, on fait entrer en ligne l'aptitude sur les obstacles.

Quant aux chevaux de selle proprement dits, ils comprennent les hacks pour la promenade, les chevaux d'école et les poneys.

Des catégories sont également ouvertes aux « chargers » chevaux d'armes pour officiers et aux chevaux de troupe. On exige d'eux, d'être intelligents et courageux, on les essaye aux trois allures et on les pèse! Leur poids ne doit pas être inférieur à 950 livres anglaises et supérieur à 1.150.

Enfin les « jumping Class », épreuves d'obstacles, apportent dans le concours la note destinée à attirer le badaud.

Achats d'étalons. — En France, les achats d'étalons sont faits tous les ans, en octobre et novembre, par quatre grandes commissions : la première se réunit en novembre à Paris et à Chantilly et n'achète que des pur sang ; la deuxième se réunit en octobre, à Caen ; la troisième, à la Roche-sur-Yon, Lamballe et Landerneau ; la quatrième, en septembre ou octobre, à Limoges et à Toulouse. Cette dernière achète des demi-sang, des pur sang arabes et des anglo-arabes.

C'est à Caen, Toulouse et Chantilly que les opérations sont le plus importantes.

Les commissions d'achats achètent les animaux qui, dans chaque catégorie de chevaux, présentent les caractères qu'on doit rechercher pour continuer l'amélioration des races : les performances, le modèle, l'origine. En ces dernières années, le monde de l'élevage s'est ému d'une nouvelle orientation. L'arrivée d'un nouveau directeur avait coïncidé avec une méthode nouvelle en opposition avec la ligne de conduite suivie jusqu'alors par les haras. Tandis que ceux-ci s'étaient efforcés de donner de la qualité à nos races locales, sans cependant se désintéresser du modèle, le nouveau directeur s'était montré sévère pour les demi-sang d'hippodrome, réduisant dans des proportions considérables les crédits qui leur étaient ordinairement affectés. On sait l'émotion profonde causée, non pas tant par cette diminution de crédits que par le trouble jeté ainsi dans l'élevage.

Les transactions se ralentirent entre les naisseurs et leurs clients habituels, au point de devenir presque nulles ; quelques jumenteries furent liquidées à bas prix, et le petit éleveur commençait à se défaire, au profit des marchands et de la remonte, de ses poulinières de sang.

On voulait du gros, on encouragea le gros. On craignait que le trotteur qui s'affine, il est vrai, à chaque génération nouvelle, ne compromît la réserve de grands carrossiers qui diminue en Normandie.

Il y a un remède bien simple à ce mal... C'est d'opérer dans les concours et dans les achats une scission radicale entre le trotteur et le demi-sang. Il faut mettre les éleveurs en mesure de se prononcer pour l'un ou l'autre de ces genres de production.

Actuellement on s'efforce de faire des chevaux de course capables de gagner leur vie sur l'hippodrome, et assez carrossiers pour plaire à l'Administration et à sa clientèle, les fabricants de bourdons qui alimentent tous les coupés et les victorias de la capitale.

Or il y a, depuis que les courses ont progressé, impossibilité de réunir dans le même individu les qualités requises.

Le rapport sur les haras. — Lorsqu'un profane ouvre, pour la première fois, le rapport annuel adressé par l'inspecteur général, directeur des haras, au Ministre de l'Agriculture *Sur la gestion de son Administration*, il peut se figurer que cette brochure va l'éclairer sur les desiderata des bureaux de la rue de Varenne, sur leurs projets ; qu'il va y trouver quelques considérations d'ordre général sur la production chevaline en France ; et s'il est éleveur il espérera y puiser des indications sur la ligne de conduite qu'il doit suivre pour satisfaire aux exigences administratives.

Son erreur lui apparaîtra au premier regard. Le rapport contient des tableaux synoptiques garnis de chiffres. Ces chiffres varient légèrement chaque année ; la disposition des tableaux, celles des chapitres où ils prennent place ne varient jamais. Mais ce qui est plus immuable encore, c'est le parti pris de ne soutenir ces chiffres par aucun commentaire.

Toujours le document qui nous occupe commence par une phrase stéréotypée : « Conformément aux dispositions qui régissent le service des haras nationaux, j'ai l'honneur, comme chaque année, à cette date, de vous adresser un exposé d'ensemble sur la gestion de l'administration des haras au cours de l'année et sur les résultats obtenus par son action directe, aussi bien que par les encouragements qu'elle distribue et par l'industrie chevaline particulière. »

Or, quels enseignements le Ministre de l'Agriculture, qui est rarement versé dans les questions d'élevage et le Parlement auquel s'adresse d'une façon indirecte ce travail, quels enseignements peuvent-ils en tirer?

Ils y apprennent quel est l'effectif général des reproducteurs entretenus par l'État; cet effectif varie bien peu d'une année à l'autre et il n'est que médiocrement intéressant de lire que de 3.187 têtes en 1902 il est passé à 3.211 têtes en 1903.

Il n'est pas non plus palpitant pour le Ministre et nos honorables de voir que les pur sang forment 18,27 0/0 de l'effectif au lieu de 19,34, que les demi-sang ont passé de 64,99 à 65,70 0/0, etc.

Les renseignements sur le nombre des saillies effectuées par ces 3.200 serviteurs, sont moins dénués d'intérêt pour eux. Ils pourraient voir à quelle catégorie de chevaux vont les préférences de leurs électeurs, si les chiffres étaient groupés autrement.

On ne sait si la faveur des éleveurs se porte vers les demi-sang trotteurs ou les bourdons, vers les étalons anglo-arabes ayant des performances, ou vers ceux qui sont achetés sur leur apparence. Il semble cependant qu'après les discussions qui se sont répercutées l'année dernière jusque dans le Parlement, il y avait des renseignements à fournir.

Dans un autre ordre d'idées, le rapport enregistre l'achat de jeunes reproducteurs sans en donner les prix.

Ne serait-il pas extrêmement utile de faire ressortir à quel prix global reviennent les pur sang, les trotteurs, les anglo-arabes performers, les bourdons, qu'ils soient de l'Ouest ou du Midi, les chevaux de trait? Ne devrait-on pas mettre en évidence ce que chacune de ces catégories d'animaux coûte à l'État? Étant donné que le budget de l'Administration s'élève à une somme *de*, cette somme répartie sur les 3.200 étalons, représente leur entretien et leur amortissement. Quels sont donc ceux qui coûtent le plus cher? Si l'on oublie de mettre en évidence que les chevaux d'hippodrome sont ceux qui coûtent le moins cher à l'État, on fait apparaître, dans une crudité impressionnante, le total des encouragements qu'ils ont à se disputer. Le rapport enregistre que le développement des courses constaté chaque année, depuis longtemps, ne s'est pas ralenti en 1905, serait-ce un regret?

En effet, le total des prix distribués monte à 15.329.996 francs. Mais il semble qu'il y aurait quelque justice à insister sur ce fait qu'il faut démêler dans les tableaux synoptiques, que treize millions et demi sont distribués par les Sociétés de courses, c'est-à-dire par l'initiative privée. Un petit travail statistique qui placerait en regard des quinze millions offerts aux propriétaires les sommes que ceux-ci dépensent pour l'entretien des haras, des écuries, en déplacements, etc., etc., mettrait les choses au point et ne laisserait pas l'impression que l'industrie de l'éleveur est la mieux protégée dans ce pays de protectionnisme à outrance.

Les mêmes réflexions peuvent s'appliquer à tous les chapitres du rapport, je dois dire, pour être juste, que ce travail a toujours été compris de la même façon et que la direction actuelle n'a fait que suivre les errements traditionnels. C'est un monument de la routine administrative, et ces monuments-là sont durables dans leur nullité.

Exportations et importations. — Il semble que l'on ne puisse mieux terminer cette deuxième partie de notre travail, qu'en considérant les résultats obtenus au point de vue du commerce général. Le relevé des importations nous donne sur ce point des indications très certaines.

Jusqu'en 1884 le chiffre des importations avait dépassé celui des exportations ; à partir de cette époque la situation se modifia totalement, surtout jusqu'en 1888, année où les exportations furent le plus considérables. Bien que le total des exportations ait diminué de 1888 à 1891, les excédents constatés servirent encore aux défenseurs de la nouvelle loi qui ne manquèrent pas de faire remarquer les progrès réalisés par l'élevage dans les dix dernières années, et ces considérations pesèrent d'un très haut poids sur le vote du Parlement.

Mais, en 1895, la situation redevient absolument la même qu'en 1880 et les importations l'emportent d'autant sur les exportations : il semblerait donc, à première vue, que le vote de la loi de 1891 ait eu sur la production nationale une influence néfaste. Nous ne croyons pas, quant à nous, qu'il faille s'en rapporter aux apparences et attribuer à cette loi de 1894 des conséquences qu'elle n'a pas eues.

Tel a d'ailleurs été l'avis des promoteurs de la campagne menée en 1897 pour obtenir le relèvement des droits de douane sur les chevaux importés de l'étranger, et en particulier sur les chevaux américains et canadiens. La production annuelle des États-Unis et du Canada avait augmenté dans des proportions considérables, et on pouvait avoir, dans ces contrées, un bon cheval, d'une excellente vitesse, pour un prix relativement très minime.

Il était nécessaire de prendre des dispositions pour protéger notre élevage ; c'est à cet effet que les droits d'entrée furent augmentés et portés de 30 à 200 francs dans la plupart des cas. Les résultats constatés semblent démontrer que la mesure prise a été efficace.

De plus, il a été permis de voir que ces importations américaines ont diminué de jour en jour; d'abord, les fraudes auxquelles elles donnaient lieu ont été sagement réprimées par la Société du Demi-Sang et les substitutions de chevaux se font de plus en plus rares; puis, l'engouement qui s'était manifesté aux États-Unis pour l'élevage du cheval s'est quelque peu calmé et les disponibilités y sont aujourd'hui beaucoup moins nombreuses.

On peut donc très légitimement espérer que sous peu nos exportations reviendront au moins au niveau de nos importations. Réjouissons-nous de cette heureuse perspective, mais gardons-nous aussi de considérer comme conséquences de la loi de 1891 les diminutions constatées dans le chiffre des exportations.

TROISIÈME PARTIE

L'ÉLEVAGE

CHAPITRE PREMIER

L'ÉLEVAGE

Du terrain nécessaire pour élever des chevaux. — Nous ne prétendons pas donner ici des détails particuliers sur toutes les parties de la France où l'on pourrait élever des chevaux avec avantage. Nous ne dirons rien ni des haras de pur sang, que nous avons étudiés dans un récent ouvrage, ni des haras de demi-sang dont fort peu méritent le nom de stud. Nous ne dirons pas non plus que le lieu destiné au haras doit être montueux, parsemé de vallons, avoir des sources ou une rivière ; l'éleveur qui se propose de produire des chevaux, ne peut changer ni la nature, ni la topographie de son terrain. Nous nous bornerons à quelques observations générales que tous les propriétaires pourront facilement appliquer à leurs localités respectives.

On peut élever des chevaux partout et sur tous les terrains, excepté sur ceux qui sont trop humides et inondés. On en fait dans les plaines normandes et sur les Alpes et les Pyrénées ; on en élève dans de gras pâturages, dans les bois et dans des plaines arides ; enfin, on fait des élèves dans l'intérieur des habitations rurales, et qui ne pâturent jamais ; on en fait dans des écuries des villes et à la nourriture sèche. Partout, avec de l'attention et des soins, on peut en faire de beaux et de bons ; sans doute ceux qu'on élève à l'écurie occasionnent plus de dépenses et demandent plus de soins, que ceux qu'on élève aux champs ; les hippologues anciens prétendent même qu'ils sont les meilleurs, et que la dépense qui n'est que relative, est toujours couverte, et au delà, par la bonté et par la plus grande valeur des animaux. Nous ne le croyons pas.

Nos voisins nous montrent cependant l'exemple sur ce point, et un très grand nombre des chevaux de prix, en Angleterre, sont élevés à l'écurie. Nous en avons vu, en France, de très bons, élevés ainsi.

On a assez généralement observé que, dans cette manière d'élever, les chevaux étaient moins sujets à la gourme ; qu'elle était moins à craindre dans ses suites, quand ils en étaient attaqués, et qu'on évitait non seulement les affections catarrhales épizootiques, mais encore quelques maladies, plus ou moins contagieuses, qui font quelquefois d'assez grands ravages, dans les pâtures.

On a dit encore que les chevaux élevés à l'écurie ou au sec, avaient naturellement la corne cassante et les pieds dérobés. Mais cet inconvénient, qui n'est pas général parmi ces chevaux, leur est commun avec ceux qui sont élevés dans des pays secs et arides.

Nous avons vu, au surplus, des poulains, élevés dans des villes, avoir de très bons pieds. D'un autre côté, nous pouvons ajouter que de nombreux poulains nés dans des pâturages gras et marécageux gagnaient par la migration dans des pâturages plus secs. Leurs pieds se ressentent plus particulièrement de cette amélioration, en ne prenant pas, ou en prenant moins le développement excessif qu'ils auraient pris dans les premiers pâturages.

De quelque manière qu'on élève les chevaux, il faut toujours des pâturages suffisants, soit pour être mangés en vert, soit pour fournir le foin destiné à être consommé à l'écurie. Un hectare (deux arpents) d'herbage pourra suffire annuellement à la nourriture d'un cheval ou d'une jument et de son poulain. Cette quantité, ou cette étendue de terrain, pourra paraître considérable, quand on sait surtout que 37 ares (environ 3/4 d'arpent) donnent 4 à 500 bottes de foin, du poids de 5 kilogrammes (10 livres) chacune, qui peuvent suffire pendant toute l'année à la nourriture d'un cheval ; mais aussi, on ne sait peut-être pas assez que le cheval détériore les pâturages par sa dent et par ses pieds ; qu'il faut par conséquent avoir une plus grande étendue de terrain pour le conserver en bon état, et qu'il est même important, pour l'entretenir, comme nous le dirons plus loin, d'y mettre, en même temps que les chevaux, quelques bœufs ou vaches. C'est cette détérioration que les chevaux occasionnent aux pâturages, qui engage les propriétaires, dans les pays où le terrain est précieux, et où il n'est pas possible d'y mettre des bêtes à cornes avec des chevaux, à élever ces derniers à l'écurie.

Depuis longtemps, en France, les éleveurs ou les herbagers qui élèvent des chevaux, ne se livrent à cette branche d'industrie que d'une manière secondaire, et que parce qu'elle est pour eux un objet d'économie, plutôt relatif au terrain, qu'au cheval. Nous savons que dans la plus grande partie des pays à herbage, l'éducation des chevaux avait été sacrifiée à l'opération plus lucrative d'engraisser des bêtes à cornes. Les départements composant la Normandie sont peut-être les seuls aujourd'hui où l'on fasse encore marcher de front, avec quelque succès, ces deux genres de travaux économiques, faits pour se favoriser mutuellement, lorsqu'ils sont dirigés avec goût et intelligence. Mais la plupart des fermiers d'herbages qui savent que, sur un pâturage de 100 bœufs, ils peuvent élever jusqu'à 10 poulains, sans nuire à l'engrais des premiers, et avec avantage pour le fonds, se bornent à mettre des poulains dans leurs herbages, sans trop s'embarrasser des qualités et du choix, et seulement pour consommer l'herbe à laquelle les bœufs ne toucheraient pas et qui serait perdue. Ils en mettraient même un plus grand nombre encore, si les propriétaires ne fixaient ce nombre dans les baux ; et il y a un siècle que les baux ne stipulaient que 2 ou 3 chevaux dans un herbage de 100 bœufs, de peur, y était-il dit, « que le fonds ne dépérît s'il y en avait davantage ».

Les herbagers savent bien aussi quelles sont les races de bêtes à cornes qui conviennent le mieux et qui s'engraissent plus vite sur tels ou tels pâturages, dans tels ou tels fonds ; mais ils ne s'attachent que peu ou point à étudier quel est le pâturage ou le fonds qui convient le mieux au poulain qu'ils y mettent ; la vente des bêtes à cornes engraissées est l'objet principal, le seul produisant le revenu positif; le produit des chevaux n'est qu'accessoire. C'est un revenu éventuel sur lequel ils ne comptent que secondairement.

Au reste, dans les herbages exclusivement consacrés aux chevaux, il est également utile d'entretenir des bœufs qui y produiront la même économie que les poulains, dans les herbages destinés aux bêtes à cornes. Mais l'intérêt étant différent, les proportions ne sont pas toujours les mêmes. On peut, par exemple, espérer d'améliorer un fonds maigre, en y mettant 2 bœufs ou 3 ou 4 vaches par cheval ; un fonds médiocre, en y mettant 1 bœuf ou 2 vaches par cheval ; et on pourra entretenir un fonds excellent, en y mettant 1 bœuf pour 2 chevaux.

C'est la méthode employée par les éleveurs normands.

La Normandie abonde en pâturages excellents ; c'est dans les bons fonds qu'on engraisse une quantité prodigieuse de bêtes à cornes, dont une grande partie alimente la capitale; c'est dans ces mêmes fonds, et on peut dire partout, qu'on élève des chevaux de prix, quoiqu'il y ait beaucoup de terrains médiocres et quelques-uns très mauvais, il en est peu où l'on ne fasse des élèves en chevaux et des bêtes à cornes.

Le commerce des bœufs tient le premier rang; celui des chevaux, plus précieux, mais moins étendu, n'occupe que le second et est absolument nécessaire au commerce des bœufs.

Un propriétaire ou un fermier ne ferait pas une combinaison avantageuse à ses intérêts, s'il ne joignait aux bœufs un nombre de chevaux, dans la proportion de 1 cheval sur 10 bœufs. Les motifs de cette proportion sont pris dans la nature des choses.

Les herbages produisent différentes qualités d'herbes ; il en est que les bœufs refusent et que les chevaux mangent. On sait d'ailleurs que les bêtes à cornes ne mangent point l'herbe où d'autres animaux, même de leur espèce, ont fienté ou uriné.

Il y aurait donc une perte réelle d'herbe. On y remédie, en faisant manger cette herbe par des chevaux, et l'expérience a appris que 1 cheval suffit pour manger le refus de 10 bœufs. Ainsi, un herbage de 100 bœufs ne peut être mangé à profit, qu'en y joignant 10 chevaux, pour consommer le refus de 100 bœufs.

L'engrais des bœufs est plus casuel que l'élevage des chevaux. La défaveur des saisons, les pâtures trop sèches ou trop mouillées, nuisent à l'engrais des bestiaux, et le plus ou moins de consommation influe sur le prix de la vente. L'éducation des jeunes chevaux est plus égale, quand on a les connaissances nécessaires, et quand on s'attache à n'élever que des poulains de qualité.

Les élèves ont une valeur proportionnée à leurs qualités. Un fermier qui a deux belles poulinières seulement, paye 1.500 francs la terre qu'il n'affermerait que 1.000 francs s'il n'avait pas l'espoir de vendre chaque année un poulain de 500 à 1.000 francs, s'il est de bonne conformation et de qualité supérieure. Or, on n'obtient l'une et l'autre que par le choix des étalons et des juments, et ce choix qui demande des connaissances et des soins, ne peut pas être livré au hasard.

Les conséquences qu'on doit tirer de ces détails sont : que dans certaines contrées l'élevage des chevaux est nécessairement lié à l'engrais des bœufs; que la vente des chevaux de race et de qualité, produit, à frais égaux, pour la nourriture, infiniment plus que celle des chevaux communs; que le profit sur les élèves en chevaux, étant infiniment au-dessus de celui qu'on peut espérer dans tout autre genre d'élèves de bestiaux, c'est celui-ci qui détermine la valeur des biens-fonds, partout où les pâturages sont plus communs et meilleurs, que les terres labourables; qu'indépendamment de l'avantage pour le service d'employer un bon cheval, de préférence à deux mauvais qui doublent les frais de nourriture, sans faire plus d'ouvrage, la qualité supérieure des chevaux devient la matière d'un commerce intéressant; que l'élévation ou la diminution du prix des terres étant déterminée par la valeur des élèves, les propriétaires sont intéressés à la conservation et à la recherche des moyens qui peuvent propager les belles races, puisque les plus belles sont les plus chères; enfin, que la fortune publique fondée sur les mêmes bases que celle des particuliers, souffre non seulement de la diminution du revenu et de la privation qu'éprouve le commerce, mais plus encore de la rareté et de la détérioration des races, par l'obligation de remplacer par des achats à l'étranger, le vide des productions indigènes.

Pâturages. — Pour les chevaux, il y a deux sortes de pâturages : d'abord ceux qu'on qualifie de naturels, de beaucoup les plus répandus sur la surface de l'Europe, puis les artificiels, restreints, si nous ne nous trompons, à une seule petite région de la France, et, à ce titre, fort curieuse à étudier.

En général, les pâturages qui conviennent pour les chevaux sont situés en terrain sec et sain, s'égouttant bien, sur un fonds calcaire, produisant des herbes relativement fines et courtes, où les graminées aromatiques sont en bonnes proportions. Les gazons des plateaux élevés, comme ceux du Centre de la France, de formation plus ancienne, sont aussi dans le même cas. Chez nous les prairies du Merlerault, en Normandie, celles des collines du Perche et du Boulonnais, du littoral de l'Océan, en Saintonge, en Vendée et en Bretagne, celles du littoral de la Manche, dans cette dernière province et en Normandie; les vastes steppes de la Hongrie et de la Russie méridionale; les herbes poussant naturellement sur tous ces lieux nourrissent de nombreux chevaux. En raison de leur qualité même, elles ne peuvent guère être bien consommées que par eux. Par la disposition et la forme de leurs incisives, par la mobilité de leurs lèvres, les chevaux sont aptes à paître les gazons courts: ils les tondent de près. Aussi dans les herbages plantureux, aptes même à engraisser les bovidés, ou seulement à nourrir suffisamment les vaches et le jeune bétail, qui, les uns et les autres, ne peuvent paître que des herbes longues, lorsque ceux-ci ont passé, les chevaux trouvent encore assez de quoi s'alimenter convenablement. Avec leur mode de préhension les bovidés laissent derrière eux une longueur d'herbe suffisante pour que les chevaux puissent encore la pincer avec leurs incisives. En Normandie, comme je l'ai déjà dit et maintenant dans le Nivernais, le pâturage des équidés se combine ainsi avec celui des bovidés. Il serait bon que la coutume en fût adoptée sur d'autres lieux, notamment en Limousin, où les déplorables agissements de l'ancienne administration des haras ont dégoûté les éleveurs de la production chevaline, à ce point qu'ils y ont presque complètement renoncé, pour ne s'occuper que de la production bovine. Les deux, comme on voit, peuvent parfaitement, dans un tel milieu où l'industrie chevaline était anciennement prospère, être menées de front, celle-ci ne nuisant en rien à l'autre, puisqu'elle ne ferait qu'utiliser des herbes qui, sans elle, restent sans emploi.

Deux conditions sont nécessaires pour que le régime du pâturage des chevaux sur les prés naturels soit bien conduit. La première concerne le nombre et la qualité des sujets à mettre sur une étendue donnée. Quelle que soit cette qualité, il importe avant tout que les sujets y trouvent de quoi s'alimenter au maximum. Ceci est surtout nécessaire pour les mères et pour les jeunes. Les premières ne sont bonnes nourrices qu'à ce prix, et il n'y a point de succès dans la production sans un allaitement copieux, qui assure seul le développement précoce. Les jeunes bien développés à l'automne à l'époque où ils sont mis en vente lorsque leur production est bien organisée, atteignent des prix plus élevés. Étant remis eux-mêmes au pâturage au printemps suivant, dans le cours de leur deuxième année, ils y trouvent de quoi se rassasier complètement d'herbe et s'accroissent dans la plus forte mesure. Ils sont grands et forts à l'âge de dix-huit mois, au moment où doit commencer pour eux la nouvelle existence de travail modéré, la gymnastique méthodique de leur appareil locomoteur, sans laquelle il n'y a point de bons chevaux.

La mesure exacte du nombre d'individus à mettre sur le pâturage, pour qu'il soit satisfait à la nécessité ainsi exposée, n'est pas facile à déterminer théoriquement. Elle n'est vraiment indiquée que par l'expérience. C'est en somme une affaire d'observation et de tâtonnements relevant du métier d'éleveur. Le difficile est de bien apprécier les ressources alimentaires et à la fois les besoins des individus. En tout cas, il vaut mieux se tromper en n'utilisant point complètement ces ressources, qu'en risquant de surcharger le pâturage, de façon à ce qu'elles soient insuffisantes. Le préjudice est moins grand quand il reste quelque peu d'herbe perdue, que quand l'aptitude digestive des consommateurs n'est pas satisfaite entièrement. C'est un des principes absolus de la zootechnie scientifique, d'assurer aux jeunes animaux une alimentation régulièrement et continuellement copieuse. On réalise ainsi sûrement leur précocité et leur plus fort développement, qui augmentent leur valeur en réduisant leurs frais de production.

Au sujet de la qualité des consommateurs, la question qu'elle soulève ne se pose point lorsque l'organisation générale de la production chevaline est elle-même bien entendue, ou du moins elle ne se pose que d'une manière restreinte. La bonne organisation ne comporte que l'exploitation d'une seule sorte d'équidés, ou bien des mères, de ce qu'on appelle communément des juments poulinières avec leurs nourrissons, ou bien des jeunes poulains sevrés. A l'égard de ceux-ci, il n'y a qu'à éviter la promiscuité des sexes.

Malheureusement, cette bonne organisation est encore exceptionnelle. Elle s'est établie par une sorte de force des choses dans notre pays, pour ce qu'on nomme les races de trait. Pour les autres, dites légères, on ne l'observe guère. Dans les exploitations on entretient à la fois des mères et des poulains de tout âge, souvent même jusqu'à ce que ceux-ci puissent être livrés au commerce, en vue des besoins des services publics ou privés.

Le mélange au pâturage de tous ces sujets si divers d'âge, de caractère et de besoins est chose détestable. Il met infailliblement le trouble dans la troupe des consommateurs. Les mères ont besoin avant tout de calme et de tranquillité. Les poulains ardents, remuants et parfois querelleurs, les dérangent à chaque instant. L'ancienne composition du haras en pleine liberté, comme il n'en existe plus que dans quelques pays de l'Europe méridionale, n'est à conserver nulle part. Le pâturage doit être divisé, par des clôtures variables suivant les lieux : haies, fils de fer galvanisés, larges fossés, etc., en pièces d'étendue correspondant à la population, de façon à séparer, d'une part, les mères des poulains sevrés et, d'autre part, ceux-ci par âge et par sexe. La conformité de caractère et de besoins peut seule faire régner dans les troupes le bon ordre nécessaire au succès des opérations industrielles. Même parmi les poulains de même âge et de même sexe, surtout parmi ceux du sexe mâle, les différences de développement et de force exigent encore la séparation, pour que le but soit mieux atteint. Il arrive que les plus forts provoquent les autres, les tourmentent et nuisent ainsi à leur développement.

La division est en outre nécessaire pour le bon aménagement du pâturage en vue de lui faire produire, durant la saison, le maximum d'herbe. Vaguant en liberté sur son étendue entière, les consommateurs choisissent les herbes qui leur plaisent et piétinent les autres, ils s'opposent ainsi à ce que celles qu'ils ont consommées repoussent. Maintenus au contraire sur un espace plus restreint, ils paissent le tout. Quand ils ont tondu les herbes d'aussi près que possible sur la pièce qu'ils occupent, en les faisant passer sur la pièce voisine, la première, sur laquelle ils ont d'ailleurs mieux réparti leurs déjections, est dans les meilleures conditions pour que la végétation y reprenne et donne de nouvelles pousses. Chacune peut ainsi, deux fois au moins durant la saison, recevoir des consommateurs. Elle donne ce qu'on appelle des regains, comme les prairies qui ont été fauchées. Un pâturage bien établi et ainsi divisé doit être pourvu d'un abreuvoir communiquant autant que possible avec toutes ses divisions. Un ruisseau ou un petit cours d'eau est ce qui convient le mieux. Il est bon que les chevaux puissent se désaltérer quand ils en sentent le besoin. De la sorte ils mangent mieux, font de meilleurs repas et conséquemment sont mieux nourris. Lorsque les lieux ne sont point naturellement pourvus d'eau courante, ce qui est d'ailleurs rare dans les pays de pâturages, les frais qu'on fait pour y amener cette eau sont une avance bien placée. Il nous suffit, du reste, d'en signaler la nécessité.

La consommation des fourrages artificiels sur pied qui se pratique en Normandie, dans ce qu'on nomme la plaine de Caen, est appelée *pâturage au piquet*. Ces fourrages sont des sainfoins ou des mélanges de vesces et autres légumineuses, cultivés pour la nourriture des poulains, mais surtout des sainfoins. Sur cette vaste plaine, au milieu de laquelle se trouve située la ville de Caen, il y en a de grandes étendues. On y exploite les poulains d'élite de la population qualifiée d'anglo-normande ou de demi-sang, en vue de les vendre ensuite comme étalons, ou tout au moins comme chevaux de luxe. Achetés au moment de leur sevrage ou plus tard, selon les occasions, à la condition qu'ils promettent un bel avenir, ils sont ensuite élevés au régime dont il s'agit, jusqu'au moment où ils atteignent l'âge convenable pour être présentés à l'administration des haras, et avec des accessoires dont nous n'avons pas à nous occuper ici, notre objet étant de décrire seulement le mode de pâturage en question.

Pour l'établir, on plante en terre, sur l'un des bords de la pièce de fourrage, autant de piquets en fer qu'il y a de poulains à nourrir. Ces piquets sont terminés par un anneau tournant sur pivot. Ils sont espacés de quelques mètres les uns des autres et placés à une

Cheval de selle.

certaine distance de la pièce. Les espacements et la distance sont calculés d'après les longueurs variables d'une corde qui va de l'anneau du piquet à celui du licol du poulain et qui retient ainsi celui-ci captif. Au matin, la corde porte deux nœuds à boucle dont chacun la raccourcit d'une longueur sensiblement équivalente à celle de l'encolure du poulain.

Avec ces nœuds le piquet est placé à la distance convenable pour que le poulain attaché ne puisse point atteindre le fourrage avec ses pieds, mais de façon à ce que de droite et de gauche et en avant il ait à sa disposition de quoi paître la surface d'un segment de cercle dont son encolure est le rayon. On voit de la sorte, dans la plaine, de longues lignes de poulains régulièrement placés et espacés, qui lui donnent un curieux aspect.

Le tantôt, un des nœuds de la corde est défait, ce qui allonge celle-ci d'une longueur d'encolure. Le poulain peut s'avancer d'autant et cela le replace par rapport au fourrage dans la situation où il était le matin. Il fait ainsi son deuxième repas. Le soir, le second nœud est défait à son tour, pour le troisième repas. Le lendemain matin, le piquet est rapproché du bord de la pièce, la corde est de nouveau pourvue de ses deux nœuds et les choses se continuent ainsi chaque jour, jusqu'à ce que l'étendue de la pièce de fourrage soit consommée.

Tel est le pâturage au piquet de la plaine de Caen. La description que nous venons d'en faire explique suffisamment le nom qui lui a été donné. Il n'y a pas lieu de s'étendre sur sa valeur pratique. Il est évident que dans un système de culture où il n'y a point d'herbes naturelles et où les chevaux ne peuvent être nourris qu'avec des fourrages dits artificiels, ceux-ci sont plus profitables, consommés à l'état de vert au lieu de l'être à l'état sec, surtout bien avant leur floraison. Il est évident aussi que leur consommation sur pied, comme pâturage, est plus facile et plus économique que s'il fallait les couper chaque jour et les transporter à l'écurie. En outre, la captivité des poulains ne les prive pas entièrement de la liberté de leurs allures. Chaque fois qu'on veut défaire l'un des nœuds de leur corde, on les fait trotter un peu en cercle au bout de celle-ci.

Mais il va de soi que ce régime ne peut point valoir celui du pâturage d'herbes naturelles de bonne qualité, où les poulains sont au libre parcours, prenant à volonté leurs ébats et se nourrissant d'aliments plus appropriés à leurs besoins normaux. Tel qu'il est cependant, les résultats qu'on en obtient et qui se peuvent juger par la qualité le plus souvent remarquable des jeunes chevaux ainsi élevés en Normandie, montrent à n'en point douter que ce régime n'a pas de sensibles inconvénients.

Choix des reproducteurs. — Qualités à rechercher. — Défectuosités et tares à éviter[1]. — Les reproducteurs seront sains, maintenus en bon état par le travail et une bonne hygiène, ni trop gras, ni trop maigres On doit rechercher en eux les qualités qu'on désire obtenir chez les produits ; un bon tempérament, de l'harmonie dans les formes. Ils seront forts, puissants, ils auront une bonne char-

1. Je dois à l'obligeance de M. Duret, du Haras de Jardy, les notes pratiques qui vont suivre, sur l'élevage et l'hygiène des animaux.

pente, de bons membres, larges, bien d'aplomb, en somme tous les détails de la belle et bonne conformation pour l'aptitude cherchée.

Les organes génitaux seront intacts et convenablement développés. On s'assurera que les sujets ont de bonnes qualités morales.

La première chose à demander à un étalon, c'est qu'il soit bien dans le type de sa race, qu'il sorte d'une bonne mère, que la famille à laquelle il appartient soit confirmée, c'est-à-dire depuis longtemps existante dans le même type, en ayant les qualités, les aptitudes et les formes de son espèce.

Parmi les qualités à demander à un reproducteur, il en est une qu'il ne faut pas oublier, c'est la justesse des proportions; avec elle, le mouvement, comme dans une machine bien équilibrée, l'action, la durée, sont assurés d'une manière certaine.

Il faut de l'harmonie et de la concordance entre toutes les parties. Après cette harmonie, il faut exiger une grande puissance dans la région dorsale; c'est-à-dire un rein court, la croupe puissante, les hanches longues, larges et non effacées. Les quartiers doivent être forts, la cuisse très descendue, la distance de la hanche au jarret doit être considérable, le jarret doit être large, exempt de tares.

Dans l'avant-main, la tête, une des parties essentielles pour la beauté, doit être légère, sèche, avec des yeux grands, expressifs; l'encolure doit sortir élégamment des épaules, par une courbe peu prononcée; le garrot bien sorti; l'épaule longue et oblique; l'avant-bras long et puissant, le genou large; les canons courts et forts; les tendons secs et bien détachés.

Les étalons seront soumis à un travail modéré en proportion avec leurs forces; c'est pour eux une condition de santé.

Un bon exercice est favorable aux facultés prolifiques et au développement des qualités physiques et morales.

Souvent les causes de stérilité chez l'étalon sont dues à la grande fréquence des saillies et souvent à un engraissement excessif, si contraire aux bonnes règles de l'hygiène et de la génération.

En général un étalon peut saillir deux fois par jour, mais il faut le ménager plutôt que le surmener : il est bon de temps en temps de lui donner un jour de repos.

Les étalons ne doivent pas faire la monte à jeun ou immédiatement après le repas.

Pendant la saison de monte, le cheval recevra une bonne nourriture très substantielle, plus copieuse en avoine; mais il sera bon de lui donner des mâches deux et trois fois par semaine suivant son tempérament.

Les poulinières méritent la même attention que les étalons ; il est indispensable d'apporter dans leur recrutement les soins les plus minutieux.

Comme pour les étalons, il faut qu'elles soient de bonne race, que surtout leurs mères aient été bonnes comme conformation, comme origine et comme qualité.

Que les poulinières soient longues, étoffées, près de terre ; on recherchera surtout l'ampleur du bassin, un bon développement de la croupe pour que le poulain puisse se développer à l'aise et pour écarter les chances de difficultés lors de la mise bas.

Les maladies et affections héréditaires qu'il faut avant tout éviter sont (en dehors des vices rédhibitoires prévus par la loi de 1884) : toutes les tares du jarret et des articulations, la jarde, le jardon, qui vient souvent avec des jarrets coudés, l'éparvin, la courbe, les formes, le pied bot, le pied cerclé, encastelé, les mauvais aplombs, les jarrets trop droits ou trop arqués, les genoux en avant (brassicourts) ou trop effacés (genoux de veau) ; en outre, toutes les tares molles ayant une origine tendineuse ou arthritique.

Age auquel la jument peut être saillie. — Les juments peuvent être saillies à l'âge de deux ans bien qu'on ne puisse le conseiller ; du reste, l'administration des haras ne les admet qu'à trois ans pour la monte de ses étalons.

On pourra donc faire saillir les juments à trois ans.

L'âge des juments a une grande influence sur la valeur des produits; le premier produit est souvent plus petit, et plus chétif que les autres. C'est entre six et quatorze ans qu'elles sont le plus prolifiques et le plus aptes à donner de bons produits ; cependant, on a vu des juments très bien produire à quatre ans, et d'autres à vingt et même vingt-cinq ans.

La saillie. — Avant l'acte d'accouplement, la jument doit être présentée à l'étalon ou à un boute-en-train, pour s'assurer qu'elle est disposée à recevoir le cheval, qu'elle est en chaleur en un mot.

Les juments en chaleur portent la queue haute, se campent pour uriner, ouvrent la vulve, etc.

Si, au contraire, la jument n'est pas disposée, elle se défendra, cherchera à mordre l'étalon en couchant les oreilles, donnera des coups de pied.

C'est à tort que l'on a dit souvent qu'il fallait présenter la jument à l'étalon, tous les neuf jours.

On doit pour ne pas laisser passer de chaleur, la présenter au cheval au moins deux fois par semaine ; dès que la jument sera saillie, on la laissera tranquille neuf jours ; après quoi on recommence à la faire voir à l'étalon deux fois par semaine jusqu'à la fin de la monte, qui commence habituellement au mois de février pour se terminer au mois de juin. Il y a des juments qui sont presque continuellement en chaleur, et d'autres plus froides qui n'y viennent qu'une fois par mois ou même tous les deux mois.

La saillie peut se faire n'importe où, mais, autant que possible, dans un lieu tranquille, éloigné du bruit, sur un bon terrain ferme et uni ; la jument doit être entravée, le cheval tenu en main.

La fécondation est en général d'autant plus certaine que la jument a mieux et plus volontiers reçu l'étalon. L'accouplement n'est jamais plus fructueux que lorsqu'il est effectué quelques jours après la mise bas, souvent du sixième au dixième jour.

On pourra donner deux saillies et même trois sur la même chaleur, mais, dans ce cas, une au début et l'autre vers la fin de la chaleur.

Hygiène de la jument pendant la gestation. — L'état de gestation exige des précautions hygiéniques et des soins spéciaux qui ont surtout pour but d'entrenir les poulinières en bon état, de prévenir la constipation, les indigestions, les coliques, qui pourraient être des causes d'avortements ; il importe, en première ligne, de surveiller spécialement les digestions par l'examen du crottin des poulinières.

La jument pleine recevra une bonne nourriture, mais surtout un régime rafraîchissant, ce qui est toujours facile dans un milieu de culture où l'on a sous la main du vert, des carottes, etc., à défaut on donnera des mâches ou des barbottages à la farine d'orge, plusieurs fois par semaine.

On pourra faire travailler la jument pendant le temps de la gestation, de même qu'avant la saillie ; mais, pendant les derniers mois, on devra prendre des ménagements et ne pas l'employer pour le service de la selle.

Environ quinze à vingt jours avant la mise bas, on se bornera à des promenades journalières, ce qui est encore meilleur, on mettra la gestante à la prairie.

Un exercice régulier est salutaire à la jument pleine et à son produit.

Pendant les quinze jours qui précèdent la mise bas, on pourra supprimer l'avoine presque complètement et on remplacera cette ration par des mâches et des barbotages dans lesquels il sera bon de faire entrer, en proportion normale, du bicarbonate de soude, de façon à bien rafraîchir la jument; on aura ainsi quelque chance d'éviter la diarrhée à laquelle les nouveau-nés sont sujets et qui les enlève en quelques heures.

Précautions à prendre au moment de la mise bas. — A l'approche du terme, la croupe s'affaisse, l'œdème se montre sous le ventre, les mamelles prennent du développement, et quelques jours avant on aperçoit de la cire au bout des mamelons.

La jument sera alors autant que possible isolée, afin qu'elle ne soit pas gênée au moment de la délivrance; on la fera surveiller pendant les dernières nuits.

Des coliques (douleurs) bientôt accompagnées d'efforts expulsifs amènent dans l'espace d'une demi-heure au plus, la saillie des membranes fœtales à l'extérieur, la rupture de la poche des eaux et, si tout va bien, le fœtus.

Si, au bout de ce temps, le produit ne vient pas malgré les efforts de la jument, il faudra l'aider ; on s'assurera d'abord que la présentation est bonne; présentation antérieure : les deux pieds de devant et la tête; présentation postérieure : les deux pieds de derrière. Il arrive fréquemment que le poulain a une ou les deux jambes repliées sous lui ; dans ce cas, on repousse un peu le poulain et on ramène les membres antérieurs à l'extérieur.

Pour ce travail délicat, il faut prendre les plus grands soins de propreté et s'enduire les mains et les bras d'huile d'olive.

On aidera ensuite la mère en ouvrant le passage avec les mains et en tirant sur les pieds de haut en bas et dans la direction des jarrets. Si la présentation est anormale (tête renversée dans le flanc, entre les jambes, etc.), il faut avoir recours au vétérinaire.

En principe, du reste, le vétérinaire devrait être demandé dès l'apparition des douleurs, car il faut avoir une grande expérience et une grande habitude pour pouvoir se passer des services des praticiens.

Dès la naissance du poulain, il faut rompre ses enveloppes si elles sont encore intactes, couper le cordon après avoir fait une ligature placée à quelque distance de la peau, au-dessous de l'ombilic.

En cas de mort apparente du nouveau-né (ce qui peut arriver s'il a été serré ou s'il est resté longtemps au passage), il faut provoquer avant tout la respiration artificielle, par des tractions rythmées de la langue et de légères pressions intermittentes sur les côtes.

Soins à donner à la mère et au nouveau-né. — Après la mise bas, la jument sera couverte et placée sur une bonne litière; on lui donnera un seau d'eau tiède additionnée de farine d'orge; on pourra aussi lui traire un peu de lait sans toutefois vider le pis; non pour enlever le premier lait purgatif, si utile pour purger le poulain et chasser rapidement le méconium, mais pour le débarrasser de certaines impuretés auxquelles on peut le plus souvent attribuer la diarrhée des nouveau-nés; après quoi on lavera proprement le pis et la vulve, ainsi que le nombril du poulain, avec une solution d'eau tiède boriquée, et on laissera ensuite la jument au repos. Le produit se séchera vite dans la paille propre. Au bout d'une heure, il sera debout et cherchera à téter. Pendant les premiers jours, le lait est sa seule nourriture.

Le premier lait a la propriété de purger légèrement le poulain et de chasser le méconium, mais il est bon, dès que le produit est debout, de lui administrer plusieurs petits lavements (eau tiède et glycérine, huile d'olive, décoction de graine de lin). S'il a des coliques, qu'il ne se vide pas malgré les lavements, on pourra lui faire prendre la purgation suivante : deux cuillerées à bouche d'huile de ricin, mélangée d'une quantité égale d'huile d'olive.

Si au contraire, le poulain a de la diarrhée, il faudra le tenir au chaud, lui bander le ventre avec de la ouate et de la flanelle, lui donner de petits lavements avec de l'eau d'amidon épaisse et une cuillerée à café de laudanum; on pourra aussi lui faire prendre de légers petits grogs dans lesquels on aura délayé deux jaunes d'œufs. Mais, dans ces deux cas, il faudra avoir recours au vétérinaire, car un produit est enlevé en peu de temps par la diarrhée surtout dans les deux ou trois premiers jours de sa naissance; il sera bon de ne pas les laisser en contact avec les autres poulains, cette entérite étant souvent épidémique.

S'il arrivait qu'une jument mourût en donnant le jour à son produit, ou qu'elle n'eût pas de lait, on devrait nourrir celui-ci au lait de vache sucré et coupé d'un tiers d'eau ou de tisane d'orge.

On pourra le mettre au biberon, mais le plus simple est de l'habituer à boire dans un vase ; il s'y mettra très vite si on lui donne à téter le doigt trempé dans le lait.

Il faut se préoccuper de la propreté des récipients et de la pureté du lait, qu'il est bon de faire bouillir par précaution.

La question de sortie de la jument et de son poulain dépend de l'état de l'atmosphère ; s'ils se portent bien tous les deux et que la température soit douce, on peut les laisser dehors le lendemain ou le deuxième jour de la naissance, mais s'il fait froid et humide, il n'y faut pas songer.

Le genre de nourriture à donner à la mère et au petit, n'a point de règles fixes ; on le détermine d'après la saison et l'époque du part. Si les juments mettent bas de bonne heure, avant l'herbe et la venue des fourrages verts, il faudra suppléer par des mâches et des barbotages clairs, des carottes, peu ou point d'avoine pendant les huit ou dix jours qui suivent la mise bas ; en un mot un régime rafraîchissant, ce qui donnera du lait à la mère et fera profiter le poulain.

Alimentation et hygiène du poulain depuis sa naissance jusqu'à l'âge le plus opportun pour le vendre au maximum de bénéfice possible. — Au bout d'un mois à six semaines, le poulain commencera à manger un peu d'avoine et des mâches avec sa mère ; jusqu'à trois mois cela lui suffit grandement, mais à partir de ce moment, il faut attacher la jument pour laisser manger le poulain ; pour cela avoir deux mangeoires, ou encore lui arranger un coin où il pourra entrer seul.

Les poulains doivent être souvent approchés ; il faut les caresser afin de les rendre doux et familiers.

On devra les manier partout jusqu'à ce qu'on puisse sans les effaroucher, leur prendre les jambes, leur frapper les pieds, etc...

On devra accorder la plus grande attention aux pieds des jeunes poulains, sans même attendre qu'ils soient séparés de leur mère ; ils sera bon de leur visiter les pieds au moins une fois par mois.

Les poulains peuvent être sevrés à quatre ou cinq mois,

mais il est bien préférable de ne les séparer de leur mère qu'à six mois.

Les poulains sevrés trop tôt, n'ont jamais une aussi forte constitution, que ceux sevrés à six mois et végètent quelquefois très longtemps.

Pour les poulains sevrés à six mois la séparation peut se faire spontanément, mais il faut avoir soin de les placer assez loin de leurs mères pour qu'ils ne s'entendent pas hennir et s'appeler réciproquement. On ne doit plus leur permettre de se voir que quand l'oubli est consommé de part et d'autre.

Pour faire passer le lait de la mère, on diminuera sa ration et on lui donnera un léger purgatif; on pourra aussi lui abattre pendant quelques jours un peu de lait sans toutefois vider le pis.

Le lait qu'on leur supprime doit être remplacé par une alimentation tonique et rafraîchissante, telle que l'albuminoïde phosphoré et des barbotages avec du son et de la farine d'orge délayés dans de l'eau; des carottes coupées en petits morceaux (la carotte est l'un des meilleurs aliments que l'on puisse choisir pour les jeunes poulains), les mâches chaudes dans lesquelles on met une poignée de graine de lin, de l'orge bouillie, du son et de l'avoine, sont une nourriture excellente.

Il est bon de faire alterner cette alimentation avec de l'avoine, car il est utile de varier leur nourriture le plus possible; le peu de foin qu'on leur donnera sera de première qualité; le sainfoin et la luzerne sont employés avec succès.

La ration d'avoine doit être au moment du sevrage portée à 6 litres pour les poulains de pur sang et à 4 litres pour les chevaux de demi-sang, en augmentant progressivement cette quantité à mesure qu'ils avanceront en âge.

L'emploi judicieux des grains aide beaucoup au développement du poulain, de même que le manque de soin ou une nourriture insuffisante, l'empêchent d'acquérir la force, la taille qui le feront apprécier plus tard.

Plus le poulain est généreusement soigné et nourri, plus il acquiert de valeur.

Non seulement les grains donnent la taille et la force, font ressortir les muscles, mais encore ils aident à la distinction des lignes, par conséquent à la beauté qui rend le cheval plus facilement marchand.

A cette considération, ajoutons que les poulains se trouvent déjà doués de quelque force et sont robustes lors du premier hiver qu'ils ont à traverser; ils le passent sans en ressentir la rigueur, et arrivent au printemps tout prêts à supporter les effets du régime au pacage.

Les avantages obtenus par une alimentation rationnelle dès les premiers moments de leur existence sont donc certains; les sacrifices qu'impose un régime riche sont compensés non seulement par les résultats indiqués, mais encore par la possibilité de leur donner des soins moins assidus et une nourriture moins abondante pendant leur seconde et leur troisième année.

Les jeunes poulains, une fois le premier hiver passé, peuvent très bien se contenter d'une plus grande quantité de fourrages secs ou verts, et recevoir une moins forte ration d'avoine que ceux qui ont été négligés dans leur jeune âge, qui n'ont pu se développer suffisamment, ou qui ont été frappés de maladie.

Ils ne peuvent acquérir plus tard cette beauté et ces proportions qui auraient pu devenir leur partage, s'ils avaient reçu d'abord de meilleurs soins.

On peut facilement le constater lorsqu'on voit sans cesse, des poulains nés de même père et de même mère auxquels un traitement différent a donné des formes, des proportions et des qualités opposées.

Tous les poulains dans une proportion plus ou moins forte ont des vers qui peuvent occasionner des accidents très graves; leurs ravages souvent rapides peuvent en peu de temps, détruire les meilleures constitutions; cet état réclame donc la plus active surveillance.

On s'aperçoit qu'un poulain a des vers à l'apparition d'une poudre blanche aux bords de l'anus et sur le crottin; l'animal maigrit, il a les yeux ternes, le ventre gros, le poil piqué, l'appétit capricieux.

La préparation suivante :

Sulfure d'antimoine	4	grammes	
Santonine cristallisée	0	—	10
Acide arsénieux	0	—	10
Strychnine	0	—	005

due à un de nos plus habiles vétérinaires, nous a toujours procuré d'excellents résultats.

Cette médication doit être donnée dans un peu de son frisé le matin à jeun pendant huit jours de suite ; ces paquets ont le double avantage de chasser rapidement les vers et d'exciter l'appétit des jeunes poulains.

De la nécessité de l'exercice pour les étalons et les juments. — Nous avons déjà eu plusieurs fois occasion de faire connaître et de combattre des erreurs. Nous allons essayer d'en signaler une qu'il n'est pas moins important de détruire mais que la paresse, l'ignorance, le préjugé et l'incurie de beaucoup de gens soutiendront encore longtemps.

Dans beaucoup d'établissements d'élevage de demi-sang, les étalons et les juments poulinières restent dans l'inaction toute l'année ; à peine les soumet-on à une légère promenade de temps en temps, et il y a même des chevaux de peine destinés à faire tous les travaux des établissements, tels que les charrois des fourrages, de l'eau, les commissions, les travaux agricoles, etc. Cette marche très dispendieuse, qui multiplie inutilement les hommes et les animaux, en même temps qu'elle est contraire au vœu de la nature, est recommandée par tous les écrivains comme indispensable, et n'a pas peu contribué à décourager une foule de propriétaires, qui ont craint de se livrer à l'élevage des chevaux, par la perspective de la dépense énorme qu'elle mettait sous leurs yeux.

Les chevaux et les juments destinés à la génération dans les établissements d'élevage doivent-ils travailler, dans toute l'acception de ce mot, quels que soient leur race et le genre de service auquel ils sont destinés ? Oui, ils le doivent ; nous n'hésitons pas à le déclarer, et nous croyons le travail aussi nécessaire aux individus eux-mêmes qu'il est utile aux intérêts des propriétaires, sous tous les rapports.

Nous n'examinerons pas ici les raisons sur lesquelles se fondent ceux qui le défendent ; elles sont trop faibles et trop ridicules, pour ne rien dire de plus. Nous ne ferons pas non plus un traité d'hygiène pour prouver combien le travail, même le travail un peu fort est nécessaire à la santé ; nous nous rapprocherons davantage de notre but, et nous nous bornerons à suivre la marche de la nature.

Quelles sont, par exemple, dans l'espèce du cheval, les races qui multiplient le plus ? Ce sont, sans contredit, celles qui travaillent davantage, le plus fortement. En vain, on recommanderait aux propriétaires de chevaux de trait destinés à la propagation de se borner à les promener seulement sans les faire travailler. Ce précepte leur paraîtrait absurde, et ils auraient raison. S'il en avait été ainsi des propriétaires de chevaux et de juments de qualité, on ne constaterait pas le peu de fécondité de la plupart de ces animaux.

La marche de la nature est uniforme dans chaque espèce animale; on ne la contrarie jamais impunément, et c'est toujours avec fruit que l'on suit son impulsion. Voyez le cheval de trait, couvrant sa femelle, en rentrant du travail de toute la journée et le plus souvent harassé de fatigue : il la féconde constamment. Voyez l'étalon ambulant, qui court de village en village, et qui paraît plus ou moins exténué ; il ne trompe pas les femelles qu'il saillit. Voyez la jument, couverte par hasard dans l'écurie d'une auberge par le premier cheval entier qui se détache ; elle ne manque pas de faire un poulain.

On a vu les juments de charroi et d'artillerie, en campagne, épuisées de fatigue, de misère et de faim, couvertes par des chevaux qui sont dans le même état, se trouver pleines. Voyez enfin, dans les haras sauvages, dans les haras parqués, où la monte a lieu en liberté, les étalons et les juments courir, se fuir, se rapprocher, fuir encore, s'échauffer, se mordre, se battre et finir toujours par une fécondité très élevée. Comparez ces animaux avec les étalons de nos haras, bien soignés, bien gras, ne travaillant point, couvrant, avec toutes les précautions imaginables, une seule jument par jour, ou même tous les deux jours, et fécondant à peine la moitié de celles qui leur ont été présentées, et qui sont elles-mêmes dans de mauvaises conditions d'hygiène. Une pareille comparaison ne laissera pas longtemps de doute sur la nécessité d'un travail rationnel. Mais suivons encore la marche de la nature dans quelques autres espèces, et nous serons bien convaincus qu'elle est toujours la même dans son but.

Voyons les animaux sauvages, les cerfs, les daims, les chevreuils, les lièvres et autres, faire de longues courses, parcourir les forêts et les plaines, se livrer des combats furieux, se couvrir de sueur, rassembler un nombre indéterminé de femelles, se les approprier exclusivement, en couvrir un plus ou moins grand nombre, et plusieurs fois par jour; se refuser le boire et le manger, pour ne s'occuper que de la génération, devenir très maigres, s'exténuer, pour ainsi dire, et cependant être très féconds. Voyons, sous nos yeux, les animaux auxquels la domesticité n'a pas encore attaché le licou éternel : les chiens, les chats; quelles allées et venues, quelles courses plus ou moins violentes et répétées ne fait pas la femelle du premier pour attirer, en fuyant, les mâles sur ses pas!

et ceux-ci, haletants, épuisés de fatigue, se livrant néanmoins avec ardeur à la copulation, et faisant toujours un nombre considérable de petits; pourquoi ces courses, ces travaux, cette espèce d'exaltation, de raréfaction du liquide spermatique dans ces circonstances, si tout cela n'était pas nécessaire aux vues de la nature et à la conservation des espèces?

Mais n'avons-nous pas encore, plus près de nous et dans l'espèce humaine, des exemples frappants et généralement connus qui prouvent ce que nous venons de dire? Ne sait-on pas que les habitants des campagnes qui travaillent le plus, et qui sont généralement plus mal nourris, plus mal vêtus, plus mal logés que les habitants des villes, sont toujours entourés de nombreux enfants, forts et vigoureux comme leurs pères? Ne sait-on pas que, dans les villes mêmes, les ouvriers et les différentes autres classes du peuple sont plus aptes à la génération, et ont un plus grand nombre d'enfants que les riches oisifs qui jouissent de toutes les délices de la société et qui les payent par une infécondité assez constante, et toujours prématurée!

L'exercice est donc nécessaire, indispensable même, aux chevaux et aux juments destinés à la propagation.

Si cette vérité était plus généralement répandue qu'elle ne l'est, un bien plus grand nombre d'agriculteurs se livreraient à l'élevage et par conséquent à l'amélioration des chevaux; car celle-ci est nécessairement la suite et l'effet de la première. Ils ne considéreraient plus alors les étalons et les juments poulinières comme des animaux dispendieux destinés à être entretenus dans l'inaction toute l'année; et s'ils étaient persuadés que l'on peut, comme nous l'avons dit dans le chapitre précédent, élever des chevaux partout et sans pâturages, on en verrait beaucoup substituer à la culture de leurs terres par des chevaux entiers ou des chevaux hongres, la culture par des juments qui leur donneraient annuellement des productions propres à les remonter sans sortir de chez eux, et dont l'excédent serait livré avantageusement au commerce. Nous connaissons quelques gros agriculteurs dont les exploitations rurales sont montées en juments, et où il y a un attelage de chevaux entiers travaillant, destinés à servir d'étalons : les juments sont employées aux différents services, jusqu'au moment de mettre bas; il n'en coûte aux propriétaires que quelques juments de plus, en proportion de l'étendue de leur exploitation, pour le moment de la mise bas, et la dépense de la culture de quelques hectares de prairies artificielles, destinées à la nourriture des mères et des jeunes. Mais ils sont amplement dédommagés de cet excédent de dépenses par le profit qu'ils retirent de la vente des poulains.

Si nous jetons un coup d'œil en arrière sur nos haras, nous verrons que tout ce que nous conseillons aujourd'hui se pratiquait autrefois, tous les grands propriétaires s'occupaient de cet objet qui était productif. Ils montaient au manège leurs étalons et leurs juments; ils les employaient à la chasse, à la guerre, à la culture de leurs terres, à monter de nombreux domestiques. Pourquoi l'éleveur cultivateur ne ferait-il pas aujourd'hui ce qui se faisait autrefois avec profit?

CHAPITRE II

FÉCONDATION. — FÉCONDITÉ. — INFÉCONDITÉ GESTATION

La fécondation des poulinières. — Rôle de la fécondation dans la descendance. — Lorsqu'on jette un coup d'œil sur les statistiques annuelles que publie l'administration des haras, il est un fait qui doit forcément appeler l'attention : c'est la disproportion considérable qui existe entre le nombre des juments employées à la reproduction et celui des produits qui en naissent chaque année. Ce n'est point exagéré d'admettre que 40 0/0, au moins, sont frappées d'infécondité et font perdre aux éleveurs des revenus énormes. Plus nous irons, plus cet écart s'élèvera, la fécondité des races de course, particulièrement, ayant une tendance à diminuer encore, à cause de l'extrême artificialité des conditions de vie dans lesquelles nous les maintenons. Je n'insisterai pas ici sur cette importante question que j'ai étudiée dans un travail sur la stérilité, qui paraîtra incessamment

Cette perte périodique pèsera encore plus lourdement sur l'élevage en 1907. De tous les haras et jumenteries, en effet, il nous revient que le nombre de juments qui ont fait retour à l'étalon est considérable. Ces chaleurs tardives, qu'on peut, en majeure partie, imputer aux perturbations de la température, aux différences de pression atmosphérique que nous avonssubies, font présager un nombre de fécondations inférieur à la moyenne normale. Il est constant, en effet, que les conditions défavorables de température ont une influence marquée sur la fécondité. En règle générale, les printemps anormaux ont donné une plus faible quantité de gestations. Tout changement subit et violent dans les conditions d'ambiance produit des effets défavorables sur les organes générateurs des femelles. Comme l'aptitude des ovules à la fécondation dépend de leur plus ou moins parfait état de santé et de maturité, il est certain que les variations brusques de ce printemps ont eu une influence néfaste.

Le problème de la fécondation des poulinières soulevant les plus vives et les plus pressantes réclamations de la part des intéressés, on est en droit de s'étonner de l'indifférence du grand public de l'élevage pour la connaissance théorique de cette importante question. Il suffit, en effet, de parcourir les haras, les jumenteries de pur sang ou de demi-sang pour se convaincre qu'à de très rares exceptions près, les éleveurs, les stud-grooms et les naisseurs ignorent tout du processus de la fécondation. Or, c'est par la notion exacte de ce processus que l'on peut, non seulement espérer découvrir les véritables causes de la stérilité totale ou relative dans bon nombre de circonstances, mais même y apporter un remède efficace et rationnel.

Les progrès récents de la physiologie ont permis de reconnaître dans quelles conditions s'opère la reproduction des êtres. On sait à présent où, quand et comment s'accomplit l'acte qui perpétue l'œuvre de la nature. L'exposé complet de ces données se trouvant aujourd'hui dans tous les ouvrages traitant des méthodes de reproduction, je me contenterai d'esquisser les grandes lignes du phénomène, puis j'examinerai en me plaçant à un point de vue plus élevé le rôle de la fécondation dans la descendance.

Il y a seulement une vingtaine d'années, la fécondation était définie : la pénétration et la fusion de l'élément sexuel mâle dans l'élément sexuel femelle. Réduite à cela, la fécondation est connue chez un grand nombre d'êtres vivants, et elle est identique chez tous. Mais on a aujourd'hui pénétré beaucoup plus avant dans l'essence du phénomène et trouvé nombre de faits nouveaux extrêmement importants. Malheureusement, ils ne sont connus que dans un petit nombre de cas et ne sont pas partout semblables à eux-mêmes. Aussi, pour laisser au texte principal sa netteté et sa sobriété, vais-je décrire le cas imaginaire que fournit, après l'accouplement, la pénétration des spermatozoïdes dans l'utérus de la jument.

Lorsque l'œuf mûr se trouve dans un liquide où nagent les spermatozoïdes mûrs, ceux-ci s'approchent de lui, poussés par les ondulations de leur flagellum, et bientôt un ou plusieurs les rencontrent. Cette rencontre n'est pas le simple effet du hasard. Il y a une véritable attraction à distance des éléments l'un par l'autre, mais le spermatozoïde seul en manifeste les effets, car la masse de l'œuf est trop considérable pour être déplacée.

Lorsqu'un spermatozoïde est arrivé assez près de la surface de l'œuf, l'attraction devient assez énergique pour déplacer, non pas l'œuf, mais une partie de son vitellus qui s'élève en un cône d'attraction à la surface, juste en face du spermatozoïde, qui est dirigé vers lui la tête en avant. Le cône s'allonge, la tête s'avance, les deux parties s'accolent l'une à l'autre et le cône rentrant dans le vitellus entraîne le spermatozoïde avec lui. La queue se détache et n'entre pas dans l'œuf ou reste à la surface et, en tout cas, paraît ne jouer aucun rôle dans les phénomènes ultérieurs. La fécondation externe est accomplie. Aussitôt une même membrane vitelline se forme autour de l'œuf à partir du point où le spermatozoïde a disparu et oppose une barrière aux autres spermatozoïdes. D'ailleurs, l'attraction sexuelle diminue peu à peu et bientôt se disperse la foule de spermatozoïdes qui assiégeait l'œuf quelque temps auparavant. L'effet de la fécondation ayant presque aussitôt une répercussion sur tout l'organisme de la jument, les chaleurs cessent le plus souvent quelques heures après.

La génération sexuelle a donc pour condition première l'attraction sexuelle du spermatozoïde par l'œuf ou affinité sexuelle.

Sur la nature de cette attraction, on ne sait rien de positif. Naegeli la croit électrique. Il n'y a là qu'une vague ressemblance entre des effets dont les conditions de production n'ont rien de commun. O. Hertwig voit en elle un phénomène complexe qu'il ne définit pas d'une manière précise.

W. Pfeffer doit se rapprocher davantage de la réalité lorsqu'il la considère comme un phénomène chimiotactique. Il a constaté, en effet, que les diverses substances chimiques exercent une attraction positive ou négative variable selon leur nature et selon celle de l'organisme attiré. Il est possible, en effet, qu'il y ait dans l'œuf mûr une substance qui attire le spermatozoïde et réciproquement.

Avant d'aborder le rôle de la fécondation dans la descendance, nous allons passer en revue les expériences de Delage, Loeb, etc., qui jettent sur ce phénomène un jour tout nouveau.

Delage a fait l'expérience suivante. Il prend un œuf, il le coupe sous le microscope en deux moitiés. Les deux parties de l'œuf s'arrondissent, et on peut voir l'une avec son noyau et l'autre à côté sans noyau. Il ajoute du sperme de la même espèce. Les spermatozoïdes entrent également dans les deux parties.

La partie de l'œuf qui n'a pas de noyau ne s'en développe pas moins et ne donne pas moins naissance à un embryon parfaitement constitué.

Cette expérience permet de conclure que, pour la formation d'un nouvel être, le noyau d'un seul des deux parents peut suffire ; la participation des noyaux paternel et maternel n'étant utile qu'à un autre point de vue : pour fournir au produit les avantages d'une double lignée ancestrale.

D'autres expériences montrent la chose peut-être encore mieux. Ce sont celles de parthénogénèse expérimentale. Dans la nature, la fécondation se fait toujours par l'union d'un spermatozoïde avec un œuf. Mais prenons un œuf, éloignons, avec tous les procédés d'aseptie les plus rigoureux, toute possibilité de contamination par un spermatozoïde, et soumettons cet œuf à un réactif chimique d'ordre très simple, du chlorure de sodium et du chlorure de potassium, ainsi que l'a montré un naturaliste américain, Loeb, ou encore du chlorure de manganèse. Plus récemment, Delage a trouvé un nouveau réactif qui réussit beaucoup mieux que les précédents et qui ne le cède en rien à la fécondation normale. Ce réactif est simplement l'acide carbonique. Il se sert d'un flacon d'eau de seltz fabriquée avec de l'eau de mer au moyen de l'appareil à sparklets utilisé dans l'économie domestique.

Il met dans une cuvette un grand nombre d'œufs de l'animal qu'il étudie, l'Étoile de mer ou Astérie, il déverse sur eux de cette eau de seltz faite avec de l'eau de mer et une heure après, reportés dans l'eau de mer, tous se développent comme s'ils avaient été fécondés.

Il résulte de cette expérience que la participation d'un noyau mâle n'est pas nécessaire et que l'excitation qu'apportent les spermatozoïdes pour faire développer l'œuf n'est pas biologique, mais purement physico-chimique. On peut considérer que c'est là une découverte très importante parce qu'elle ramène à un phénomène physico-chimique plus simple un phénomène biologique mystérieux.

Les mêmes expériences ont résolu ainsi une question sur laquelle on aurait encore pu discuter bien longtemps, si on s'en était tenu à l'observation simple. L'œuf, pour devenir fécondable, doit subir une opération préliminaire : l'expulsion des globules polaires. Il faut qu'il rejette une partie de sa substance nucléaire sous la forme de petits globules; avec ces globules, l'œuf rejette tout ou partie de ce centrosome, dont nous avons parlé il y a un instant, centre des énergies qui servent à l'œuf pour se diviser; en sorte que l'œuf au moment de la fécondation, est considéré comme étant dépourvu de centrosome. Ainsi, ceux qui avaient étudié le phénomène de la fécondation étaient arrivés à la formule suivante : la fécondation est l'apport à la cellule femelle par le spermatozoïde, d'un noyau mâle, et d'un centre énergique. L'œuf est un globule passif ; il a tout ce qu'il faut pour faire un être nouveau ; mais il est inerte, il lui faut le feu sacré, quelque chose qui lui infuse l'énergie nécessaire à son développement. Cette énergie lui est fournie par le centrosome du spermatozoïde.

Il y avait dans cette théorie quelque chose de particulièrement séduisant, quelque chose qui rappelle un peu ce que sont les êtres porteurs des sexes différents chez tous les animaux et même jusque dans l'humanité, la femelle étant l'être passif, conservateur, qui accumule en lui les réserves; le mâle, au contraire, étant l'être agile qui apporte les énergies nécessaires.

Lorsqu'on soumet à l'action de l'acide carbonique cet œuf qui n'a plus de centrosome ou qui est censé ne plus en avoir, on voit apparaître à son intérieur, non pas un, mais peut-être une douzaine, une vingtaine de centrosomes, de chacun desquels partent ces radiations qui nous montrent qu'ils sont des centres de forces ; ces radiations se jettent de la même manière sur les chromosomes, comme pour les diviser et les distribuer en un grand nombre de cellules. Nous voyons donc que le centrosome n'est pas absent de l'œuf et que la femelle a parfaitement des substances énergétiques sans que le mâle ait besoin de lui en apporter. On voit, en outre, par là que ces globules centrosomes ne sont pas des particules de substance spéciale, mais seulement des centres de forces.

Le naturaliste américain Loeb est encore allé plus loin dans cette voie. On sait que pour obtenir une fécondation, il faut prendre le mâle et la femelle de la même espèce ou, dans les cas d'hybridation, d'espèces très voisines. On n'avait jamais réussi à faire féconder un animal d'un ordre par un animal d'un ordre différent, par exemple une astérie par une holothurie, animaux qui sont aussi différents l'un de l'autre que peut l'être un oiseau d'un mammifère.

Il était aussi ridicule de songer à faire féconder ces animaux l'un par l'autre que de songer à obtenir l'hybride, souvent mentionné par plaisanterie, d'une carpe et d'un lapin. On y est arrivé cependant. Loeb a soumis les œufs à l'action de certaines solutions salines de façon à les rendre accessibles aux spermatozoïdes d'un être appartenant à un ordre différent. Il a pu ainsi obtenir un hybride (qui n'a présenté, il est vrai, qu'un commencement d'évolution) d'une holothurie et d'une astérie.

D'où l'on peut conclure que la non acceptation du spermatozoïde par l'œuf d'une espèce trop différente dépend de conditions simples, purement physico-chimiques, telles que la tension superficielle ou l'alcalinité plus ou moins grande du milieu.

Revenons à l'œuf normalement fécondé. Aussitôt, il se divise successivement en 2, 4, 8, 16, 32, etc., cellules pour constituer le matériel embryonnaire. D'ordinaire, cette segmentation est totale, c'est-à-dire intéresse toute la masse de l'œuf, mais dans les gros œufs, elle ne divise qu'une calotte superficielle, laissant le reste sous la forme d'un résidu insegmenté destiné à servir d'aliment à l'embryon. On soupçonne bien que cette différence est due à l'accumulation dans les gros œufs, vers l'un des pôles, d'une masse de substance nutritive trop inerte pour prendre part à la division.

Hertwig en fournit la preuve expérimentale : il prend des œufs de grenouille (œufs de grosseur moyenne où ces substances nutritives sont disséminées dans toute la masse de l'œuf de façon à ne pas empêcher la segmentation d'être totale), les soumet, dans un appareil centrifuge, à une rotation, sous l'influence de laquelle tout le protoplasme formatif s'accumule à l'un des pôles, laissant la substance nutritive au pôle opposé. Les œufs ainsi traités soumis à la fécondation subissent une segmentation incomplète tout comme un œuf de poule.

Une théorie très intéressante et très importante est née de l'observation seule des phénomènes ; c'est celle qu'on appelle la théorie de la mosaïque, imaginée par le naturaliste allemand W. Roux. Voici un œuf avec son noyau ; il se développera en un petit être qui lui a donné naissance. Lorsque cette œuf se développe, il se divise, il donne d'abord deux cellules, puis quatre, puis huit, etc., un nombre de cellules de plus en plus considérable avant qu'on ne voie apparaître aucun organe. Finalement ces cellules se groupent de manière à former ici le foie, là l'estomac, ailleurs la tête, etc...

Lorsqu'on suit la généalogie de ces cellules, on voit quelquefois que certains de ces groupes ont pour origine une seule cellule laquelle est leur cellule-mère. En tout cas, on peut toujours concevoir une généalogie cellulaire ininterrompue depuis l'œuf jusqu'aux derniers éléments des organes de l'être achevé. On s'est dit alors : puisque certains groupes de cellules provenant d'une même cellule-mère arrivent à former le foie, l'estomac, la tête et les divers organes, c'est que ces organes, sous une certaine forme, préexistaient dans l'œuf. On en est arrivé à concevoir ainsi l'existence dans l'œuf d'une sorte d'*homonculus* dont toutes les parties, sans être dessinées, seraient représentées dans l'œuf par des particules ayant chacune dans l'œuf une place déterminée et renfermant en elles la faculté de donner naissance aux organes auxquels elles correspondent. La segmentation ne serait alors qu'une opération destinée à séparer les unes des autres les cellules-mères de ces groupes cellulaires, de manière à les isoler et à leur permettre de donner naissance aux groupes cellulaires, rudiments des divers organes. On considère l'œuf comme une sorte de mosaïque dont chacun des petits cailloux serait le rudiment d'un organe composant le corps.

Ici encore on aurait pu observer pendant bien longtemps; si on n'avait pas mis la main à la pâte, transformé, modifié les œufs et les êtres en évolution, on ne serait arrivé à rien. Mais voici ce qu'on a fait.

Un naturaliste français, Chabry, a imaginé de supprimer, en le piquant avec une aiguille très fine, l'une des deux cellules qui constituent l'embryon au moment où l'œuf s'est divisé une seule fois. De ces deux cellules, l'une correspond à la moitié droite, l'autre à la moitié gauche du corps. Si donc la théorie de la mosaïque était vraie, quand une des cellules a été supprimée, il devrait se former un embryon réduit à une moitié de son corps. Il n'en est rien. Dans la plupart des cas, il se forme un être tout entier.

Il en est de même si, au lieu de supprimer une cellule au stade où il n'y en a que deux, on en supprime une, deux, ou même trois au stade suivant où il y en a quatre.

On peut conclure de ces faits qu'il n'y a pas dans l'œuf des particules correspondant chacune à un organe spécial, mais un ensemble correspondant à un ensemble. Tant qu'il y a assez de matière, ce qui reste suffira pour former l'ensemble avec ses caractères définitifs.

Si cette démonstration paraissait insuffisante, en voici une autre qui certainement ne méritera pas le même reproche ; elle a été faite au laboratoire de Roscoff par un savant polonais, M. Garbowski. Ce naturaliste prend des œufs d'oursins, les féconde et les laisse développer jusqu'au stade morula, dans lequel les cellules de la segmentation sont nombreuses et groupées sous l'apparence d'une petite mûre. Pendant ce développement, un certain nombre d'entre eux sont placés dans de l'eau de mer colorée, les uns dans une solution de bleu de méthylène, les autres dans une solution de rouge neutre. Ces substances ont la propriété de ne pas altérer la constitution de ces êtres, et de permettre la continuation de la vie. On obtient ainsi des larves appelées pluteus, les unes rouges, les autres bleues. Mais avant qu'elles soient arrivées à l'état de pluteus et lorsqu'elles sont encore au stade de morula, il les coupe en deux et met pêle-mêle les moitiés rouges et les moitiés bleues au fond d'un long tube sous une assez forte pression d'eau, de manière à les amener à se coller. Les fragments se soudent selon les hasards de leur rencontre et, par un triage attentif, on arrive à trouver et à isoler des morula mi-parties rouges et mi-parties bleues. Ces morula mixtes étant constituées par la soudure au hasard de fragments quelconques, ne contiennent certainement pas un matériel embryonnaire complet : certains éléments des morula normales s'y trouvent deux fois, tandis que d'autres manquent tout à fait. Eh bien, malgré cela, ces morula se développent en larves parfaitement normales. On obtient des pluteus régulièrement conformés, constitués par un assemblage irrégulier de cellules les unes rouges, les autres bleues. Mais laissons l'embryologie et revenons à la fécondation.

La fécondation est souvent considérée comme un rajeunissement, opinion sans valeur qui met une comparaison vague là où l'on demande une explication. Il n'y a pas rajeunissement au sens propre du mot, l'œuf fécondé ayant évidemment l'âge moyen des éléments qui l'ont constitué. Quand on fait saillir un vieux cheval entier, il n'en est pas moins un vieil étalon, bien qu'il soit un débutant dans cette nouvelle carrière. Il y a bien dans l'œuf fécondé des conditions nouvelles d'activité qui ressemblent à celles qui sont naturelles aux êtres jeunes, mais ce n'est pas les expliquer que leur donner un nom qui les peint.

L'opinion la plus répandue est que la fécondation sert à fondre deux individus en un, mais les avis diffèrent sur l'avantage qui en résulte.

H. Spencer y voit le dérangement d'un équilibre qui tendrait vers une stabilité défavorable au mouvement vital. C'est là de la métaphysique. Darwin n'explique rien mais il prouve. Il montre que plus les procréateurs sont différents, jusqu'à la limite qu'impose la réussite du croisement, plus le produit est vigoureux, et qu'inversement plus ils sont semblables, plus le produit est faible; d'où l'on peut conclure que ce qui est utile dans la fécondation, c'est la différence individuelle entre l'étalon et la jument.

O. Hertwig donne à cette opinion, fondée uniquement sur la physiologie une confirmation anatomique : les différences morphologiques entre les produits sexuels sont contingentes, secondaires et la seule chose nécessaire dans la fécondation, c'est la réunion de leurs différences individuelles.

La fécondation sert à produire la variation, selon Weissmann. Elle sert à l'empêcher, prétendent Hatseheck et O. Hertwig. Et, chose singulière, tous à la fois ont tort et raison. Il est parfaitement évident que la fécondation est une cause de variation, car elle donne chaque fois au poulain d'innombrables possibilités de ressemblances avec deux lignées ancestrales, au lieu d'une, et dans ces deux séries quelques-unes toujours sont réalisées. Weissmann est donc dans le vrai. Il n'en est pas moins certain que les particularités individuelles sont empêchées de se transmettre pures et de se perpétuer avec quelque constance par le mélange incessant du plasma germinatif qui les possède avec des plasmas qui ne les possèdent pas.

Les variations individuelles sont donc sans cesse noyées dans la moyenne de la race, et par là empêchées de se perpétuer et de se majorer.

L'infécondité des juments et l'ovulase. — Les non-fécondations que l'on constate ne sont pas toutes provoquées par le mauvais temps dont nous avons signalé l'influence dans le précédent paragraphe, mais bien par des affections multiples et par des désordres de l'organisme qui empêchent d'atteindre le but final qu'on se propose. La difficulté est grande de pénétrer les mystères intimes du processus physiologique de la fécondation, de même en ce qui concerne la pathologie de cet acte, il est un nombre considérable de problèmes qui attendent encore une solution entière et complète. Aussi n'insisterons-nous pas davantage sur l'étude de ces questions, qui nous entraînerait trop loin. Nous nous bornerons à considérer quelques éléments de ces problèmes. Le rôle de la nourriture dans ses rapports avec la reproduction du cheval, est celui que nous examinerons d'abord.

La nature de l'alimentation a une influence directe, indéniable sur l'infécondité temporaire que l'on observe si fréquemment. Les enquêtes faites dans les haras montrent des poulinières vides pendant plusieurs années malgré la diversité des étalons employés. Les renseignements recueillis apprennent alors que les jument n'ont été l'objet d'aucune préparation diététique et ont été livrées directement à l'étalon.

Dans d'autres haras, au contraire, on est étonné du nombre de résultats positifs qui reconnaissent pour cause une hygiène appropriée, un régime spécial appliqué aux juments destinées à la reproduction.

On peut affirmer que la stérilité des juments, lorsqu'elle n'est pas liée à un trouble fonctionnel, reconnaît pour cause dans bien des cas la nervosité du sujet et la suralimentation. Examinons brièvement le rôle nuisible joué par ces deux facteurs. Le cheval de course, par exemple, dès sa plus tendre jeunesse est soumis à une alimentation intensive à base d'avoine. Cette suralimentation se traduit fatalement par une inflammation vive et détermine un état pléthorique peu favorable à la fécondation. Il faut donc modifier l'organisme, donner au sujet un tempérament pour ainsi dire lymphatique. Ce résultat sera obtenu par un régime diététique approprié. Aux grains qui constituaient la dominante de la ration, il faut substituer à cette période, des aliments doués de propriétés hygiéniques et rafraîchissantes (maïs, tubercules, aliments sucrés).

La nervosité est fonction du tempérament et de la suralimentation ; le même régime, dans le cas où l'éréthisme est accusé, devra être appliqué. En somme, à cette période, un régime débilitant doit se substituer au règime échauffant auquel a été soumis le sujet. En modifiant le facteur nervosité, l'animal se trouvera dans les meilleures conditions pour que l'imprégnation soit positive. Tous ses organes y compris les sexuels, seront dans un état de calme, de relâchement favorable à la fécondation. La nervosité, l'impressionnabilité due au voyage, aux déplacements en chemin de fer, au changement de milieu, sont autant de causes nuisibles. Cette période préparatoire aura pour but d'acclimater le sujet.

L'influence de l'hygiène et d'un régime diététique approprié n'est pas douteuse ; que de fois a-t-on constaté, chez des jument brûlées par l'avoine, l'infécondité ; soumises au même étalon après avoir suivi une période préparatoire, elles étaient fécondées dans la suite avec succès.

Il est donc logique d'admettre une stérilité d'origine alimentaire, liée à l'état pléthorique dont la fréquence chez le pur sang n'est pas douteuse. Chez certains sujets pléthoriques, pour diminuer cette période préparatoire, il y a indication de les anémier par une saignée copieuse ; mais, en règle générale, l'emploi du régime débilitant (suppression totale ou partielle des grains ; emploi des aliments aqueux, verts, tubercules, etc.) est suffisant. Chez les « surmenés » on observe une dépression organique, un affaiblissement général qui diminuent les chances de la fécondation. Comme dans le cas précédent, une période préparatoire est nécessaire, mais l'hygiène et l'alimentation doivent remplir un but opposé, au lieu de déprimer l'organisme, il faut le tonifier ; un régime tonique et alibile s'impose. Il est regrettable de constater que ces données hygiéniques et diététiques, qui sont appliquées dans l'élevage des autres animaux, ne soient pas observées chez le cheval et que la fécondation, dont l'importance économique dans le cas spécial qui nous occupe n'est plus à démontrer, soit laissée au hasard et à la routine.

Tout en déplorant les pertes annuelles qu'éprouvent les éleveurs, on peut toutefois formuler qu'une certaine stérilité n'est après tout qu'une des lois de la nature dont on rencontre les applications de tous côtés, et il n'y a rien d'anormal à ce qu'il y ait un certain nombre de juments stériles. Sans cette restriction dans la fécondité, il y aurait encombrement.

Dans toutes les espèces animales libres, nous sommes frappés de la prolifération innombrable, de mois en mois, des petites espèces, et d'année en année chez les plus grandes. Mais là, encore, il y a beaucoup de cas de stérilité. Parmi les animaux sauvages, le gibier, il y a des années où il y a beaucoup de couvées et de portées, d'autres où il y en a peu. On explique de loin en loin cette rareté par les intempéries, le manque de certaines nourritures, des herbes, des fruits, des tubercules ; d'autres fois nous n'en pouvons saisir la raison.

Dans les troupeaux, dans les bergeries, il survient aussi des années de stérilité dont la cause nous échappe. Ces stérilités, ces manques, ces affaiblissements dans la semence ou ces morts presque avant la vie, immédiates, dans l'embryon, sont annuels.

Lorsqu'on observe les juments qui n'ont pas produit pendant un ou deux ans, on constate qu'elles sont reposées, fortifiées, qu'elles se soutiennent mieux. Il résulte donc de cette petite revue autour de nous que la stérilité est une force que la nature se réserve pour l'employer tantôt dans un sens tantôt dans un autre, pour ses différences, ses inégalités, ses individualités, ses variétés d'aptitudes, et pour les dissemblances des sujets semblables dans lesquels elle s'est complue.

Je tiens à signaler une importante découverte qui est appelée à exercer une influence considérable sur le degré de fécondité des poulinières. On sait que les empêchements d'ordre chimique qui entravent la pénétration des spermatozoïdes dans l'acte de la fécondation, causent de nombreux cas d'infécondité. L'action délétère des sécrétions acides sur la vitalité des éléments mâles, ainsi que l'utilité des produits alcalins qui les neutralisent, sont connues de tout le monde comme donnant lieu à des applications thérapeutiques spéciales.

Par suite des troubles de l'ovulation, il arrive très souvent que l'infécondité des poulinières provient aussi de ce que l'œuf, dans des conditions normales, a une évolution si lente qu'il meurt avant d'avoir pu entrer en développement ; en accélérant le processus, le principe qu'on vient de découvrir, lui permet d'atteindre un stade plus avancé pour qu'il puisse continuer ensuite son évolution physiologique et arriver au degré de maturité qui le rendra fécond.

Des expériences rigoureuses faites par moi ont permis d'établir qu'on peut en employant l'*ovulase* parer à l'excès d'acidité, au manque de vitalité des éléments mâle et femelle qui sont les causes les plus fréquentes de l'infécondité des poulinières.

Les résultats obtenus sur un grand nombre de juments traitées par le produit qui nous occupe ont permis d'établir que le degré de fécondité s'est élevé à 87 0/0, alors qu'il atteint à peine 60 0/0 au plus dans toutes les jumenteries.

Nous croyons devoir signaler à l'attention des éleveurs cette découverte appelée à exercer une grande influence sur la fécondité des juments.

Par suite des troubles de l'ovulation, il arrive très souvent que l'infécondité des poulinières provient aussi de ce que l'œuf, dans des conditions normales, a une évolution si lente qu'il meurt avant d'avoir pu entrer en développement. En accélérant le processus, le procédé que nous indiquerons plus loin, lui permet d'atteindre un stade plus avancé pour qu'il puisse continuer ensuite son évolution physiologique et arriver au degré de maturité qui le rendra fécond.

Parfois l'œuf se trouve dans un état d'équilibre instable; sans aide et dans les conditions normales, il est incapable de contribuer à l'affinité chimique indispensable, mais il lui manque peu de chose pour exercer son attraction et ce quelque chose n'a rien de spécifique. Les excitants chimiques peuvent le lui fournir; il suffit de rendre plus excitant le milieu où il se trouve au moment de l'accouplement.

Il peut se trouver aussi que l'élément mâle, porte en lui un ferment soluble capable d'agir sur l'œuf après leur union et d'en empêcher le développement ontogénétique.

Avec l'application de la méthode qui nous occupe on pare aux différentes éventualités que nous venons d'énumérer.

Depuis que les mémorables travaux de O. Hertwig, Loeb, Delage, Driesch, Pietri, etc... ont permis d'aborder méthodiquement la question de la fécondation expérimentale, chaque année nous apporte des faits nouveaux. J'ai étudié en rappelant ces travaux dans la *Revue de Physiologie*, dans le *Sport Universel*, dans l'*Élevage Scientifique*, etc., les diverses méthodes susceptibles de diminuer l'infécondité des poulinières de pur sang, en insistant plus particulièrement sur l'emploi de différentes substances dont la combinaison a une action spécifique indépendante d'une élévation du pouvoir osmotique.

En employant une solution de chlorure de manganèse dans l'eau distillée, à une concentration égale à celle de l'eau de mer, on avait déjà pu obtenir la fécondation chez des juments rebelles considérées comme stériles. Avec l'eau de mer chargée de bicarbonate de calcium on est également parvenu à féconder des sujets difficiles.

L'argent à très faible dose ayant aussi une action spécifique on a expérimenté son action avec un certain succès.

En outre, en faisant agir successivement de l'eau de mer rendue hypertonique, par adaition d'une solution de NaCl, puis après lavage de l'eau de mer additionnée d'un acide monobasique on est arrivé à d'excellents résultats. Mais c'est en cherchant à combiner toutes ces méthodes qu'on a pu obtenir le résultat souhaité : les juments qui avaient reçu en injection avant la saillie les deux solutions qui ont été appelées ovulase A et ovulase B ont toujours été fécondées. Ces deux solutions qui constituent en quelque sorte la synthèse de toutes les préparations qui avaient été expérimentées constituent une sorte d'antitoxine qui neutralise les actions nocives des juments et guérit leur infécondité lorsque cette dernière est due à un empêchement d'ordre chimique.

L'ovulase comporte ainsi que je viens de le dire, deux solutions : une solution A et une solution B qui doivent être injectées · la première dans l'utérus, la veille du jour où la jument doit être saillie et après l'asepsie complète des organes; la seconde dans le vagin dix heures avant l'accouplement. Ces injections doivent être faites à la température de 30° environ et à l'aide d'un instrument du genre de l'inséminateur Certes.

Les expériences ayant surtout eu lieu sur des juments vides depuis plusieurs années et qu'on désespérait de voir féconder, ont montré l'efficacité de cette solution active, qui, par sa composition chimique, par son rôle, entre dans la catégorie des diastases et est appelée à rendre les plus utiles services. Car en dehors des théories que l'on peut édifier sur ces expériences, on entrevoit déjà les conséquences importantes qui se dégagent des faits observés.

Ces essais sont dignes incontestablement d'être tentés par les éleveurs soucieux d'augmenter le nombre des naissances de leurs studs. Ils méritent d'attirer à un haut degré leur attention, car à la solution du problème de la stérilité chez la jument se rattachent une foule de questions d'ordre économique que je crois inutile de rappeler ici.

Le monde de l'élevage rendra, je l'espère, justice aux intentions qui nous animent en propageant cette nouvelle méthode et verra que dans ces quelques lignes, nous ne sommes inspirés par aucune idée commerciale, mais bien par le souci scientifique de combler une lacune qui porte un grand préjudice à la prospérité de nos races de chevaux, à l'étude desquelles nous nous sommes plus spécialement consacré.

Ceux qui, comme moi, ont, de par leur profession, des occasions répétées d'être en rapport avec des éleveurs, ceux qui sont à même de toucher du doigt les ennuis qui annuellement atteignent le grand éleveur de pur sang aussi bien que le naisseur de chevaux de remonte, ceux-là comprendront la grande utilité de cette découverte, dont l'emploi tend à se généraliser de plus en plus dans les milieux où l'on élève, et qui permet d'espérer une augmentation dans la production totale de chaque jument, au point qu'on peut espérer avoir les juments pleines pendant un certain nombre d'années consécutives.

Ce serait évidemment beaucoup demander que de vouloir obtenir d'une poulinière un produit chaque année, pendant toute la durée de son existence. La nature n'est point inépuisable et a besoin de repos. Il ne devrait pas être rare cependant de voir une jument mettre bas six à sept poulains de suite consécutivement; or en moyenne, lorsque l'éleveur obtient d'une poulinière deux poulains en trois ans, il s'estime très heureux. Et encore cette proportion n'est pas toujours atteinte.

Avec l'application de l'ovulase, qu'on peut employer chez la jument au moment de la première saillie de la saison, on augmente les chances de fécondation, et on avance ainsi l'heure de la mise bas. Il y a un grand intérêt, ne l'oublions pas, à faire naître, le poulain de course surtout, le plus tôt possible. Comme il doit presque toujours courir ou être entraîné à deux ans, un, deux, trois mois de plus sont un grand avantage, le jeune animal ayant eu le temps de se développer davantage et de recevoir une préparation plus complète. Il est donc de toute nécessité d'obtenir la fécondation des juments de bonne heure en combattant, par tous les moyens que nous offre la science moderne, la stérilité relative, la stérilité passagère qui atteint avec une plus ou moins grande intensité les juments au haras. Or, parmi ces moyens, il n'y en a pas de plus efficace que l'application très simple de l'ovulase combinée avec la fécondation artificielle, dont je me suis occupé à maintes reprises dans la presse.

Le succès de cette pratique, tendant à diminuer le nombre de saillies que chaque étalon doit faire annuellement, rend celui-ci plus fécond et prolonge, en fin de compte, sa carrière au haras par suite de la diminution de l'intensité de son service. La fin de la saison de la monte peut ainsi s'effectuer dans des conditions physiologiques aussi bonnes qu'au début. Or, tout le monde sait qu'à la fin de la saison, la proportion des juments non fécondées est beaucoup plus considérable. Cela tient à ce que le nombre des saillies pour chaque sire est beaucoup trop élevé. Pour son propriétaire, comme dans l'intérêt de l'éleveur qui lui envoie des juments, il vaudrait beaucoup mieux que chaque étalon eût un nombre de saillies plus réduit.

Jusqu'à ce qu'il ait atteint l'âge de six ans, le jeune étalon ne doit pas saillir au delà d'une fois par jour. Il peut commencer son service dès l'âge de quatre ans, mais à la condition de ne saillir, au début que trois ou quatre fois par semaine. Plus il a de valeur par son origine, ses performances et ses qualités individuelles, plus il a d'avenir, par conséquent, plus il importe d'être attentif à observer une telle recommandation.

Le nombre des juments constituant la monte d'un étalon varie suivant son âge. Il est, en moyenne, de six à quinze ans, de quarante juments. Ce chiffre se trouve forcément augmenté par la nécessité des revues; les juments qui ne sont pas pleines à la première saillie redemandant le cheval une seconde et souvent plusieurs fois. En appliquant la méthode que nous avons indiquée plus haut, appelée à diminuer le nombre des revues, tout le monde y trouverait son compte : l'étalon arriverait frais à la fin de la monte, un plus grand nombre de juments seraient fécondées parce qu'elles auraient été saillies par un étalon reposé, et l'on pourrait ainsi augmenter le nombre d'inscriptions dans une proportion assez importante. Les résultats, au point de vue économique, sont donc appréciables.

L'accomplissement du « saut » exige de la part du mâle une grande dépense de force, qu'il faut réduire au minimum en diminuant le nombre possible d'inscriptions. Ce paradoxal problème ne peut être résolu que par l'application d'une hygiène rigoureuse, d'un régime alimentaire rationnel, et par l'emploi des pratiques qui ont fait l'objet de ces quelques pages. Un bon étalon ne dure jamais trop longtemps. C'est un mauvais calcul d'en abuser. On le met ainsi hors d'état d'accomplir sa fonction, alors qu'il aurait encore le temps de procréer une longue lignée d'excellents produits.

Les causes de l'infécondité des hybrides. — On sait que les mulets, hybrides du cheval et de l'âne, restent stériles, et cette stérilité serait due à l'absence de spermatozoïdes dans le sperme du mâle et à l'absence d'ovules chez la femelle. L'infécondité paraîtrait liée à une dégénérescence sexuelle.

Mais quelle est la cause directe, le mécanisme de cette dégénérescence, qui n'entraîne d'ailleurs pas l'affaiblissement de l'instinct sexuel? C'est ce qu'a recherché M. Iwanoff, sur deux hybrides voisins des mulets, deux zébroïdes résultant d'un croisement d'un cheval domestique mâle et d'un zèbre femelle.

Il a constaté que ces zébroïdes mâles tous deux se comportaient parfaitement bien au point du vue génital. Et si, dans le sperme, après accouplement, on ne trouvait pas de spermatozoïdes, l'étude histologique des testitules permet ensuite de constater que des spermatozoïdes étaient pourtant constitués dans la glande. L'auteur fut alors conduit à admettre que le sperme devait, réellement, malgré l'apparence, contenir des spermatozoïdes, mais que ceux-ci disparaissaient rapidement. Sous quelle influence peut s'effectuer une telle disparition?

M. Iwanoff déclare avoir pu mettre en évidence l'existence, à l'intérieur du vagin de la femelle couverte, des phénomènes de phagocytose : il y a absorption de tous les spermatozoïdes par des leucocytes, qui secrètent une spermatoxine digestive.

Ce fait, s'il est confirmé, serait extrêmement intéressant et ramènerait le phénomène à des lois générales de la biologie : de même qu'il se développe chez un animal à qui on injecte des globules d'un autre animal des hémolysines qui attaquent ces globules, le sérum de l'animal injecté acquérant les propriétés hémolysiques les plus nettes, de même, on le sait déjà, des injections de sperme font apparaître des spermatoxines ou spermolysines. Seulement, le fait nouveau, ce serait l'apparition, la diffusion leucocytaire, de ces spermatoxines à l'extérieur dans la cavité vaginale. La raison et le mécanisme de cette sortie armée resteraient encore à trouver.

Mais. l'explication générale est séduisante; elle rend compte, selon M. Iwanoff, de ce fait que les hybrides de poissons ne sont pas stériles : la fécondation des ovules par le sperme s'effectue, en effet, en dehors de la femelle, dans l'eau, à l'abri, par conséquent, de l'avidité des leucocytes.

A vrai dire, on ne comprend plus dès lors, comment la fécondation est possible même entre les animaux de même espèce, car d'un individu à l'autre il peut se développer des toxines réciproques, de moindre nocivité d'ailleurs que pour des animaux d'espèce différente; si l'on admet que cette moindre nocivité permet à un nombre suffisant de spermatozoïdes de subsister jusqu'à ce que l'un atteigne le but, alors, et s'il est naturel que les spermatozoïdes du mulet soient dévorés par les leucocytes de la jument ou de l'ânesse, ou ceux du cheval ou de l'âne par les leucocytes de la mule, par quelle aberration ces derniers s'attaquent-ils aux spermatozoïdes du mulet? On dira peut-être que ces leucocytes préparés à la lutte contre les éléments mâles du cheval et de l'âne, le sont à plus forte raison, contre ceux qui tiennent à la fois de l'un et de l'autre de ces deux animaux. Mais alors, et c'est là la difficulté essentielle, comment les spermatozoïdes du cheval ne sont-ils pas phagocytes chez l'ânesse et réciproquement, étant donné que nous avons encore affaire à deux espèces différentes?

Il reste bien des obscurités encore, par conséquent, et d'ailleurs la biologie nous met en présence de bien des faits d'affinité ou d'hostilité entre les éléments d'espèces différentes, sans que les raisons en apparaissent clairement. Quoi qu'il en soit, des recherches dans cette voie, qu'a entr'ouverte M. Iwanoff seraient certainement intéressantes et nous serons peut-être appelés à voir ce que les anciens redoutaient comme un prodige effrayant, des mules qui mettraient bas. Il suffirait de trouver aux spermatoxines leur antitoxine, en sorte qu'une sérumthérapie nouvelle, en neutralisant les actions nocives des femelles « guérirait » de leur infécondité les mulets et les zébroïdes.

L'exploration rectale dans le diagnostic de la gestation. — La question du diagnostic de la gestation n'est pas la moins importante parmi toutes celles qui peuvent intéresser les éleveurs et, placée sur le terrain purement pratique, elle comporte un enseignement que je crois de mon devoir de propager.

Certes, l'on a déjà beaucoup écrit sur ce sujet, et chaque stud-groom, chaque directeur de jumenterie ou d'élevage croit avoir la certitude de pouvoir, de son œil observateur et expérimenté, porter le diagnostic de la gestation.

Chacun s'appuie sur tel ou tel signe extérieur qu'il préfère et qui rarement le met en défaut.

Ces signes sont fort nombreux; nous en avons passé un grand nombre en revue dans le *Pur Sang*, mais ils ne donnent tous ou presque tous que des probabilités, et nombreuses sont les erreurs de diagnostic.

Que d'hésitations dans les premiers mois de la gestation ! Que de déceptions au moment tant attendu du terme !

Telle jument qui présentait les apparences de la gestation ne donne pas son produit.

Telle autre, que l'on croyait inféconde et que l'on a vendue au bout de quelques mois, donne son produit chez son nouveau propriétaire, à la grande déception du vendeur.

Dans l'espèce bovine, là où, à côté de l'élevage, l'engraissement est l'adjuvant précieux des insuccès de la fécondation, M. Bernaud, vétérinaire, a été bien souvent le témoin, dans sa déjà longue carrière de praticien, de l'embarras d'un propriétaire en face du dilemme suivant :

« Ma vache, disait-il, est en état d'embonpoint presque suffisant pour être livrée à la boucherie ; mais elle doit être pleine de sept à huit mois, et aucun signe ne vient m'en donner la certitude.

« Si elle est pleine, je dois diminuer sa ration, pour éviter les accidents du vélage.

« Dans le cas contraire, je dois hâter l'engraissement. »

Là où le praticien hésite, le hasard commence, et au terme de la gestation, ou bien la vache en question ne vêle pas, perte de temps et d'argent ; ou bien elle vêle avec tous les dangers de son état.

Si, prenant une hâtive détermination, notre éleveur vend sa vache à l'époque où se posait le dilemme précédent, il risque la mauvaise chance de livrer à la boucherie une vache en état de gestation avancée : perte énorme pour son élevage et sa bourse.

Il importe donc de pouvoir, le plus hâtivement possible, porter le diagnostic de la gestation, mais à travers les nombreuses méthodes employées, empiriques ou scientifiques, anciennes ou modernes, mécaniques ou chimiques, je ne retiendrai ici que celle de l'exploration rectale, purement manuelle, et que je considère comme la plus rationnelle, parce qu'elle permet de toucher directement le fœtus à travers ses diverses enveloppes.

« Cette méthode, que j'ai pratiquée, dit M. Bernaud, sur plus de quatre mille sujets, m'a permis de faire différentes constatations sur la gestation, en même temps qu'elle m'a donné souvent de précieuses indications pour l'époque de la parturition.

« La méthode de l'exploration rectale consiste à introduire le bras dans le rectum et à s'en servir comme d'un gant pour explorer la cavité pelvienne et palper l'utérus. C'est cette palpation de l'utérus qui permettra, avec un peu d'habitude, de découvrir les différentes modifications survenues dans la forme et les dimensions de cet organe, et, lorsque la gestation est assez avancée, de sentir le fœtus, à travers ses enveloppes, baignant dans le liquide amniotique ; de reconnaître sa position, son volume et son état de vitalité.

« Pour cette manœuvre, chez la jument, il faut appliquer un tord-nez et faire lever le membre antérieur du côté où l'opérateur se placera ; tandis que chez la vache, il suffira de la tenir par les naseaux et la corne, la tête tournée vers l'encolure.

« L'opérateur doit se couper les ongles et se graisser le bras qu'il introduit dans le rectum, vide, par un mouvement de pression et de térébration.

« En abaissant la main, il sentira immédiatement l'utérus, qui, si l'animal n'est pas en état de gestation, tiendra facilement en entier dans la main (les cornes se dirigeant en haut vers les ovaires chez la jument, et en bas chez la vache), et cela sans qu'il soit nécessaire d'introduire dans le rectum, plus loin que l'avant-bras.

« Si l'animal est en état de gestation, la situation change suivant que l'on a affaire à une primipare ou à une pluripare.

« Chez la primipare, le fœtus se trouvera encore immédiatement sous la main, peu avancé dans l'abdomen, tandis que chez la pluripare, il faudra quelquefois introduire le bras en entier et explorer très loin et en bas, pour en déceler la présence. Cela tient aux ligaments larges, suspenseurs de l'utérus, qui après plusieurs gestations restent dans un état de relâchement constant.

« Chez la primipare, et à cause de la facilité de la palpation, il sera facile de reconnaître l'état de gestation au bout du troisième mois, tandis que chez la pluripare, il faudra attendre le quatrième mois.

« A ce moment, l'on ne perçoit pas encore l'existence du fœtus; l'on sent simplement un allongement de l'utérus, avec un volume presque double, et à l'intérieur de l'utérus, l'on a une sensation de fluctuation.

« A partir du cinquième mois, le fœtus est perceptible ; on le sent remuer sous la pression de la main, et principalement lorsque l'on opère un pincement sur l'extrémité d'un membre.

« Il est alors facile, par des explorations espacées, de suivre l'évolution de ce fœtus aux différentes époques de la gestation, de constater la progression de ses dimensions, et d'arriver ainsi, comme je le fais aujourd'hui sans difficultés, à diagnostiquer non seulement l'état de gestation, mais encore l'époque approximative de cette gestation.

« C'est encore par l'application de cette méthode qu'il m'a été donné de reconnaître plusieurs anomalies et accidents de la gestation tels que :

« Les gestations gémellaires ;

« L'excès du volume du fœtus ;

« L'hydropisie de l'amnios ;

« La momification du fœtus dans la corne utérine;

« La torsion de l'utérus. »

Autant de constatations qui comportaient pour l'époque de la parturition, des mesures médicales spéciales.

La méthode du diagnostic de la gestation par l'exploration rectale, semble donc la plus rationnelle et je la recommande tout particulièrement aux éleveurs.

Pratiquée avec les précautions que nous avons indiquées, elle ne présente aucun danger, tant pour l'opérateur que pour la jument, et dans la longue série des explorations qui ont été faites dans ce but, on n'a jamais eu à enregistrer aucun accident.

Elle n'exige seulement qu'un peu de hardiesse et moins de répugnance, causes probables de sa si tardive application dans le monde de l'élevage.

QUATRIÈME PARTIE

L'ENTRAINEMENT

CHAPITRE PREMIER

L'ENTRAINEMENT

L'application des méthodes de gymnastique de l'appareil locomoteur a produit sur le cheval les résultats les plus remarquables.

Les chevaux ont été principalement soumis à ces procédés de perfectionnement, et les deux principales allures où ils ont été « entraînés » sont le galop et le trot.

En principe, la vitesse est commandée par la puissance des masses musculaires, la longueur des leviers osseux et l'excitation nerveuse.

Le travail d'un muscle, produit de l'effort par le chemin parcouru, est proportionnel au poids et au volume de la fibre musculaire; l'effort est proportionnel à la section ; le chemin est proportionnel à la longueur des faisceaux contractiles ; or, l'exercice entraîne le développement en épaisseur, en poids, en volume ou en longueur des muscles et accroît aussi le travail obtenu. Pour que le muscle fonctionne bien, il faut :

1° Qu'il reçoive à chaque instant les matériaux nécessaires à sa réparation ;

2° Que les déchets résultant de la contraction musculaire puissent être éliminés rapidement par la circulation.

La gymnastique locomotrice doit donc porter ses effets sur l'appareil locomoteur, sur l'appareil digestif, sur les appareils respiratoire et circulatoire.

Modifications organiques. — Les mensurations effectuées sur les os des chevaux de course montrent outre l'égalité frappante des rayons osseux chez tous ces individus, l'accroissement pris par les métacarpiens aux membres antérieurs et métatarsiens aux membres postérieurs ; les chevaux de course présentent des canons courts, condition favorable à la vitesse, puisque l'espace embrassé à chaque pas est plus considérable ; le fémur et le tibia des membres postérieurs ont subi également une élongation caractéristique.

Le développement en longueur des membres a eu pour conséquence d'élever la taille des équidés entraînés. Les chevaux de course au galop, qui proviennent d'étalons orientaux ont ainsi gagné 10 centimètres de hauteur dans le courant du XIXe siècle.

L'épaule, à égalité de taille, est plus longue chez les chevaux de course et présente une obliquité très caractéristique. Sous l'influence de la gymnastique, du galop et du trot, le bassin de ces équidés s'est allongé d'avant en arrière et a basculé de façon à rétrécir son diamètre sacro-pubien ; la croupe présente, de ce fait, une déclivité accentuée.

Par suite de l'absence du tissu adipeux, les chevaux de course ont une apparence spéciale qu'il faut se garder de prendre pour un indice de faible développement musculaire ; les muscles ont évolué en longueur, leur partie rétractile s'est allongée au détriment des tendons.

La capacité cranienne des chevaux de course ne s'est pas développée proportionnellement au système osseux; on a pu simplement constater une certaine excitabilité nerveuse et quelque difficulté de caractère. Le cœur est d'un volume plus considérable, et la peau plus fine et plus souple que chez les sujets ordinaires ; la crinière est peu abondante.

Modifications physiologiques. — Ces modifications ont pour but de développer la vitesse des animaux et le fond, c'est-à-dire la résistance à la fatigue.

Le fonctionnement rapide et répété de l'appareil locomoteur a, en effet, deux obstacles à vaincre : l'essoufflement et la fatigue musculaire; la gymnastique locomotrice devra donc tendre à développer les volumes des poumons et de la cage thoracique.

La fatigue des muscles est due également à une intoxication résultant de l'accumulation des résidus solides du travail musculaire ; c'est la circulation qui devra entraîner et éliminer par les urines les produits de combustion. Le système nerveux intervient alors pour donner à ces mouvements toute leur amplitude.

La gymnastique de l'appareil locomoteur intéresse donc, comme nous l'avons déjà établi[1] non seulement les organes de la locomotion, mais également les organes de la respiration, de la circulation, de l'innervation.

Les modifications que ces fonctions ont dû subir sont encore peu étudiées ; on sait seulement que le cœur et les poumons des chevaux de course ont pris un développement appréciable ; leur système nerveux est très excitable et la conductibilité des nerfs a atteint une plus grande vitesse.

Vitesse. — L'application de ces méthodes de gymnastique locomotrice a permis d'obtenir les résultats les plus remarquables. Sans parler du pur sang chez qui les plus grandes vitesses ont été constatées, on peut dire que le demi-sang galopeur, le trotteur, le cheval de raid, de chasse, de polo, de concours hippique, arrivent à augmenter leurs aptitudes respectives dans une très large mesure.

Écuries et boxes. — Les règles de l'hygiène doivent présider à la construction, à l'installation et à l'aménagement des écuries d'entraînement.

En général les écuries doivent être bien construites (en brique ou en pierre, portes larges et hautes, sol pavé, etc.), propres, commodes (pourvues de stalles et de boxes distincts, séparés ou isolés), élégantes (sans toutefois sacrifier l'utile à la fantaisie), orientées à l'Est, bien aérées, suffisamment élevées, spacieuses et salubres (sans odeur ni humidité), assez éclairées (l'éclairage réglé à l'aide de rideaux), pourvues de ventilateurs et de barbacanes, éloignées du bruit, des fumiers, de toute excitation extérieure, situées à environ 500 à 1.000 mètres des terrains d'entraînement, etc.

Les uns sont partisans du système cellulaire des boxes ; d'autres préfèrent les stalles par la raison que les chevaux mangent mieux en compagnie. Dans quelques écuries les boxes et stalles sont séparés dans la partie supérieure par un grillage qui permet aux chevaux de se voir entre eux. Les boxes isolés ne doivent servir qu'en cas de maladie ou pour les chevaux méchants.

Les poulains doivent être placés dans de vastes boxes bien aérés, isolés les uns des autres, assez éclairés, donnant sur une cour ou pourvus de petits paddocks gazonnés et ombragés où ils puissent prendre un peu d'exercice en dehors du travail hygiénique artifi-

1. Le *Pur Sang*.

ciel auquel ils sont soumis. La litière souvent entretenue et renouvelée sera plutôt abondante. La température variable de 15° à 18° devra être également éloignée des deux extrêmes et graduée par le plus ou moins de fermeture des fenêtres et des portes, la plus ou moins grande abondance de la litière, l'usage des couvertures de laine ou de coton suivant la saison. Les mangeoires demandent à être souvent vidées et nettoyées avec soin. L'aménagement habituel des écuries d'entraînement est fort sommaire : une mangeoire et un anneau pourvu d'une chaîne appelée « rackchain » à laquelle les chevaux sont attachés pendant les pansages. En général, les lads ou garçons ne doivent apparaître qu'aux heures des pansages pour éviter les allées et venues dans l'écurie. Afin d'empêcher les indiscrétions des lads et l'espionnage des touts, chaque stalle ou box n'aura aucune pancarte apparente et les chevaux devront passer fréquemment d'un box dans un autre.

La destruction des mouches dans les écuries. — La destruction des mouches est à l'ordre du jour. La grande presse, par la voix du *Matin*, a indiqué le moyen de supprimer leur multiplication en employant l'huile de schiste dans les endroits où elles déposent leurs œufs. L'expérience a montré que notre méthode, assez simple, est beaucoup plus efficace.

L'hygiène animale exigeant que les chevaux trouvent constamment à l'écurie le repos et la quiétude nécessaires à leurs fatigues, on s'est ingénié à trouver des moyens capables d'empêcher l'envahissement des habitations par les mouches.

On y arrive quelquefois en tenant fermées les portes et les fenêtres, surtout celles situées du côté du soleil. On a recommandé les rideaux d'arbres au voisinage des écuries, l'usage de volets, de persiennes ou d'écrans appropriés, l'emploi d'un fin treillage en fil de fer ou d'une toile grossière barrant les ouvertures, les verres colorés, le badigeonnage des carreaux avec des solutions antiseptiques et odorantes (chaux, Cresil Jeyes, etc.). Tous ces moyens sont bons, mais généralement insuffisants. Quelques-uns même présentent des inconvénients : celui, par exemple, de ne pas permettre une aération ou un éclairage suffisants dans les écuries. Dans tous les cas, ils sont inefficaces contre les insectes ailés présents dans l'écurie.

Or, voici qu'on aurait découvert deux remèdes simples et pourtant efficaces qui auraient pour propriétés de combattre et même de détruire les mouches au sein des habitations de nos animaux. La nouvelle nous vient d'Allemagne. Elle est rapportée par le journal l'*Agronome*.

D'une enquête faite par la Société générale d'agriculture allemande, il résulte que deux moyens paraissent devoir être employés pour se débarrasser des mouches qui infestent les écuries.

Le premier consiste à mélanger une solution d'alun au lait de chaux destiné au blanchissage des parois et des voûtes. L'alun est une substance astringente, facile à obtenir et coûtant 25 centimes le kilogramme. Les mouches disparaissent rapidement des locaux badigeonnés à l'aide de ce mélange, parce que l'alun détruit la matière visqueuse excrétée par la face inférieure des pattes, c'est cette matière visqueuse qui permet aux mouches de grimper sur les verres polis avec une facilité inouïe et qui leur permet de s'attacher aux voûtes.

L'alun, à cause de ses propriétés astringentes, enlève cette matière visqueuse en proportion telle que bientôt les insectes meurent épuisés.

Le deuxième moyen consiste à mélanger au badigeon ordinaire une certaine quantité de chaux provenant de la décomposition du carbure de calcium ayant servi à la production du gaz acétylène.

Ces moyens sont simples, peu coûteux et en tous cas faciles à essayer.

Pistes. — Pour le choix des pistes il est nécessaire d'agir par un temps sec et de se guider sur les saisons.

La condition d'un bon cheval peut se perfectionner sur tous les terrains.

Un bon terrain ne sera pas dur, ni détrempé, ni sablonneux (le sable durcit par les temps secs), ni argileux (l'argile se détrempe trop par la pluie et durcit par la sécheresse), mais élastique, plutôt sec et ferme que mou, uni et plat plutôt qu'accidenté, doux aux pieds, exempt de trous, d'ornières, assez varié pour qu'il y ait toujours une partie en état de servir aux exercices d'entraînement, etc., et pas trop éloigné des écuries. Dans certaines régions où le terrain idéal ne se trouve pas parce que les bons terrains sont généralement exploités en raison de leur grande valeur, « on trouve côte à côte d'une part une langue de terre sèche et élevée, propre à faire courir pendant les saisons humides et un espace bas et mousseux pour répondre aux besoins pendant la sécheresse. En tous cas, un terrain, quel qu'il soit, convient mieux le matin que le soir, car la rosée de la nuit le rend généralement plus élastique. Le sol le meilleur se compose « d'une terre légère et friable reposant sur un sous-sol calcaire retenant assez l'humidité pour entretenir le sol doux dans les temps secs et assez poreux pour l'empêcher de rester mouillé quand il pleut ». Par cette raison que le changement de terrain est toujours avantageux, l'idéal serait d'avoir plusieurs pistes dont une *essentielle* qui ne serait pas fréquentée chaque jour et où pourraient se faire les essais (1re et 2e piste de 1.200 à 1.500 mètres ; piste essentielle de 2.500 à 3.000 mètres). En général les pistes doivent être larges et longues, droites ou rectilignes, situées dans un endroit isolé et tranquille, toujours entretenues par la herse et le rouleau léger incapable de les durcir. La piste essentielle devra présenter sur tout son parcours une élévation graduelle pour les essais. Pour adoucir les terrains durs et diminuer les réactions, on répand habituellement sur les pistes du tan ou du fumier, mais le tan sur une certaine profondeur serait plus élastique que la paille. Dans le cas contraire, et par les temps de grande sécheresse, il est indiqué de labourer légèrement les pistes trop dures. On a dit que pour les exercices du pas au début de l'entraînement, il serait assez avantageux de fréquenter parfois les grandes routes où les chevaux s'habitueraient à voir les objets en mouvement et à percevoir les bruits les plus divers.

Quelques trottingmen ont aussi émis l'idée que la première préparation des trotteurs devait se faire dans des terrains accidentés, inégaux, durs ou défoncés. Il est à craindre que de pareils terrains ne raccourcissent les allures, faussent les aplombs et déterminent bien vite des tares.

Nourriture. — Pour tout cheval à l'entraînement il faut que la nourriture soit copieuse et les aliments de qualité supérieure.

La nourriture doit être composée de foin, paille, avoine, et de quelques aliments de force, comme la protéïne phosphorée par exemple. On sait que l'avoine est l'aliment par excellence et celui qui renferme les principes alibiles les plus riches sous un petit volume. La nourriture varie peu au cours de l'entraînement sinon par la quantité. Habituellement on donne au début 7 à 8 litres d'avoine pour atteindre 15 à 18 litres par jour, sans toutefois dépasser ce dernier chiffre qui peut être même considéré comme une ration extrême. La ration de foin doit être environ de 2 à 5 kilogrammes et la paille ne s'emploie généralement que comme litière. En thèse générale, la quotité de la ration doit être basée sur la taille du sujet, l'appétit de l'animal, l'état des fonctions digestives, l'aspect et l'odeur des crottins et sur la période d'entraînement. Vers les dernières périodes de l'entraînement, il convient de supprimer un peu de foin et même de la paille.

En principe, les repas doivent être aussi multipliés que possible et cette notion est plus particulièrement applicable aux chevaux délicats et petits mangeurs ainsi qu'aux chevaux goulus. Ce fractionnement réglé rend la digestion moins pénible, plus uniforme et aussi complète que possible en prévenant les surcharges, causes fréquentes d'indigestion et en supprimant ces périodes de torpeur, d'engourdissement qui succèdent aux repas abondants. Il est rationnel de toujours diminuer quelque peu la ration dès qu'un trouble se manifeste, sauf à revenir bientôt à la ration ordinaire et même à l'augmenter en temps et lieu et d'imposer à l'animal non un repos absolu mais une diminution de travail.

Sauterne, demi-sang anglo-arabe.

Les écarts de nourriture doivent être réglés comme suit :

1° *Aux chevaux d'une constitution délicate et petits mangeurs*, il faut donner des mashes et multiplier les repas pour ne leur laisser prendre que peu de nourriture à la fois en ayant soin de mélanger leur avoine à de la luzerne hachée. Chez quelques-uns, affectés de diarrhée légère et fréquente, il y a indication de mélanger à leur avoine des féverolles concassées, des pois secs ou même du froment en petite quantité. Chez la plupart, l'eau doit être donnée en quelque sorte à discrétion et de préférence à la rentrée du travail, pour les exciter à manger.

2° *Aux chevaux goulus ou gros mangeurs*, il convient de mélanger l'avoine à du foin haché et de ne les abreuver qu'avec ménagement.

3° *Aux chevaux isolés, refusant leur nourriture*, il sera bon de donner un compagnon auquel on distribuera la ration aux mêmes heures.

4° *Aux jeunes chevaux délicats*, sujets aux coliques, il faut donner du foin avant l'abreuvoir et rationner les boissons.

Indépendamment du bon choix et de la bonne administration des aliments, il est indiqué de toujours apporter la plus grande exactitude dans l'administration des repas.

Boissons. — L'eau doit être donnée avant et à une certaine distance des repas, à des heures intermédiaires entre les repas et les exercices. Présentée à la température ambiante, la quantité d'eau doit dépendre de la saison, de l'état de l'atmosphère, du plus ou moins d'appétit de l'animal.

Elle doit toujours être dégourdie quand elle est trop froide.

On l'adoucit généralement avec une poignée de farine d'orge. En général, cette ration d'eau doit être augmentée quelque peu en été, par les temps secs, à l'époque des suées et pour les chevaux délicats, à appétit capricieux. L'eau sucrée, celle qu'on a édulcorée avec le miel ou la mélasse, « offre une boisson très convenable à tous les chevaux, agréable au plus grand nombre et particulièrement aux chevaux d'une constitution délicate.

« Elle a, en outre, l'avantage d'être nutritive, de prévenir les altérations de l'estomac, des intestins, de la vessie et de guérir les phlegmasies légères dont les organes sont assez ordinairement le siège à la suite des violents exercices et surtout après les suées. »

Pansage. — Le pansage, c'est-à-dire l'ensemble des soins hygiéniques donnés à la peau et à ses dépendances, doit être soigneusement fait, ponctuellement et minutieusement exécuté et souvent répété. Un bon pansage débarrasse la peau des corps gras produits par les détritus de l'épiderme et les résidus salins provenant de la respiration gazeuse de la peau, lesquelles matières grasses obstruent les orifices glandulaires et forment un enduit imperméable aux gaz. Il stimule donc les fonctions de la peau, appelle le sang à la périphérie, augmente la circulation et par conséquent active l'assimilation. Il en résulte un surcroît de force, de santé, d'énergie et une atténuation marquée de la fatigue. Les instruments de pansage sont : l'*étrille*, la *brosse*, l'*époussette*, le *peigne*, la *brosse en chiendent*, le *cure-pied*. L'étrille doit être peu employée pour les animaux de sang et, en tout cas, maniée avec prudence. Mieux vaut s'en passer et ne se servir, pour le nettoyage, que de la brosse ordinaire. Dans tout pansage un peu soigné et bien exécuté doivent figurer ces « frictions méthodiques » appelées massages, lesquelles s'opèrent sur toutes les parties du corps et particulièrement, avec les plus grands soins, sur les membres.

Ces frictions se font avec les mains nues, la brosse, le bouchon, ou encore une flanelle, à laquelle quelques sportsmen reconnaissent une réelle utilité. Ces pressions exercées dans le sens du poil sur toutes les parties du corps résistantes ou charnues, sur les parties solides des extrémités, sur les articulations, activent la circulation du sang, entretiennent la souplesse des articulations, tendons et ligaments et excitent la vitalité de la peau et des tissus sous-jacents en prévenant ou combattant tout gonflement inflammatoire. Le massage doit commencer par la *simple friction* que doivent accompagner le *foulage* et le *pétrissage*. Chez nos animaux de demi-sang, la percussion du dos après l'enlèvement de la selle est une opération peu pratiquée qui mérite d'être généralisée. Le pansage doit se terminer, surtout pendant l'été, par un lavage à l'eau fraîche miellée ou acidulée des yeux, des naseaux, de l'anus, des mamelles ou du fourreau, de la crinière, de la queue et du bas des membres. L'emploi des bains partiels et généraux, notamment l'usage des bains de mer, l'opération des crins, la pratique de la tonte, sont peu employés pour les chevaux de sang. Il n'en est pas de même de l'usage des gants de crin doux, des bandes de laine et de calicot, qui soutiennent et affermissent les tendons, du couteau de chaleur, des guêtres et genouillères pour exercices et voyages, des camails, couvertures, etc. Ces dernières doivent être en laine ou en toile selon la saison, imperméables pour les jours de pluie fréquemment lavées et séchées. Quelques écuries font aussi usage d'un tapis pour les suées.

Habituellement il y a trois pansages par jour : un le matin, un second au retour du travail, un troisième à la fin du jour.

Le *pansage consécutif aux suées* doit remplir certaines conditions : il doit être précédé d'un lavage des yeux, des naseaux, de la bouche avec de l'eau miellée ou acidulée et de celui des membres et pieds avec de l'eau chaude. Après quoi le cheval est séché, les pieds sont goudronnés, on fait boire et on commence le véritable pansage au cours duquel la ration est distribuée.

Soins spéciaux. — 1° *Des purgations.* — Les purgations d'occasion, destinées à combattre les fâcheux effets d'une nourriture échauffante, se régleront sur le tempérament, la constitution et l'état de santé du sujet.

Elles sont indiquées lors de digestions ralenties, perverties, pénibles ou laborieuses, dans les cas où il y a gêne de la respiration, engorgement des membres, raideur inaccoutumée de la marche, perte de l'appétit, de la constipation, de la lassitude, de la fatigue après de légers exercices. L'aloès est employé à la dose de 32 à 64 grammes.

A doses moindres (12 à 20 grammes), il convient aux jeunes chevaux, aux adultes dont la constitution est délicate, aux petits mangeurs, aux chevaux irritables. Habituellement on purge un cheval deux ou trois fois dans l'année.

2° *Des suées.* — Nous ne conseillons pas cette pratique, mais pour ceux qui sont encore partisans des suées, nous dirons que leur indication, leur nombre, l'intervalle à fixer entre chacune d'elles, varient avec les chevaux suivant leur âge, leur état d'embonpoint, leur vigueur, la saison, l'état du terrain, etc. Il en résulte que les suées demandent à être bien réglées pour être appliquées, sans quoi elles peuvent être fort nuisibles. Les suées auxquelles on aura recours si l'âge, l'appétit, les conditions de la lutte, etc., l'exigent, devront être sagement appliquées et plutôt répétées que fortes.

A la veille et au lendemain des suées comme des purgations, les chevaux seront chaudement vêtus, ils recevront des mashes en supplément de leur ration et leur travail au pas sera exclusif.

3° *Des lavements.* — Les lavements sont indiqués toutes les fois que les crottins d'un cheval sont durs et coiffés. Il est bon de donner des lavements de glycérine après les voyages qui déterminent souvent chez les chevaux une légère constipation.

Ferrure. — Le ferrage des jeunes chevaux commence dès que le cheval va sur les routes pour les pieds de devant. Les fers doivent être courts, élégants et légers, cloués avec soin. A tort ou à raison on a généralement ferré à l'anglaise. Ce mode de ferrure paraît assez méthodique : quoiqu'il soit préférable d'employer un fer français ajusté à l'anglaise. Beaucoup de chevaux ont des dérangements d'aplombs auxquels il serait facile de remédier avec notre ferrure. L'hygiène du pied ne doit pas être négligée.

Les pieds seront visités à chaque pansage. A l'état sain, ils sont froids et toute chaleur ou sensibilité locale ou générale indique un état maladif. Si la corne a des tendances à se durcir ou à se resserrer, on fera usage de cataplasmes de mauve, de la bouse de vache, de la terre glaise, ou d'un bon onguent de pied à base de goudron et de graisse.

Condition. — Rien n'est plus difficile et n'exige plus de tact que de conserver un cheval en condition dans l'intervalle qui sépare deux courses.

Le cheval peut arriver sur l'hippodrome dans trois conditions différentes : trop haut, trop bas et juste à point. C'est ce dernier cas qui se présente le moins souvent, la perfection étant ce qu'il y a, en training comme en tout, de plus difficile à atteindre.

Si le cheval est trop haut de condition, et sa course en aura été une démonstration suffisante, il sera évidemment facile d'amener l'état au desideratum, si les membres peuvent sans danger supporter le travail. Dans le cas contraire, la mise en condition demeurera un écueil pour l'entraîneur. Il faudra recourir à un travail modéré sous les couvertures, et même à une médecine, le tout avec des ménagements extrêmes et en faisant choix d'un terrain doux et élastique.

Si l'animal est trop bas de condition, il faudra suspendre le travail sévère, se borner à des exercices au pas et au canter et à un trotting au-dessous du train pour les trotteurs. S'il est bon mangeur et doué d'un bon tempérament, il ne tardera pas sous l'influence d'une bonne hygiène et d'un régime diététique rationnel, à retrouver un peu plus de force et de résistance.

Dans l'hypothèse où le sujet serait difficile à nourrir, nerveux, impressionnable, mais doué de grands moyens, la conduite à suivre est la suivante : du repos, de la promenade au pas et une alimentation rafraîchissante.

Les mashes chaudes avec addition de sel de nitre sont prescrites deux ou trois fois par semaine.

Surentraînement. — Il n'y a pas de plus fâcheuse présomption que de s'imaginer qu'on peut conserver un cheval dans une condition constante. C'est irréalisable. Un cheval qui a été préparé pour une course, s'il continue à être entraîné, ne peut que perdre de sa forme. Il doit toujours reprendre un peu, afin de remplacer la déperdition continue qu'entraîne nécessairement chaque effort énergique.

Les propriétaires et entraîneurs devraient bien se pénétrer de ce principe de l'hygiène du travail, sinon les cas de dépérissement, de « perte de forme » et tant d'autres fâcheuses conditions résultant de ce surentraînement, véritable surmenage chronique, ne tarderaient pas à faire de leur écurie un véritable hôpital.

La continuation du travail vite ne doit pas aboutir au « surentraînement », car le cheval surentraîné non seulement souffre un dommage actuel, mais il en ressentira toujours dans la suite les effets néfastes suivant son âge, sa constitution, son tempérament. La faute est donc encore du bon côté quand on fait courir de jeunes chevaux avec trop d'embonpoint.

Soins hygiéniques à donner avant et après la course. — Le jour de la course l'animal doit recevoir sa ration réglementaire d'avoine et celle de foin, le matin seulement, et faire une promenade au pas d'une heure au moins. La seconde ration sera mangée en rentrant; on ne donnera que la moitié d'eau ordinaire, et lorsque l'animal aura fini son avoine, on lui mettra la muselière et on le laissera dans un repos absolu, jusqu'au moment de la course qui devra ainsi avoir lieu trois ou quatre heures après le dernier repas.

Il est bon, au moment de la course de rafraîchir la bouche du cheval avec de l'eau dans laquelle on verse un peu d'eau-de-vie.

On connaît toute l'importance du grattage après les suées. Il est inutile d'en reparler après une course où, si bien préparé qu'il soit, le cheval doit être en transpiration. Ce premier soin précède un séchage rapide au torchon; il faudra immédiatement le couvrir et le faire promener au pas dans un lieu abrité. Rentré sec à l'écurie, il recevra un pansage à fond. Les jambes seront l'objet des principaux soins et d'un massage prolongé.

Lorsque le lavage des membres devient nécessaire, il faut s'empresser de les sécher complètement au torchon.

Le cheval ne devra boire et recevoir sa ration qu'après son dernier pansage, c'est-à-dire deux heures au moins après la course, et lorsqu'il sera complètement calme et remis de la surexcitation fonctionnelle consécutive à la lutte.

On lui fera une litière très abondante, et, le soir, il sera bon de lui donner une mash cuite à laquelle on ajoutera un peu de graine de lin et un peu de sel de nitre.

L'eau qu'on donnera à l'animal avant sa ration aura dû rester exposée au soleil, pendant plusieurs heures ou, à défaut de cette précaution, on y versera un peu d'eau chaude pour en corriger la crudité.

Si le cheval a été très éprouvé par des courses trop dures ou trop multipliées, ses membres peuvent avoir souffert, et alors il devra être placé, après lui avoir enlevé ses fers, dans un box spacieux dont le sol sera recouvert d'une épaisse couche de sciure de bois mélangée avec du tan.

Le régime sera entièrement changé, la ration d'avoine sera diminuée au moins de moitié; les mashes intercalées et de fréquents barbottages constitueront la base du régime diététique.

L'hygiène du travail consistera en de courtes promenades dans un paddock bien clos et sablé.

Si, au contraire, le cheval, à la fin de sa saison de courses ne présente aucun signe de surmenage, est net dans ses aplombs, on réduira modérément sa ration, et chaque fois que le temps le permettra, on lui fera faire de longues promenades exclusivement au pas pour éviter les effets de l'obésité.

On comprend sans peine qu'un cheval, qui peut passer son hiver dans de telles conditions, ne donne que bien peu de soucis, lorsque les beaux jours sont venus et que l'on veut reprendre son entraînement, tandis que l'animal surmené qui a passé son hiver dans l'inaction, qu'il a fallu astreindre à un régime débilitant, soumettre ensuite aux médications de tout genre, a besoin d'un mois ou même de six semaines pour pouvoir être soumis à un nouvel entraînement.

CHAPITRE II

ENTRAINEMENT DU DEMI-SANG GALOPEUR

L'entraînement, au galop, du demi-sang repose sur les mêmes bases que les exercices exécutés en vue de la préparation du cheval de pur sang, que nous avons longuement étudiée dans un précédent ouvrage. Il faudra tenir compte, toutefois, que le demi-sang ne possédant pas l'aptitude à la course, au même degré que le thoroughbred, le travail devra être plus modéré et plus progressif. En outre, moins bien élevé, moins bien nourri, il faudra amener au fur et à mesure par une alimentation rationnelle, son organisme à présenter le maximum de résistance au travail.

Le pas d'abord lent et alourdi sera accru progressivement pour devenir leste et allongé. Les galops courts, lents, raccourcis, peu allongés au début, seront successivement plus pressés, plus longs, plus rapides, mais sans jamais arriver à la fatigue. Après la première quinzaine, des *suées* peuvent, disent les spécialistes qui ont entraîné des demi-sang, être données aux chevaux dans la proportion de une par semaine et, plus tard, de une par quinzaine. On opère pour cela avec ou sans couverture et à des allures diverses suivant le tempérament des chevaux, l'âge des sujets, la race, l'intégrité des membres, l'état d'entraînement. Il est même certains chevaux faibles de constitution, se nourrissant mal, antérieurement mal nourris, soumis à de mauvais traitements, naturellement maigres, pour lesquels les suées doivent être différées sinon proscrites. Ces suées peuvent être partielles ou générales. En principe, la suée ou l'excrétion générale des glandes de la peau, sébacées ou sudoripares, est subordonnée à la circulation cutanée, laquelle est proportionnelle à l'activité locomotrice et à l'élévation de la température extérieure. Selon nous, les suées paraissent devoir être abandonnées, car elles sont débilitantes au premier chef. Quoi qu'il en soit, les suées s'obtiennent en activant la transpiration, en surchargeant de vêtements tout ou partie des régions du cheval et en lui faisant parcourir à un galop d'abord lent et régulier, puis plus rapide environ de 1.000 à 1.500 mètres. En thèse générale, « il est préférable d'augmenter la distance que d'accélérer l'allure au delà de la course régulière ». Rien n'est plus difficile que de bien diriger un galop de suée. Il doit être tout d'une haleine, violent et court, lent ou prolongé suivant les circonstances, l'état du terrain et de la température, toujours progressif. Mal dirigé ou mal compris, le galop de suée use vite les chevaux et les arrête dans leur croissance et leur développement. Au début, les suées sont longues et pénibles, la sueur est abondante, épaisse et mousseuse, comme savonneuse. Plus tard elle est aqueuse et rare, et le cheval est plus rapidement séché qu'au début.

En cet état, il convient de diminuer les couvertures, d'éloigner les suées et même de les abandonner, par suite de la crainte d'affaiblir le cheval outre mesure. L'animal doit ensuite être ramené à son écurie soit au pas, soit au trot, suivant la température, et la sueur doit être enlevée de suite à l'aide du couteau de chaleur; il doit être séché promptement avec le gant à frictions ou un bouchon de paille, puis de nouveau couvert à la façon ordinaire, et soumis à son travail journalier. En tout cas, il importe de ne pas le laisser à l'écurie, ni de le mettre à l'abri du vent sous un hangar, ni derrière un mur ou une haie où il pourrait s'enrhumer ou suer de nouveau sous l'influence des alternatives du chaud et du froid.

Vers la fin de ce premier temps, les galops, quoique courts d'allure, devront être plus fréquents et plus vites.

Au cours de cette période, la ration d'avoine sera de 7 à 10 litres par jour. Le cheval pourra être purgé légèrement, particulièrement dans les cas où son appétit serait troublé, où il manifesterait une fatigue anormale, où il y aurait engorgement des membres, etc.

Dans cette période, la ration d'avoine doit être de 10 à 12 litres. Les suées seront plus fréquentes et plus courtes et l'exercice conduisant à ce résultat devra toujours se terminer par un léger galop. En thèse générale, les galops, quels qu'ils soient, ne devront se faire qu'après une heure ou une heure et demie d'exercice au pas. Les second et troisième galops donnés au cours du même exercice seront toujours séparés par un temps de pas intermédiaire dont la durée peut varier de un quart d'heure à une heure. Enfin, il est de règle que les premier et dernier galops doivent être moins rapides que le ou les galops intermédiaires.

Le galop d'entraînement d'abord très court (500 à 600 mètres), devra être graduellement augmenté, en tant que distance et allure, pour atteindre 2.500 à 3.000 mètres pour cet exercice.

Ces derniers galops, fort importants à cause de leur vitesse et de leur durée, ne doivent, suivant le caractère et la force de l'animal, s'employer qu'une ou plusieurs fois par semaine. Il est bon de dire qu'à l'augmentation graduelle de l'allure les uns préfèrent donner la vitesse par des poussées occasionnelles, courtes et vives, sans toutefois exiger beaucoup du cheval. Quelques entraîneurs hésitent cependant à passer du pas au galop sans faire subir à leurs chevaux de longues promenades préparatoires et cela pendant quelques jours. Cette recommandation est d'autant plus à prendre en considération qu'on a moins associé auparavant la marche et la course dans les premiers exercices. Il est essentiel de se servir d'un maître d'école, franc et assez vite pour conduire ces galops préparatoires sans aucune perte de temps ou d'efforts et, par suite, sans insuccès.

Préparation finale. — A cette période, on a recours de préférence aux galops prolongés et modérément rapides. En principe, « on doit toujours tenir le cheval en dedans de ses moyens dans les galops d'exercice ».

Pendant les derniers galops, il peut être bon de laisser les chevaux de la file dépasser le cheval de tête et de leur témoigner après cet acte une vive satisfaction par des caresses. L'usage et l'expérience ont consacré ces faits que le dernier galop sur la distance doit être donné environ trois jours avant la course; que, deux jours avant cette dernière pratique, il y a lieu d'effectuer un bon galop rapide et que le galop de la veille doit être modéré quant à sa durée et à sa vitesse. Mais ces prescriptions sont susceptibles de varier suivant les sujets. Bien des chevaux à tempérament spécial demandent à être traités différemment et aucune règle précise ne peut être donnée à ce sujet.

Pour toutes les pratiques relatives à l'entraînement au galop : canter, galops, essais, forme, travail de vitesse et de fond, doping, etc..., nous renverrons le lecteur à notre ouvrage : Le *Pur Sang*, où nous avons traité ces questions avec tout le développement désirable.

CHAPITRE III

ENTRAINEMENT DU TROTTEUR

Depuis une vingtaine d'années, les éleveurs ont redoublé d'efforts pour augmenter la vitesse du trotteur par le choix et le croisement de sujets issus d'animaux connus par leur aptitude au trot. Ces efforts ont été couronnés de succès, comme le prouvent les records du trotting. Dans quelques années d'ici le poulain de trois ans qui ne sera pas capable de trotter le kilomètre en 1' 40", n'obtiendra aucune considération, tandis que maintenant on le considère encore comme un bon cheval.

Les trotteurs peuvent se diviser en deux catégories : 1° le cheval dont l'entraînement fait un trotteur et le trotteur spontané ou naturel. Ces expressions sont purement comparatives, car aucun trotteur ne peut avoir atteint une vitesse respectable, sans posséder l'aptitude, comme base à son développement artificiel ; d'autre part, aucun poulain quelle que soit son aptitude naturelle, n'est jamais arrivé à trotter de manière à se faire remarquer, sans avoir subi un entraînement plus ou moins long. On voit cependant, tous les jours, des poulains qui montrent d'excellentes dispositions à trotter, sans avoir subi une grande préparation.

Une vitesse naturelle au trot comme au galop est plus à désirer chez le poulain, parce que cet avantage permet de le classer immédiatement, sans lui faire subir l'entraînement sévère qui ruine souvent les sujets moins bien doués.

Dressage et entraînement du trotteur. — Le dressage des chevaux au trot est une chose d'autant plus importante pour l'objet qui nous occupe, que c'est le but même des courses, il ne faut pas l'oublier. S'il ne s'agissait, comme dans certains pays, que d'obtenir la plus grande vitesse possible au détriment de la régularité de l'allure et de l'harmonie des mouvements qui doivent être la base de l'éducation du cheval appelé à produire des chevaux de service, la chose serait facile; mais nous avons, il me semble, un but différent. Il faut que le cheval marche droit devant lui et trotte franchement.

Il faut d'abord accoutumer le cheval à se laisser monter facilement : on se sert d'une selle garnie de sa croupière, afin de l'accoutumer tout d'un coup à ce qui peut le gêner. On le fera trotter à la plate longe pendant quelques jours seulement, en employant toutes les précautions pour qu'il n'en résulte aucun inconvénient; on aura soin de le corriger sans brutalité, chaque fois qu'il voudra se lancer au galop. Au bout de quelques jours on mettra le cheval sur la ligne droite, on lui fera faire de longues promenades au pas, enfin on le laissera aller au petit trot en ayant soin de le maintenir à une allure ferme et bien décidée. Il faudra commencer par de très courts parcours, de un kilomètre environ; peu à peu on augmentera la distance.

De même que pour la distance il faudra observer une gradation bien marquée dans la vitesse de l'allure; on passera du petit trot au trot ordinaire, de celui-ci au grand trot, avec précaution et intelligence, suivant la vigueur et la condition du cheval.

On ne peut trop le répéter, ce serait une grande erreur de croire que, pour entraîner un cheval au trot, il faille le pousser à toute sa vitesse; de même que pour les courses au galop, c'est en le laissant aller à son allure naturelle qu'on le dispose au besoin de prendre un grand développement, tandis qu'en amenant au contraire le cheval à tout ce qu'il peut faire, on le fatigue, on l'épuise et on n'en fait plus qu'une machine à trotter, très vite détraquée.

Tant que cela durera il gagnera peu à peu en vitesse, preuve que l'on est en bonne voie; mais s'il paraît se fatiguer ou devenir indocile, diminuer le travail aussitôt. Il faut soigneusement épier ces symptômes car c'est là un moment critique.

Il faut mesurer le travail à la constitution, à la croissance et à l'appétit de chaque sujet.

Dans tout son travail, il faut apprendre au poulain à trotter sans tirer fort sur le mors; car c'est à ce moment qu'on peut lui abîmer la bouche pour le reste de sa vie, et lui apprendre à lui-même à tirer.

On peut parer à cela en embouchant le cheval légèrement et en évitant les fortes saccades auxquelles sont malheureusement habitués la plupart de nos jockeys de trot. Il faut cependant reconnaître que beaucoup de trotteurs anglo-normands demandent une assez forte tension sur les rênes avant de se livrer complètement à leur plus grande vitesse. Dans ce cas, il est inutile de chercher à se débarrasser du tirage du cheval et à conserver son trot en substituant un mors sévère au filet ordinaire. Ce remède est impuissant,

Coco, par *Kremlin*, pur sang anglo-arabe.

parce que ce n'est pas une sensation de douleur imprimée à ses barres dont le cheval a besoin, mais un appui, sur lequel il puisse compter, une fois lancé, et sans lequel il ne peut ou ne veut se livrer complètement, aux efforts nécessaires pour produire sa plus grande vitesse. Il y a une certaine commotion qui semble transmettre au cheval une énergie nouvelle, surtout sur la fin d'un parcours. Ces mouvements brusques des rênes, ces saccades valent parfois mieux, disent les jockeys de trot, que tous les éperons et que toutes les cravaches du monde.

A mesure que la préparation du poulain s'avance, et à mesure que sa croissance augmente, il faut augmenter sa ration, dans laquelle on doit faire entrer, en dehors de l'avoine et du foin, des cossettes de betteraves, des avoines kolatées, etc.

Dressage au sulky. — Pour dresser le cheval au sulky, il faudra prendre toutes les précautions et appliquer les principes que nous indiquent les manuels de dressage à l'attelage. Tous les chevaux s'habituent facilement au tirage, et c'est presque toujours la faute du dresseur lorsqu'ils se défendent.

Il est très difficile de donner des règles précises et immuables pour mener le trotteur ; car elles devront dépendre, en grande partie, du caractère et de la disposition du cheval lui-même, aussi bien que de la méthode suivie par ceux qui l'auront dressé. Il faut le mener d'une main légère, mais ferme ; il faut manier les guides doucement et habilement. En employant beaucoup de soin, avec du sang-froid, de la tête, et surtout de la patience, on pourra mener le poulain sans lui déformer la bouche. On pourra même la lui refaire si elle a été abîmée par l'embouchement usité dans les courses au trot monté. Ce que l'on désire faire produire au cheval pendant le parcours quand il est dans son train doit lui être communiqué par le mors. On peut l'encourager en lui parlant ou le forcer à faire de plus grands efforts au moyen de la cravache, mais rien ne vaut le jeu des guides pour le déterminer à se porter encore plus en avant.

De l'enlever. — Une considération à ne pas négliger dans l'éducation du trotteur est celle de l'enlever. Comme il n'y a pas de cheval qui ne fasse une faute à un moment ou à un autre, il faut chercher à diriger, à régler son mouvement pendant l'enlever de façon à lui faire perdre le moins de terrain possible. Quelques jockeys et drivers sont passés maîtres dans l'art de profiter des fautes de leurs chevaux pour gagner une ou plusieurs foulées. Cette pratique de l'entraînement du trotteur offre moins que toute autre des règles fixes, chaque sujet demandant un moyen spécial pour ainsi dire. Il faut faire comprendre au cheval qu'il ne doit faire aucun temps d'arrêt dans son enlever, en l'apprenant à se remettre dans son trot en le portant en avant. Le dresseur qui obtient ce résultat peut être satisfait de lui-même et de son cheval.

Enrênement. — Une des parties les plus importantes dans l'entraînement du trotteur attelé, c'est la question de l'enrênement qui,

Arrivée d'une course au trot en Amérique.

bien appliqué, augmente la vitesse du cheval, en lui donnant un point d'appui fixe qui l'empêche de tirer sur le mors de conduite, ce qui débarrasse le driver d'un tirage incessant.

En mettant l'enrênement pour la première fois, il faut étudier le port de tête naturel à l'animal, et ne l'enrêner qu'à la hauteur où il la porte généralement quand il est en action. Cette hauteur diffère beaucoup chez les chevaux.

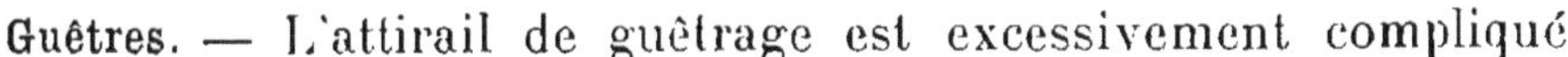

Guêtres. — L'attirail de guêtrage est excessivement compliqué

Cheval attelé au coupe-vent employé pour l'entraînement des grands trotteurs américains.

chez le trotteur d'hippodrome. On distingue les cloches qui préviennent les atteintes sur les talons ; toute la gamme des guêtres de boulet, de tendon et de genou, enfin les pare-coudes pour les trotteurs qui relèvent très haut le genou.

La ferrure. — Chaque utilisation du cheval exigeant une ferrure spéciale, le trotteur n'a pas failli à cette règle. Le fer doit être aussi léger que possible, pour permettre plus de liberté aux extrémités et plus de rapidité dans l'allure. On peut choisir plusieurs modèles également bons ; mais il faut s'attacher à le faire porter principalement sur la pince et les talons, moins sur les quartiers, ce qui évitera souvent le danger des tumeurs. Chez le trotteur vite, comme chez le galopeur, la question de la ferrure est primordiale en course.

Les poids aux pieds. — C'est afin de remédier à certaines conditions défavorables : mauvais aplombs, déviation du geste, etc., que les poids sont employés. Ils sont constitués par des boules graduées qui se vissent en pince sur le fer du cheval. Beaucoup de trotteurs relèvent le genou très haut, au point de replier le canon sur l'avant-bras et de se meurtrir le coude. Les poids appliqués en pince sont fort utiles dans ce cas pour les obliger à s'allonger tout en donnant de la vitesse.

L'influence qu'ils peuvent avoir dans un grand nombre de cas sur l'allure du cheval est certainement appréciable, mais il faut les employer avec la plus grande prudence, sans cela on risque de forcer les articulations du cheval et de détruire ses aplombs au lieu de les lui rendre. Il vaut encore mieux qu'un cheval trotte moins vite que de l'estropier.

Entraînement du trotteur américain. — L'entraînement commence déjà à un an ; il y a des yearlings avec des records de 2'30", mais, en règle générale cependant, on ne pousse pas le cheval au bout de ses moyens « full speed » qu'à deux ans, époque à laquelle il apparaît également sur les hippodromes. Le travail de l'entraînement comprend des promenades très longues, trente à quarante milles et plus dans une journée, puis des suées, des douches, etc. En général, peu d'exercices très violents, peut-être un mille au trot une fois le jour, et encore cesse-t-on cette allure de course quatre à cinq semaines avant l'époque décisive. Comme nourriture, en moyenne un gallon (14 litres 1/2) d'avoine par jour, dont on diminue aussi la quantité avant la course ; du foin de toute première qualité, secoué, nettoyé minutieusement avant d'être consommé, et, deux fois la semaine, une « mash » de maïs concassé, de son, de farine d'orge, donnée très chaude.

« Les sulkys de course auxquels on attelle le cheval sont représentés par deux brancards très fins, très légers, montés sur de petites roues « pneumatic tired », tout comme celles de nos bicyclettes, tournant également sur des ballettes métalliques « bal bearing ». Ces sulkys ne pèsent guère au delà de 20 kilogrammes.

« Le harnachement du cheval est assez singulier. Tous les trotteurs portent ce qu'ils appellent le « over draw check rein » ; c'est un mors supplémentaire dont les rênes se réunissent sur le chanfrein, de là passent entre les oreilles et vont se fixer à un anneau de la sellette. Le cheval, ainsi enharnaché, est obligé de tendre le nez, d'allonger la tête; il semble être dans une position gênée, ce qui n'empêche pas les hommes de cheval d'Amérique de prétendre que cette bride oblige le larynx à mieux se placer et facilite ainsi le jeu de la respiration. Les vitesses incroyables qu'ils obtiennent avec leurs chevaux semblent appuyer cette manière de voir. Le « over draw check rein » est, au reste, d'un usage à peu près général aux États-Unis. Rien n'est plus curieux que de voir les trotteurs apparaître sur la piste. Ils portent tous des appareils, des pièces de harnachement plus ou moins ingénieuses, plus ou moins pratiques. Celui-ci, ce sont des ressorts qui lui pinceront les narines s'il s'emballe; celui-là, des protecteurs en peau, des appareils de cuir couvrant le coude, le genou, etc., des entravons « hobbles » qui relient latéralement ou diagonalement un membre de devant à un membre de derrière, l'empêchant ainsi de mélanger, de rompre ses allures, de galoper. Les pieds de devant sont toujours entourés d'une sorte de boîte de cuir qui protège les talons contre l'atteinte des membres postérieurs dans leurs formidables foulées. Le cheval qui se coupe aux genoux, dont les actions sont trop relevées, porte deux ressorts d'acier très puissants qui, fixés d'une part à la sellette, s'en vont de chaque côté, quand le ressort est bandé, s'attacher autour des bras, sollicitant ainsi les deux membres à s'éloigner l'un de l'autre.

« Tous ces systèmes sont brevetés et donnent de bons résultats, puisqu'un peuple aussi pratique que l'est le peuple américain, les emploie. Les entraîneurs parviennent également, dans une certaine limite bien entendu, à modifier les défectuosités d'allures de leurs élèves; pour le cheval qui billarde, ils emploient un fer épais, portant à la mamelle interne un prolongement qui se dirige en arrière et en dehors; pour le cheval qui trousse, ils ont le « toe weight », balles de métal plus ou moins lourdes, qu'ils vissent sur le pinçon du fer, ou un collier de balles de corne ou de bois lourd, dont ils entourent le paturon, forçant ainsi le cheval à abaisser ses allures, à allonger... enfin une foule de procédés trop longs à énumérer. »

CHAPITRE IV

ENTRAINEMENT DU CHEVAL DE RAID

Dans la préparation du cheval de raid, les distances à parcourir doivent, comme dans tout entraînement, augmenter graduellement; mais il n'est pas possible d'établir des règles fixes pour la distance à franchir dans les premiers jours, car cela dépend, sans tenir compte du cheval, de l'état des routes, du temps et de la saison de l'année dans laquelle on entreprend cette préparation. Il est certain qu'un cheval d'armes qui se trouve dans les conditions nécessaires pour faire la manœuvre peut parcourir sans inconvénient dès le premier jour 8 ou 10 milles, tandis qu'au printemps, immédiatement après le dressage du manège, la moitié de cette distance serait peut-être trop considérable. Le pas et le trot sont les deux seules allures à prendre. Avec le trot, la répartition du poids sur les quatre jambes est plus facile à obtenir, tandis que l'expérience enseigne que soixante fois sur cent, l'échauffement des tendons et des articulations est produit par le galop.

Il est bon, dans les premiers jours de la préparation, de sortir seul, ou seulement avec un camarade expérimenté, et de choisir, si c'est possible, une route en plaine et bordée d'une contre-allée.

Il existe un moyen infaillible pour régler l'allure, au moins quand il s'agit du trot ; ce moyen consiste à compter un, deux à chaque enlevée sur la selle. L'homme le moins exercé remarque rapidement s'il compte toujours à la même cadence, et il peut ainsi allonger ou raccourcir l'allure selon que le rythme est plus court ou plus rapide.

Quant à savoir pendant combien de temps on doit conserver la même allure, on ne peut donner de règles fixes à cet égard, plusieurs facteurs entrant en ligne de compte. On peut recommander cependant, dans les premiers temps de l'entraînement le pas pendant quelques minutes dès qu'on s'aperçoit que le cheval commence à suer, de même qu'on doit conseiller de diminuer un peu la distance à parcourir si le cheval ne mange pas sa ration.

L'expérience enseigne que le trot très rapide fatigue plus les chevaux que le galop. Le trot à employer pour les courses de distance doit donc être modéré et un peu plus court que le trot moyen. Comme on peut soutenir cette allure sur un bon chemin pendant 6 ou 7 kilomètres sans fatiguer le cheval, on pourra donc, sur un terrain plat, et en tenant compte du temps pendant lequel on marchera au pas, parcourir le kilomètre en cinq minutes.

Le trot à l'anglaise fatigue moins le cavalier. Le trot à l'allemande fatigue les chevaux qui ont le dos long, mais il présente cet avantage que la charge est mieux répartie sur les quatre jambes. Le cavalier, qui a de bons poumons et qui monte un cheval ayant le dos court et un tempérament paresseux, peut trotter à l'allemande. Le cavalier, au contraire, qui ne jouit pas d'une santé robuste et qui monte un cheval ayant le dos long, doit trotter à l'anglaise.

On pourra donner par jour, une forte ration d'avoine et de maïs concassé, tandis qu'on ne devra pas dépasser 8 livres de foin ou de luzerne. On évitera surtout de ne jamais faire manger ni trèfle, ni foin frais, ni fourrage vert. Si le travail est parfois considérable, on lui donnera un mélange d'orge, de riz et de sucre. Lorsqu'un cheval a été monté chaque jour pendant une semaine, que la distance parcourue a été portée progressivement de 40 à 60 kilomètres, qu'on l'a habitué à marcher sur des chemins mauvais, on peut considérer la préparation comme terminée et entreprendre la marche de résistance. On doit, avant de commencer cette marche, surveiller avec soin son propre équipement et le harnachement du cheval. Il est indispensable avant tout de se débarrasser de tout ce qui surcharge inutilement le cheval.

Ajustement du cheval. — 1° Faire ferrer le cheval quelques jours avant le départ et avec des fers d'acier, munis de petits crampons, si le chemin à parcourir est en bon état.

2° Se procurer une selle anglaise légère et avec un rebord élevé, y fixer deux petites poches sur le devant. Avoir un tapis en cuir ou en feutre de première qualité, une garniture de tête qui ne soit pas trop large, avec un mors de filet léger, la têtière pouvant être transformée en licol.

Ajustement du cavalier. — Si le cavalier est en bourgeois, la tenue la plus commode pour lui est la suivante : une culotte demi-collante avec des leggins à l'anglaise, une large ceinture de cuir pour soutenir les reins, une chemise et un caleçon en laine. Il mettra dans les poches de la selle le linge de rechange nécessaire, deux fers de réserve, deux bandes de laine pour le cheval, une carte du pays et une petite boîte renfermant quelques médicaments.

L'heure du départ dépend de la saison de l'année dans laquelle on se trouve, mais on doit éviter de marcher la nuit, car chacun sait qu'une marche de nuit fatigue deux fois plus le cavalier et le cheval qu'une marche de jour. La grande halte doit avoir lieu seulement après que l'on a parcouru la plus grande moitié de la route. Elle doit être courte en hiver, et ne jamais dépasser deux ou trois heures en été. Un kilomètre avant d'arriver au gîte, le cavalier doit descendre et mener le cheval par la bride. Cette mesure est aussi bonne pour l'homme que pour le cheval. En arrivant, on doit frotter les membres du cheval, d'abord convenablement essuyés, avec de la paille, avec de l'alcool ou de l'embrocation ; lui lier les bandes autour des jambes, dessangler la selle sans l'enlever et donner du foin. Le pansage du cheval terminé, il est permis au cavalier de songer à lui-même, sa nourriture doit être légère, surtout à l'heure du déjeuner, et, le soir, il doit se coucher de très bonne heure. A l'heure de la grande halte, si le cheval est arrivé à l'écurie complètement sec, on peut lui donner de l'avoine une demi-heure après; s'il ne veut pas la manger parce qu'il a soif, on peut le faire boire très légèrement, mais en ayant soin de mêler du foin dans l'eau, afin d'éviter qu'il ne boive trop vite.

Progression du travail. — Pour nous résumer, nous ne saurions mieux faire que de donner en quelques lignes la progression du travail et les principales pratiques d'un spécialiste des raids, le capitaine Bausil.

« *Tous les jours*, cinq heures de travail, toujours le matin, à partir de trois ou quatre heures au plus tard, en une seule fois.

« *Une fois par semaine :* 1° Une longue promenade de 50 kilomètres d'abord, puis de 60, 80, 100, 120, à petite allure, entre 12 et 14 kilomètres à l'heure ;

« 2° Un galop sur piste ;

« Une poussée vite sur route d'abord d'une demi-heure, puis progressivement de deux ou trois heures.

« Les lendemains de grande marche ou de travail vite, 5 heures de pas en *main*.

« Je vous parlerai surtout de ma pauvre jument *Mante*, puisque c'est elle que je m'étais décidé, tout à la fin, à emmener à Bruxelles. Par la progression du travail, j'avais pu faire avec elle :

« 1° 20 kilomètres au trot dans une heure.

« (La jument trottait naturellement, avec la plus grande aisance, le kilomètre en trois minutes.)

« 2° 40 kilomètres au trot en deux heures ;

« 3° 60 kilomètres au trot en trois heures ;

« 4° 25 kilomètres, trot et galop de 440 en une heure ;

« 5° 50 kilomètres, trot et galop de 440 en deux heures, sans que la jument témoignât la moindre fatigue pendant son travail ni la moindre défaillance d'état ou d'appétit les jours suivants :

« Bien entendu, comme je l'ai déjà indiqué, avec un entraînement aussi dur, où tout l'organisme était mis à contribution, intérieur et extérieur, et avec les plus grandes exigences, il fallait des soins incessants, tous les jours plus vigilants ; à tout instant quelque anicroche nouvelle à laquelle il fallait parer de suite : à côté du massage, des flanelles, des bandes astringentes, c'étaient des crevasses à soigner, très menaçantes et inévitables avec le travail prolongé en mauvais terrain ; les atteintes, les coupures, les contusions de la sole et des talons, à un trot vite soutenu pendant deux ou trois heures ; il fallait modifier la ferrure, essayer divers systèmes de plaques, de guêtres, etc... Et ainsi tous les jours.

« Dans cet entraînement, la question nourriture avait une première importance. Ma jument mangeait au début : 14 litres d'avoine, 4 litres de son, 7 à 8 livres de foin. En augmentant très progressivement, j'étais arrivé pour la dernière quinzaine à 20 litres d'avoine, 6 de son, 1 kilogramme de mélasse (remplacé les six derniers jours par une livre de sucre) et 5 livres de foin.

« Les jours de travail lent (ou plutôt la veille au soir), c'est-à-dire tous les deux jours, tantôt de la graine de lin, tantôt quelques poignées de sel, tantôt enfin un électuaire à la gentiane et au quinquina. »

CHAPITRE V

ENTRAINEMENT DU HUNTER; DU POLO-PONY DU CHEVAL DE CONCOURS HIPPIQUE

Préparation du cheval de chasse. — Solide, hardi, vigoureux, calme, et infatigable, tel doit être le cheval de chasse. Les allures et le brillant passent au second plan. Tout doit être sacrifié à cette qualité maîtresse, presque unique, qu'on appelle : « le perçant ». La préparation est simple. Il faut le monter sagement; tous les jours une promenade sous bois sans éviter les difficultés. Augmenter peu à peu la durée et la vitesse des allures. Plusieurs fois par semaine donner une série de galops vites. Quant au dressage sur l'obstacle, il est très facile à donner au hunter. L'habituer à la longe dès le début; quelques leçons suffiront pour prendre quelques obstacles dans le train, pour le confirmer. Du reste, tout cheval qui a chassé saute toujours, ne serait-ce que par imitation.

Forcer la ration d'avoine, ajouter 800 grammes d'un aliment phosphoré dans les quinze derniers jours de la préparation et, quand retentiront les premières fanfares, le chasseur pourra hardiment monter ce cheval sans crainte de rester en route.

Dressage et entraînement du polo-pony. — On doit partir de ce principe que le pony a tout à apprendre. On commencera par choisir avec soin le mors qui lui convient le mieux ; il serait mauvais de ne lui mettre qu'un bridon, qui rendrait l'action des rênes moins efficace, alors qu'il doit pouvoir y répondre à la plus légère

Poney de Polo.

demande. Il convient, en outre, d'apporter à ce dressage une extrême patience, et de le graduer sagement et méthodiquement. Si on veut aller trop vite et lui apprendre trop à la fois, on n'arrivera à rien de bon ; le surmenage est aussi nuisible aux chevaux qu'aux hommes. Il importe également, dès le début, de faire comprendre au pony qu'on est son maître et qu'il doit obéir ; une fois convaincu de ce point essentiel, l'animal, qui a une mémoire excellente, montrera beaucoup plus de bonne volonté pour profiter des leçons qui lui seront données.

Mais la fermeté n'exclut pas la douceur. S'il est de temps à autre nécessaire de le rappeler à l'ordre par une correction appliquée avec à propos, les caresses auxquelles il est toujours sensible, contribueront à lui faire perdre sa nervosité et à le mettre en confiance, ce qui est un des points les plus importants de son dressage. On y arrivera plus ou moins vite, selon le caractère du pony, mais quelque entêté ou rétif qu'il puisse être, on y réussit toujours si on sait s'y prendre. C'est une question de patience et de tact. On doit surtout éviter des leçons trop longues, qui seraient fatigantes et fastidieuses pour le cheval aussi bien que pour son professeur.

On lui apprendra ensuite à bien porter la tête et à prendre librement son mors. On y arrivera en assouplissant l'encolure par des flexions directes, puis latérales ; puis avec un caveçon, on amènera l'encolure dans la direction voulue et on apprendra au pony à bien la placer, et à ne pas lancer sa tête en avant. Seulement il faudra avoir soin de fixer la martingale aux anneaux de côté et non à celui du milieu, comme on a la mauvaise habitude de le faire presque toujours. Le pony, se sentant mieux rassemblé, éprouvera plus d'aisance dans sa démarche, il s'habituera rapidement à bien placer sa tête de lui-même. On lui mettra alors une sellette de dressage, et les rênes passées dans les anneaux, on le fera marcher au pas, puis au trot et au petit galop, en ayant soin de le faire tourner assez fréquemment à droite ou à gauche. Il va sans dire que la tête sera placée comme elle doit l'être à l'aide des rênes de filet, fixées à la longueur voulue. Pour que la leçon lui profite bien, les longues rênes devront porter, non sur son dos, mais sur ses quartiers, il comprendra mieux ainsi leur action et l'instructeur l'aura mieux en main. Il ne faut pas craindre de lui parler fréquemment. Le cheval est d'un naturel craintif et on doit employer tous les moyens possibles pour lui faire perdre cette timidité qu'on prend trop souvent comme un indice de mauvais caractère. La parole a, à cet égard, une influence très efficace.

On donnera ainsi au pony deux leçons par jour avec les longues rênes, d'une heure à une heure et demie au plus. S'il montrait trop de mauvaise volonté à bien placer sa tête, on pourrait, quand il est dans son box, l'enrêner à son surfaix, mais on ne doit recourir à cet expédient qu'après s'être assuré qu'il n'y a pas moyen d'y arriver autrement.

On sait l'importance qu'a « la main » en matière d'équitation ; c'est un don naturel beaucoup plus qu'affaire d'expérience. Si

Exercice du cheval de concours hippique.

on ne le possède pas, on doit s'appliquer à agir le plus doucement possible sur cet organe si délicat qu'est la bouche du cheval.

Quand le pony aura appris avec les longues rênes à tourner facilement en cercle à toutes les allures, à pivoter sans hésiter sur son arrière-main et à s'arrêter net ; quand il sera bien assoupli, on commencera les leçons montées, en suivant la même progression. On lui fera d'abord décrire des demi-cercles assez larges, en le portant à tour de rôle à droite et à gauche, pour parcourir une serpentine. On resserrera peu à peu les diamètres de ces demi-cercles ; puis on fera le travail en cercle, en diminuant toujours les rayons. On lui apprendra alors à changer brusquement de direction, puis à pivoter sans hésitation sur son arrière-main en obéissant à l'action de la jambe aussi bien qu'à celle des rênes. Il est inutile de parler des changements de pied, qui devront devenir pour lui la partie la plus simple et la plus naturelle de son travail.

Le pony une fois dressé au point de vue gymnastique, il reste à lui apprendre à ne pas s'effrayer ni du mouvement du maillet, ni de la vue de la balle, et encore moins du bruit du maillet quand il frappe la balle. Ici encore, il faut avoir raison de cet instinct craintif qui le porte à prendre peur de tout ce qu'il ne connaît pas. La violence serait hors de propos, car chaque fois qu'il verrait un maillet ou une balle, il s'attendrait à une correction et cette impres-

Exercice du cheval de concours hippique.

sion ne serait guère de nature à lui donner le calme et la confiance indispensables. Il faut au contraire lui faire comprendre que, si on prend un maillet, on n'a aucune intention de lui faire du mal ; pour y arriver, il faut laisser constamment des maillets près de lui. Il en prendra ainsi sans peine l'habitude et dès lors il n'en aura plus peur. Le moyen le plus simple est de suspendre un ou deux de ces maillets contre les murs de son box, et d'y placer une balle de temps à autre. Il ira bientôt les sentir, les poussera du bout de son nez, et, quand il sera bien assuré qu'ils sont inoffensifs, il s'amusera à jouer avec, en les poussant de lui-même en l'air. Quand il en sera là, on entrera dans son box avec un bâton d'une main ; une carotte ou un morceau de sucre de l'autre. On commencera par lui offrir ces chatteries, puis on balancera doucement le bâton devant lui, de côté, et enfin derrière jusqu'à ce qu'il n'y fasse plus attention. On lancera alors la balle en se plaçant en arrière, et en ayant soin, bien entendu, qu'elle ne lui touche pas les jambes; puis dans tous les sens. Une fois habitué à voir la balle arriver sur lui sans lui faire du mal, il ne cherchera plus à faire un écart pour l'éviter lorsqu'elle sera lancée dans sa direction; il ne s'en inquiétera même plus, et, s'il est touché par elle, ce qui lui arrivera plus d'une fois par la suite, il n'y fera aucune attention.

Quand le pony sera, comme dernier exercice préparatoire, bien habitué à galoper à côté d'autres ponies, quand il ne craindra pas plus d'être blessé par les maillets des autres joueurs que par celui de son cavalier, ce qu'on obtiendra assez rapidement par des leçons pratiques et bien graduées il sera prêt à faire ses vrais débuts. Mais on ne saurait trop recommander de ne commencer à l'employer que lorsque son dressage sera complet sous tous les rapports. Sinon le moindre incident le rebuterait et tout serait à recommencer. Au lieu de gagner du temps en voulant aller vite, on risquerait de perdre toute sa saison (Touchstone).

Préparation du cheval de concours hippique. — On peut dire que l'impulsion qu'ont donnée les concours hippiques à l'industrie chevaline est énorme. Non moins grande est celle qu'elle donne à l'équitation. Il est de bon ton de monter au concours et comme pour y paraître, il faut que cavaliers et chevaux soient présentables et corrects; c'est un stimulant parfait pour forcer les jeunes à corriger leur manière de monter dans ce qu'elle a de défectueux. Maintenant se pose la question : Comment faut-il préparer un cheval au concours?

Le cheval qu'il faut est un cheval bien conformé, d'un caractère à toute épreuve, plutôt froid qu'ardent, plutôt petit et près de terre que grand et enlevé. Comme préparation, il faut le faire peu sauter. L'usage de la longe et surtout du saut en ligne droite et en liberté, si on peut le faire, est la meilleure préparation que l'on puisse donner. Le cheval devra sauter plutôt vite que lentement. Contrairement à l'opinion d'un grand nombre, le saut à une bonne allure est beaucoup plus sûr et toujours plus brillant que le saut ralenti. Sans doute, ce dernier exige plus de science, plus de préparation, un cheval plus assoupli; mais pourquoi assujettir un cheval à ce travail fatigant, qui le réduit à l'état de machine.

Nous pourrions exposer plus longuement les principes admis généralement pour la préparation d'un cheval à l'obstacle. Outre qu'ils sont connus de tous les cavaliers, ils sont tellement nombreux et varient tellement avec chaque animal, que nous ne pourrions rester dans les limites que nous nous sommes imposées.

Il faut nourrir fortement les chevaux 15 jours avant et pendant les journées des concours en prescrivant une ration très riche en protéine phosphorée.

CHAPITRE VI

LES FRAUDES

Certains éleveurs et propriétaires peu scrupuleux arrachent les dents de lait de leurs poulains pour les vieillir et pouvoir ainsi les vendre avant l'heure. Plus tard, c'est le contraire, quand un cheval est devenu vieux, on fait appel au dentiste, et il y a de véritables artistes dans cette spécialité très lucrative. Un bon virtuose de l'art dentaire pour chevaux, commence par bien laver les dents et les blanchir; puis, il les polit avec de la pierre ponce, les rechausse et les rajeunit en tonifiant les gencives avec du quinquina pulvérisé, ensuite il déploie une minutieuse habileté pour limer les dents et refaire ce qu'on appelle la « fève ». Oh, cette fève! que d'encre elle a fait couler! que de procès-verbaux de vétérinaires elle a fait rédiger! que de litiges elle a fait porter devant des juges qui ne connaissaient pas un mot de la question!!!

Cette fameuse fève est une petite cavité que l'on aperçoit à la base des dents, qund le cheval est jeune et qui disparaît entre sept ou huit ans. Les dentistes pour chevaux ne sont point embarrassés pour figurer une fève splendide sur les dents d'un vieux cheval.

Fraudes au trot, substitution des chevaux. — Signalons une fraude jadis spéciale aux trotteurs et qui tend aujourd'hui à disparaître, mais qui était devenue très florissante dans ces dernières années : la substitution des chevaux.

Le règlement des courses au trot fait de tels avantages au cheval né et élevé en France, pour encourager réellement l'amélioration des races indigènes que les épreuves réservées au cheval français de demi-sang étaient dans la proportion de quatre, contre une course internationale. Aujourd'hui, tous les prix sont presque exclusivement réservés aux chevaux français. Cette situation a provoqué la naissance d'une industrie peu scrupuleuse et peu régulière, l'importation de trotteurs américains, destinés à être substitués, sur le papier, à des chevaux français.

Le truc était simple : chaque année les importateurs ramenaient des chevaux américains et les vendaient dans le plus grand mystère, à des propriétaires qui leur attribuaient les cartes de naissance de chevaux français, qui n'avaient de commun avec eux que la couleur et un signalement approché.

On pourrait fournir, certes, de nombreux exemples dans le passé comme dans le présent. Ces fraudes diminuent de jour en jour, et nous ne sommes pas très éloignés de l'époque où l'on n'aura plus à en parler.

Maquillage des chevaux. — C'est pour faire correspondre le signalement d'un cheval à celui que porte la carte d'origine, qu'on maquille ou qu'on a maquillé les chevaux. Supprimer du ladre, une pelote, une liste sur un cheval noir est un jeu d'enfant pour certains spécialistes : les teintures noires employées par les coiffeurs suffisent à cette pratique malhonnête. Faire disparaître une balzane sur les extrémités noires de chevaux bais n'offre également aucune difficulté.

Ce qui est plus difficile, c'est d'enlever une liste, une pelote sur la tête d'un cheval bai ou alezan. Quelques fraudeurs y sont cependant arrivés par des procédés cruels, que nous n'avons pas à indiquer ici.

La balzane a été obtenue, par le maintien du membre dans une solution chimique; pendant toute la durée du bain, la faradisation de la partie à blanchir a permis d'arriver au résultat désiré. Ce procédé, heureusement fort difficile à exécuter, n'est pas à la portée des rares truqueurs qui déshonorent encore nos hippodromes.

CINQUIÈME PARTIE

L'ALIMENTATION

CHAPITRE PREMIER

L'ALIMENTATION

Le problème de l'alimentation est, avec celui de la fécondation des juments, celui qui préoccupe le plus, à cette heure, le monde de l'élevage du cheval. C'est, en tout cas, ce qui se dégage des nombreuses conversations que j'ai eues avec les éleveurs que j'ai rencontrés au dernier Concours Central de la Galerie des Machines. Je suis, personnellement, très heureux de faire cette constatation, moi qui ai toujours soutenu que l'alimentation est un des facteurs les plus importants dans l'amélioration des races. Et cela se conçoit : les aliments agissent sur le sang par l'intermédiaire duquel ils influencent à la fois les cellules du corps et les cellules sexuelles, et leur action étant la même sur les substances spécifiques dans l'œuf où ces substances se contre-balancent, il s'en suit que les modifications produites par l'alimentation sont forcément cumulatives en devenant héréditaires.

La question de la variation obtenue par le régime alimentaire est donc très importante et mérite d'être examinée avec soin. Elle se ramène aux deux suivantes : 1° les variations dans la nature des aliments peuvent-elles modifier la composition du sang ? 2° les variations dans la composition du sang peuvent-elles modifier la constitution physico-chimique des cellules et, par suite, leurs propriétés ? Or, à ces deux questions, la science répond par l'affirmative. Je ne m'attarderai pas à expliquer les théories biologiques qui nous donnent le mécanisme de ces phénomènes ; il me suffira, pour l'instant, de constater leur bien fondé pour montrer toute l'importance du problème de l'alimentation.

Cette question ayant fait l'objet d'une étude qui va paraître incessamment en librairie, je la négligerai aujourd'hui pour examiner les principes directeurs de l'étude de l'alimentation dans ses rapports avec l'énergétique biologique. Toutes les applications à l'entraînement et au stud s'inspirant de faits physiologiques fondamentaux, nous rappellerons tout d'abord ces faits sous la forme qui convient le mieux à l'objet spécial que nous visons :

1° L'animal vit toujours sur sa propre substance, c'est-à-dire que le travail physiologique qu'il accomplit s'exécute toujours avec l'énergie fournie par le potentiel qui est déjà incorporé au tissu de l'organisme.

2° La conséquence de cette première proposition, c'est que les pertes en matières non azotées qu'éprouvent les sujets d'expérience à l'abstinence donnent la mesure des quantités absolues d'éléments ternaires et quaternaires qui conviennent à la constitution de la ration d'entretien.

3° Il n'existe aucun lien nécessaire entre les besoins de l'organisme en matières ternaires et ses besoins en matières quaternaires. Chaque catégorie d'aliments a sa destination particulière. Les substances quaternaires entretiennent les agents du travail physiologique qui sont en état de rénovation perpétuelle. Les substances ternaires fournissent à l'organisme les matériaux nécessaires à la reconstitution du potentiel que ces agents transforment pour exécuter leur travail.

4° La consommation des albuminoïdes que les tissus perdent pour préluder à leur rénovation n'est pas seulement un phénomène permanent ; c'est encore un acte d'une singulière constance. Il varie quelque peu d'un individu à un autre, mais le phénomène est fort peu influencé par le plus ou moins d'activité du travail physiologique.

5° Au contraire, la consommation des matières ternaires, sources du potentiel qui alimente le travail physiologique, suit ce travail dans ses variations d'activité et peut atteindre aussi une valeur considérable.

Voilà les principes physiologiques d'après lesquels doit être dirigée l'étude de l'alimentation. Nous les devons tous aux recherches de science pure des physiologistes.

D'après le premier de ces principes, ce n'est pas ce que l'on mange actuellement qui fournit l'énergie employée aux travaux physiologiques de l'organisme, mais bien le potentiel fabriqué avec ce que l'on a mangé antérieurement. La sagesse des nations s'est-elle donc trompée, quand elle a dit à peu près dans toutes les langues que, « si le ventre est plein, les reins sont forts » ? Non, sans doute. Ce proverbe continue toujours à exprimer une vérité relative. Mais il n'est pas vrai au sens où on se l'imagine le plus généralement. Après un bon repas, en effet, les forces ne reviennent pas, chez le travailleur fatigué, parce que les aliments du repas qui vient d'être pris servent de suite aux travaux physiologiques de l'organisme. A peine ces aliments sont-ils introduits dans l'estomac que la vigueur se ranime. Ils n'ont pu cependant être encore absorbés. Bien plus, les aliments n'ont pas encore achevé de subir les métamorphoses qui les préparent à cette absorption. Notre réconfort a donc une autre cause que cette absorption. Il vient de la satisfaction d'un besoin plus ou moins impérieux. Une sensation agréable s'est substituée dans l'estomac à une sensation pénible : par l'effet ou d'un reflexe ou d'un acte de diffusion nerveuse, l'économie tout entière est mise en état de se déclarer satisfaite. On se trompe donc trop souvent lorsqu'on attribue certaines qualités d'endurance chez les chevaux, à ce que ceux qui possèdent ces qualités sont moins exigeants que les autres sur le chapitre de la nourriture. Elles dépendent surtout de l'aptitude à supporter le jeûne, complet ou partiel, pendant les périodes de travail. Ce n'est guère là qu'une sobriété relative, un simple ajournement de la production, au moyen des aliments, des réserves graisseuses, où se puise l'énergie employée par le travail musculaire. Chez tous les sujets sans exception, celui-ci a sa source dans l'alimentation actuelle. Mais tous ne sont pas également bien disposés à utiliser leurs réserves quand ils ont l'estomac vide. Les endurants travaillent alors plus facilement que les autres, parce qu'ils ne sont pas déprimés par une sensation débilitante qui accapare l'attention du système nerveux et le rend plus ou moins incapable d'intervenir pour exciter, commander le travail musculaire.

... Dans la ration des chevaux, les grandes variations du prétendu rapport $\frac{\text{M.AZ}}{\text{M.NAZ}}$ tiennent presque exclusivement aux oscillations du second terme qui peut en certains cas atteindre sept ou huit fois la valeur du premier. Celui-ci, dans les conditions les plus favorables, n'est jamais supérieur au 1/3 ou même au 1/4 de celui-là. Donc les matières azotées n'occupent qu'une place relativement petite dans l'alimentation des chevaux. Elles n'en ont pas moins une importance considérable qui n'a été méconnue par personne, pas même par ceux aux yeux desquels la partie azotée de la ration n'est guère qu'un adjuvant de la partie non azotée. On juge, en effet, généralement de la valeur d'une ration végétale d'après la teneur en azote : ce qui ne laisse pas d'étonner un peu de la part de ceux qui ne songent pas au rôle spécial qu'ont à jouer les albuminoïdes de l'alimentation.

Ce rôle, répéterons-nous, est de tout premier ordre. Il importe, en effet, au plus haut degré que les tissus soient constamment en état de bien fonctionner. Or il n'en est ainsi qu'à la condition que ces tissus soient bien entretenus dans leurs formes, leurs dimensions, l'activité de leurs propriétés physiologiques.

C'est une charge qui incombe aux albuminoïdes de la ration alimentaire. Il en faut une quantité suffisante pour remplacer celle que le travail de rénovation de la matière des tissus leur enlève à chaque instant.

Il est nécessaire aussi que, par leur nature ou leur qualité, ces albuminoïdes soient parfaitement adaptés à leur rôle. Question bien importante, sur laquelle la chimie alimentaire ne peut guère nous donner de renseignements utiles. A peine nous éclaire-t-elle sur l'existence et l'individualité propre de telle ou telle de ces substances. Que de variétés encore mal déterminées! Nous ne sommes même pas sûrs que l'identité existe là où elle ne semble pas contestable. Rien qu'en ce qui concerne l'albumine proprement dite, qui oserait dire qu'elle est partout semblable à elle-même : dans l'œuf, dans le sang, dans les sérosités, dans les sucs herbacés, dans les grains, etc. ?

Qui prétendrait que les états moléculaires divers que peut affecter cette substance sont indifférents à l'exercice de son rôle réparateur? Des exemples nombreux prouvent combien il convient d'être réservé dans la réponse à faire à ces questions. Voyez les albuminoïdes des bouillons de culture ; un rayon de soleil, un froid intense suffisent à leur enlever toute aptitude à faire végéter les microbes qui s'en nourrissent, ou à imprimer à ces microbes un mode particulier de végétation. Et cependant rien n'est changé, au moins en apparence, dans la reconstitution chimique des albuminoïdes desdits bouillons de culture.

De même, il n'est pas permis de préjuger l'identité de la faculté réparatrice des albuminoïdes alimentaires d'après l'identité qu'ils présentent au point de vue de leur composition chimique apparente. C'est à l'expérimentation physiologique à nous renseigner sur ce point. Elle nous a fait connaître la digestibilité des matières albuminoïdes; au tour maintenant de l'assimilabilité. J'entends par ce mot plus que la propriété d'entrer dans le torrent circulatoire pour s'y mettre au service des besoins de l'organisme. L'assimilabilité, au sens où Chauveau prend cette expression, veut dire la propriété de s'incorporer aux tissus pour remplacer les parties qu'enlève l'histolyse rénovatrice.

On ne saurait trop exagérer l'importance de ce rôle rénovateur des albuminoïdes de la ration alimentaire. La place modeste qu'ils occupent dans cette ration à côté de la grosse masse formée par les matériaux constitutifs du potentiel de consommation courante, ne saurait, répétons-nous, donner l'idée de cette importance. Rappelons-nous toujours que les albuminoïdes représentent dès les premiers linéaments de la vie embryonnaire, les agents et les matériaux de la constitution de la machine animale. Ce sont ces substances qui l'entretiennent ensuite en bon état, jusqu'à la décadence que l'âge amène infailliblement. Le travail que l'on demande à cette machine s'alimente en énergie au potentiel ternaire, qui se dissipe et disparaît complètement quand il a rempli son office. Il en est autrement de l'albuminoïde réparateur : cet élément se renouvelle, mais les tissus qu'il entretient restent. Ceci implique une conséquence pratique qu'il ne faut pas négliger. L'établissement d'une ration de production n'est pas une affaire de circonstance. Il est bon d'y avoir songé de longue date. Par exemple la matière des organes auxquels on voudra faire produire du travail mécanique sera certainement plus apte à cette production si l'on a fourni depuis longtemps à ces organes d'excellents éléments réparateurs. C'est là une nouvelle raison de s'attacher à la ration de la veille aussi bien qu'à celle du jour; l'économie animale profite de celle-ci plutôt pour le travail physiologique du lendemain, celle-là plutôt pour le travail physiologique actuel.

Ces principes s'appliquent, bien entendu, à la généralité des cas d'utilisation des rations alimentaires. Mais ils trouvent surtout leur emploi dans la détermination de la ration d'entretien et de la ration de travail. C'est là que gît le grand intérêt de la question de l'alimentation des chevaux. Quelle est la plus avantageuse à l'organisme, la plus productive et en même temps celle qui revient au meilleur prix? En économie rurale, il n'y a pas de question plus importante que ce simple problème de physiologie appliquée. Il n'en est pas non plus qui doive tenir une plus grande place dans les préoccupations de ceux qui ont la charge de préparer les chevaux aux fatigues du turf.

Le problème de la vigueur et de la santé du cheval de course est un de ceux qui préoccupent chaque jour le monde des éleveurs et des sportsmen. La victoire, dans le classement d'une génération, appartenant toujours au poulain le plus vigoureux et le plus résistant qui peut mettre un organisme d'acier au service d'un influx nerveux supérieur, la question de la force physique s'impose tyranniquement pour tous les animaux du stud et du training.

Il y a, pour faire le cheval d'hippodrome vigoureux, autre chose à découvrir qu'excitants et dopings.

Il y a là assurément un problème intéressant à résoudre. Je n'ai pas cependant, croyez-le, la prétention de vous apporter la complète solution d'un tel problème. Aussi bien, à la poursuite de sa solution, le savant, l'érudit, le génie le plus profond perdraient le meilleur de leur temps et de leur puissance intellectuelle avant d'en atteindre le but.

Mais j'ai la conviction, partagée par beaucoup de nos meilleurs esprits, que le mode d'élevage, le régime alimentaire, la méthode d'entraînement sont des facteurs essentiels de vigueur, de beau développement physique, d'endurcissement et de résistance aux fatigues du turf, j'ai la conviction, en un mot, que le problème de l'amélioration, de la régénération des races trouvera, en grande partie, sa solution dans un régime approprié auquel tous les éleveurs, stud-grooms, entraîneurs soumettront leurs chevaux, en ayant la sagesse de conformer ce régime aux besoins de la vie physiologique et à l'épanouissement des forces musculaires de chaque sujet.

Tout le monde sait ce qu'on entend par ce mot régime. C'est l'usage raisonné et méthodique des choses essentielles à la vie et à la fonction des chevaux. Le régime concerne donc un ensemble trop vaste pour qu'il puisse être question d'en donner dans ce chapitre un exposé complet. Obligé de me limiter, je veux simplement passer en revue les pratiques nouvelles, pour persuader les éleveurs et les sportsmen qu'ils pourront trouver dans leur application une source féconde de force, de santé et de puissance pour les poulains qu'ils élèvent ou qu'ils exploitent.

Il suffit de parcourir les grands haras de pur sang et les jumenteries de demi-sang, ainsi que je viens de le faire récemment, pour se convaincre des tendances nouvelles de l'élevage et pour apprécier les progrès accomplis, dans ce domaine, en ces dernières années.

C'est l'hygiène générale des animaux, l'hygiène des reproducteurs avec les soins spéciaux qu'elle comporte, la stérilité, la fécondation artificielle, tous les phénomènes de la génération, le développement et la croissance des poulains qu'on toise, qu'on pèse, qu'on mensure à présent, qui font l'objet de la préoccupation de tous les éleveurs et des stud-grooms intelligents.

J'ai été très heureux de constater que ces mêmes hommes, qui restaient naguère indifférents à toutes ces questions, s'y intéressent aujourd'hui d'une façon toute particulière.

Il est impossible d'examiner cette évolution sans que le grand problème de l'alimentation, qui intéresse tous les éleveurs, ne vienne se poser avec toutes ses déductions et ses conséquences pratiques. C'est dans cette voie, du reste, que les plus grands progrès sont à réaliser, car rien ne saurait être plus important que de savoir nourrir les animaux de grande valeur qui peuplent nos haras. Rien cependant n'est plus difficile ni plus méconnu et, sur l'une des conditions essentielles dont dépend étroitement la santé des sujets, leur valeur comme reproducteurs ou comme futurs racers, la prospérité d'une lignée, l'amélioration de la race, on vit de traditions ou l'on applique irrationnellement les méthodes nouvelles.

On sait très bien nourrir un bœuf, une vache, un mouton et leur faire produire le maximum de viande, de lait ou de laine ; on sait moins bien nourrir un cheval. Chez la plupart des éleveurs, chez presque tous, peut-on dire, le problème si grave et si complexe de la réparation journalière des instruments de la vie des animaux sans apports inutiles ni déficits, se résout empiriquement ou d'après des thèses préconçues : les uns croyant voir dans l'avoine la principale source de la vigueur physique et de l'énergie volontaire, la veulent surabondante, d'autres prônent le régime sucré : il suffit, suivant eux, à tous les besoins des animaux, quels que soient leur âge et leur fonction.

Partisan convaincu de l'alimentation sucrée, chez les animaux à l'entraînement, je tiens à mettre en garde les éleveurs contre la suralimentation, par le sucre, des poulinières et des poulains. Je me range très volontiers, après maintes constatations à l'opinion de Bunge qui n'hésite pas à déclarer ce produit dangereux pour certaines catégories d'animaux. L'usage du sucre, d'après cet auteur, ayant pour conséquence d'entraîner des effets déplorables, le fer et la chaux étant indispensables à sa nutrition et à son développement, un yearling qui consomme des produits sucrés n'absorbe pas en quantité suffisante les autres aliments qui contiennent l'azote nécessaire aux besoins de sa croissance. Il consomme ainsi trop d'hydrates de carbone et pas assez d'albuminoïdes. Or, ce sont ces dernières substances qui fournissent tous les produits élémentaires pour la constitution de la matière vivante des jeunes animaux. L'albumine est donc l'aliment primordial; les hydrates de carbone, le sucre par conséquent, ne jouent que le rôle d'aliment de remplacement, physiologiquement parlant.

Beaucoup d'éleveurs font consommer des produits spéciaux, appelés aliments de croissance, et c'est là une innovation dont on doit les féliciter.

Tel prescrit les substitutions alimentaires, tel autre les proscrit. Le principe des substitutions d'une denrée à une autre serait rationnel, s'il y avait équivalence chimique dans la valeur nutritive des substances dont se compose la ration. Mais je n'adopte pas pleinement la conception de certains auteurs, car je prétends que les principes protéiques ne jouissent pas toujours d'une même valeur nutritive, d'une même assimilation, quoique leur composition semble varier fort peu. Les chimistes, pas plus que les zootechniciens sérieux, ne me contrediront, si j'affirme que suivant qu'ils proviennent de l'avoine, du maïs, de la féverolle... le cheval les utilise plus ou moins bien ; une certaine quantité d'albuminoïdes empruntée à un aliment donné nourrit mieux ou plus mal que le même poids de composés protéiques fournis par un autre aliment.

Reprenons l'examen des différents régimes appliqués : hier il était recommandé de faire boire les chevaux le moins possible; aujourd'hui il faut laver le sang du poulain ou de la poulinière par des boissons abondantes qui emportent toutes les toxines et tous les résidus.

Cependant l'alimentation fait son œuvre : irrationnelle, elle laisse tous les jours un déficit, ou bien apporte au contraire un excès fâcheux de graisse, de chair, d'eau, de sels minéraux, et, de ce régime inconsidéré, les effets s'accumulent au sein des plasmas nutritifs peu à peu modifiés, les cellules et les organes subissent une lente déchéance.

Il importe donc beaucoup que l'éleveur, le stud-groom et l'entraîneur apprennent à nourrir normalement les animaux qu'ils exploitent ou qu'ils dirigent et qu'ils sachent appliquer le régime alimentaire qui convient à chaque sujet.

Les lois de la diététique alimentaire des animaux ont une triple origine : la tradition, lorsque celle-ci a résisté au temps et aux théories; la connaissance physiologique du fonctionnement normal des organes; la statistique chimique, qui lie leur composition et leurs dépenses journalières à la composition et au bilan des aliments. Ces trois ordres de considérations doivent s'appuyer et s'expliquer l'une l'autre et seules sont valables pour établir les règles d'un bon régime alimentaire.

A mesure qu'on pénètre dans le monde du cheval, on reste plus convaincu qu'un long empirisme est parvenu à faire pénétrer peu à peu dans les usages alimentaires de fâcheuses habitudes. Il est certain que, chez un grand nombre de sujets, les états diathésiques, qu'on est convenu d'attribuer vaguement à des tempéraments délicats, à des constitutions vicieuses, tiennent le plus souvent à des modes défectueux de les nourrir.

La mauvaise constitution, l'inaptitude musculaire et le défaut de qualité qui empêchent les poulains de paraître sur l'hippodrome, se rattachent immédiatement ou médiatement à une alimentation exagérée ou irrationnelle.

Il serait donc utile que les problèmes nombreux et délicats qui se rattachent à l'étude de l'alimentation du cheval de course fussent examinés à la lumière si pénétrante et si claire que nos connaissances modernes projettent sur ces importantes questions. C'est ce que nous ferons dans un ouvrage en ce moment en préparation.

Nous allons simplement passer ici en revue d'une manière succincte les différents régimes du cheval suivant son âge et sa fonction.

Alimentation de l'étalon. — L'étalon, entretenu spécialement pour le service de la monte, exige une nourriture abondante : l'élaboration du sperme réclame beaucoup de matières azotées et phosphatées; les graines des céréales ou des légumineuses doivent entrer, pour une large part, dans les rations. Certes, il ne faut pas tomber dans l'excès, car des farineux, distribués en trop grande quantité, provoqueraient le dépôt de graisse et tous les éleveurs savent, par expérience, que les animaux trop gras voient baisser leurs facultés prolifiques dans une grande proportion.

Mais l'étalonnier possède dans la promenade ou le travail modéré un heureux correctif aux prédispositions à l'embonpoint. D'autant plus qu'un exercice bien ordonné ne peut qu'augmenter la fécondité du mâle.

Il est bien évident que le régime sera d'autant plus substantiel qu'on exigera de la part de l'étalon un service plus ou moins pénible. Pour obtenir une bonne fécondation on ne doit guère demander à l'étalon plus de cent saillies par an. L'administration des haras en a fixé le chiffre à soixante, mais il est ordinairement quelque peu dépassé dans la pratique. Dans ces conditions, les chevaux des haras reçoivent par jour, environ :

Gros	12	litres	d'avoine
Moyens	10	—	—
Petits	8	—	—

A cette avoine, on adjoint de bons foins, un peu de paille et des mashes d'avoine additionnées d'un peu de farine de lin. Ces mashes sont très nutritives et rafraîchissantes. Cependant nous ne voyons pas pourquoi l'on ne donne pas aux étalons, pendant la saison de la monte, des aliments d'épargne, des luzernes, etc.

Alimentation de la jument poulinière. — Les juments pleines ou nourrices réclament des soins particuliers et un supplément d'alimentation, sous peine de les voir s'épuiser à la tâche, de ne pas produire ou de donner des produits mal conformés.

La jument peut être nourrie comme les autres chevaux et prendre sa nourriture soit au pâturage soit à l'écurie. Dans le second cas, on peut lui donner de bons soins, des fourrages sains, auxquels on ajoutera toujours, avec profit, des aliments concentrés.

L'alimentation minérale chez les poulinières. — Toutes les conditions indiquées par la science comme étant les plus favorables pour l'accomplissement de la fonction maternelle chez les poulinières convergent vers des pratiques dont l'existence est aujourd'hui bien connue de tous les éleveurs. Aussi n'entreprendrons-nous pas ici l'étude du régime alimentaire ordinaire des gestantes. Nous allons insister sur l'alimentation minérale qui constitue une nécessité physiologique de la plus haute importance dans la diététique des poulinières.

C'est pendant les deux derniers mois de la gestation que l'organisme fœtal élabore et constitue les deux tiers de sa masse totale, qu'il s'agisse de matières albuminoïdes ou minérales. C'est donc à cette période qu'il est intéressant d'obtenir la suralimentation minérale, qui jouera un rôle prépondérant dans le dernier stade de la vie utérine. Au moment de la naissance, le poulain de poids normal a soustrait à l'organisme maternel un poids de 300 grammes environ de sels minéraux. Dans ce chiffre le fer n'est représenté que par 0gr,921 de peroxyde (Fe^2O^3) soit 0gr,794 de fer métallique.

Il est probable que cette fixation, qui s'exerce surtout pendant les dernières semaines, n'est pas étrangère à la pathogénie des troubles de la nutrition qui compliquent fréquemment la fin de la gestation.

Ces données physiologiques montrent que les matières minérales prennent une part essentielle à la constitution et à la formation de tous les organes, qu'elles sont indispensables à l'entretien de l'activité vitale dans l'organisme.

Le rôle des principes minéraux chez les gestantes étant bien établi, examinons maintenant comment se comportent ces mêmes principes dans l'alimentation des poulinières nourrices.

L'importance des matières minérales du lait a été mise en évidence surtout par Bunge dont les remarquables travaux permettent d'entrevoir des déductions fort intéressantes en ce qui concerne l'alimentation non seulement chez les jeunes sujets, mais encore chez les juments nourrices.

Bunge a montré que les cendres du jeune animal présentent une analogie de composition très grande allant jusqu'à l'identité avec les cendres du lait de la mère. Cette composition est variable d'une race à l'autre, mais dans la même race le parallélisme existe entre la partie minérale du poulain et les cendres du lait de la poulinière. Le fait est d'autant plus frappant qu'il n'y a pas d'identité, loin de là, entre la teneur en substances minérales du sang, ou plutôt du sérum et du lait, et cependant c'est dans le sérum sanguin que le lait puise évidemment les matières minérales qui entrent dans sa composition.

Bunge fait remarquer que la concordance entre la composition des cendres du lait et celles du nourisson ne peut exister que chez les mammifères à croissance rapide. Le fait se vérifie parfaitement dans l'espèce chevaline : il est bien évident que l'on trouvera là, en effet, le rapprochement le plus saillant, le tissu osseux se constituant en grande partie pendant l'allaitement.

Nous constaterons avec Bunge que l'épithélium mammaire a l'étonnante facilité d'extraire du milieu sanguin tous les éléments minéraux constitutifs d'un lait dont la composition est totalement différente et cela justement dans des proportions pondérables en rapport avec les besoins du foal. Cette concordance entraîne le maximum d'épargne dans les dépenses de l'économie ; elle n'a d'autre raison d'être et l'organisme maternel n'abandonne rien qui ne puisse être utilisé complètement par le nourrisson.

Or, quelle est, dans la composition des cendres du lait de la jument, le principe essentiel? Les plus récentes analyses ont montré clairement que le phosphate de chaux est l'élément minéral prédominant; le lait lui devra en partie sa valeur alimentaire.

Nous allons pouvoir tirer de ce fait des déductions de la plus haute importance.

Un foal tette chaque jour une quantité de lait variable pour chaque sujet, et cela représente une certaine quantité de principes minéraux. Or la teneur en éléments minéraux des aliments les plus importants est beaucoup plus faible que celle du lait de jument.

Or, si la nourriture ne fait pas l'apport minéral nécessaire, la poulinière devra l'emprunter à son organisme. Ce fait présente, comme on peut en juger, un très grand intérêt; car, même avec une alimentation rationnelle, la quantité de principes minéraux ingérée est manifestement insuffisante.

Nous venons d'aborder là un côté important de la physiologie de la poulinière qui nourrit. Chez elle, la nutrition générale est ralentie, le coefficient azoturique inférieur à la normale, les phosphates éliminés en excès, l'alcalinité du sang diminuée. Ces résultats, joints à l'expérimentation et à des observations rigoureuses dans les studs, permettent d'expliquer la moindre résistance de l'organisme de la poulinière nourrice aux agents pathogènes.

En ce qui a trait à l'élimination urinaire des phosphates chez les juments qui allaitent, il est établi aujourd'hui qu'elles perdent par leurs urines au moins autant de phosphates proportionnellement que les individus normaux; comme d'autre part elles en perdent aussi dans le lait sécrété, il faut que l'organisme en absorbe une quantité supérieure sous peine d'être déminéralisé.

Si l'on considère les modifications du système nerveux chez la poulinière, si nous voulons chercher pourquoi la lactation agit sur le système nerveux, nous voyons que probablement plusieurs facteurs entrent en jeu : l'auto-intoxication, l'hyper-alcalinité, etc., fréquentes qui constituent la déminéralisation. Ces principes semblent nécessaires au bon fonctionnement du système nerveux et l'organisme de la jument nourrice laisse filtrer dans le lait une quantité notable de ces sels. Nous ne saurions donc trop insister sur des faits communs chez les poulinières nourrices; la déminéralisation créant un terrain moins résistant, l'élimination exagérée de sels minéraux semble coïncider avec une fragilité plus grande du système osseux et des troubles très nets du système nerveux.

L'une des causes initiales importantes de ces modifications : une assimilation insuffisante de phosphate de chaux, etc. Le remède à cet état de choses sera facile : il suffira de fournir à la jument en lactation, et sous une forme facilement assimilable, les principes que trop souvent elle est réduite à emprunter à son organisme.

Pour cela deux rations quotidiennes de notre aliment, de 400 grammes chacune mélangées à l'avoine suffiront amplement : le remède ne peut donc être ni plus simple, ni plus facile, ni plus agréable, les chevaux étant très friands de ce produit. Les résultats obtenus jusqu'à ce jour dans les plus grands haras, où l'albuminoïde est entré dans la diététique courante des animaux, ainsi que les faits physiologiques constatés chez les juments poulinières traitées par cet aliment hors pair tendent à établir d'une façon certaine son efficacité dans le régime des gestantes et des nourrices.

La nécessité d'éviter de donner des aliments encombrants, forçant à diminuer le volume du bol alimentaire dans les derniers mois de la gestation, la ration journalière se trouvant diminuée, n'est plus suffisante pour apporter aux juments l'ensemble complexe des éléments minéraux nécessaires pour la formation du fœtus. Il convient donc qu'elles trouvent toutes les matières utiles dans un aliment concentré, plus riche que l'avoine et moins échauffant que cette denrée qui excite les poulinières. Il n'y a donc pas de meilleure nourriture que celle dont nous conseillons l'emploi aux éleveurs. Nous savons que l'*albuminoïde phosphoré* présente une relation nutritive très serrée, que sa digestibilité est très élevée et qu'il est très riche en azote et surtout en acide phosphorique : toutes conditions reconnues comme favorisant au plus haut degré la sécrétion du lait, de même que la nutrition. A ce titre donc, la supériorité de cet aliment est évidente. Cette supériorité ne lui est du reste point contestée. Il serait par conséquent superflu d'insister. Nous sommes simplement amenés à faire quelques remarques qui ont une importance pratique considérable.

Le calcul montre que la jument qui reçoit 800 grammes d'albuminoïde phosphoré absorbe ainsi plus d'acide phosphorique et de chaux qu'elle n'en élimine par son lait.

En particulier, nous avons vu précédemment combien la teneur en principes minéraux des aliments était insuffisante. En complétant l'alimentation comme nous venons de l'indiquer, tout sera prévu, et la proportion de sels minéraux deviendra très suffisante pour les besoins du foal et ceux de la poulinière, même en tenant compte de l'insuffisance d'absorption. Ainsi donc, la jument qui allaite n'aura plus besoin d'avoir recours à ses éléments organiques propres pour y puiser les principes les plus actifs de son lait, elle pourra éviter la déminéralisation, la phosphaturie et les troubles nerveux qui y sont liés, les conditions deviendront meilleures pour elle et le poulain, et la fécondation de la mère quelques jours après la mise bas sera plus certaine.

Inutile de dire que, indépendamment du phosphate de chaux, les autres substances contenues dans l'albuminoïde phosphoré : lécithines, caséine, etc., tous produits présentés sous la forme la plus facilement assimilable, viendront joindre leur effet salutaire.

Jusqu'ici, l'albuminoïde phosphoré était considéré comme l'aliment idéal du poulain, il devient en plus le complément nécessaire de l'alimentation de la jument qui allaite.

En effet, les principes que renferme l'albuminoïde phosphoré font qu'il paraît agir surtout par le surcroît d'énergie qu'il importe dans l'organisme ; nous pouvons dire qu'il agit en augmentant la pression osmotique et en apportant l'électricité potentielle dont il est le substratum. Les molécules dissoutes de l'organisme se trouvent être animées d'une force électro-motrice plus intense, qui facilite leur mouvement de translation dans les cellules. C'est ainsi que la nutrition se trouve renforcée.

Sous l'influence de cet aliment, on a constaté chez les juments que la nutrition était rapidement suractivée, ce qui s'est traduit par les effets suivants :

1° Augmentation de la sécrétion lactée;

2° Amélioration de la quantité de lait;

3° Accroissement du poids de la poulinière ;

4° Accroissement plus rapide du foal.

Il est donc évident que, pour les juments pleines et les juments suitées, ce produit constitue un véritable aliment de choix, car il permet, comme nous l'avons dit plus haut, de pourvoir aux dépenses et aux pertes phosphatées qu entraînent la gestation et l'évolution du fœtus et il favorise la secrétion lactée.

Il est constant que le lait des poulinières qui reçoivent l'albuminoïde est plus riche en beurre et en albumine.

Or, on a pu établir que la vitesse de croissance du nourrisson est en relation très étroite avec la teneur en albumine du lait. Plus le lait est riche en albumine, plus la vitesse de croissance est grande. La loi s'applique aussi à la teneur du lait en chaux et en acide phosphorique.

Le développement, dans les premiers jours qui suivent la naissance, le prouve surabondamment, puisqu'à ce moment, le lait est beaucoup plus riche en substances solides qu'au bout d'un certain temps. Or, on sait que la croissance est d'autant plus active que le poulain est plus jeune.

Le développement plus rapide du foal, pendant les premiers jours qui suivent la naissance, pourrait être dû uniquement à l'étendue plus considérable de la surface d'absorption de son tube digestif par rapport à la masse totale, car on sait que lorsque les dimensions d'un être s'accroissent, sa masse augmente comme le cube des dimensions, sa surface comme le carré. Néanmoins, l'expérience montre que la teneur plus élevée du lait en albumine est aussi un facteur de cette croissance d'autant plus rapide que l'être est plus jeune.

Nous avons demandé l'analyse du lait d'un très grand nombre de juments vivant sous tous les climats, ainsi que des renseignements précis sur le développement des produits qu'elles allaitaient. De la comparaison de toutes ces données, il ressort que le lait des juments habitant les pays chauds est riche en sucre et pauvre en graisse, et que la croissance des poulains est beaucoup plus active. C'est le contraire pour les poulinières vivant dans les contrées septentrionales. Du reste, la composition moyenne du lait de jument, envisagé à ce point de vue, fait bien du cheval une race primitivement méridionale.

Si on compare enfin la nourriture du nourrisson et celle de l'adulte, on voit que le premier a besoin relativement de plus d'albumine que le second pour former ses tissus et de plus de graisse, car sa surface de refroidissement est plus considérable par rapport à sa masse. L'adulte absorbe au contraire plus d'hydrates de carbone, à cause du travail qu'il doit fournir.

Alimentation du poulain. — Le poulain, dans les trois premiers mois de son existence, peut prendre de 6 à 12 litres de lait, selon que la jument est plus ou moins bonne nourrice. Sans avoir des données bien précises, on peut admettre qu'une jument, peu après la mise bas, donne autour de 10 litres de lait par jour. Ce lait offre la composition moyenne suivante :

Matières azotées	15 grammes	par	litre
— grasses	10	—	—
Sucre de lait	60	—	—
Matières minérales	2 à 3	—	—

Le lait maternel suffit parfaitement à l'alimentation du poulain dans les trois premiers mois. Mais, à partir de cet âge, le jeune animal peut commencer à brouter l'herbe tendre des pâturages et grignoter un peu d'avoine Aucune autre nourriture n'est mieux appropriée à son jeune estomac. Donc, à partir de l'époque où le poulain peut trouver un supplément dans l'herbe verte on peut varier l'alimentation de la poulinière graduellement à celle des autres chevaux, en supprimant peu à peu les barbotages.

A six mois, le poulain peut être sevré, mais jamais avant, à moins que la mère ne soit mauvaise nourrice. A ce moment, on diminue la ration de la mère, on substitue des fourrages secs aux fourrages verts, on réduit la proportion des farineux. Si l'on a eu soin de graduer le sevrage, d'espacer les tétées, à la fin de l'allaitement, la succion diminuant, la sécrétion du lait cesse tout naturellement. En principe, la ration doit toujours être élevée au sevrage, quitte à la diminuer peu après.

Lors du premier hiver le jeune cheval doit recevoir de bons foins tendres, tels que des regains de légumineuses bien rentrés et des graines suivant la constitution et l'appétit de l'animal.

La deuxième année celui-ci trouvera sa nourriture d'été dans la prairie et il faudra administrer un supplément, sous forme de grains.

Dans les deux cas, la prairie devrait être largement phosphatée, si elle était pauvre en acide phosphorique. C'est le seul moyen d'obtenir des animaux précoces, aux belles et larges formes à la charpente bien ossifiée

Pour les régimes des chevaux qui travaillent, trotteurs, galopeurs, hunters, poney de polo, le lecteur voudra bien se reporter aux chapitres où nous avons étudié le régime de ces différentes catégories d'animaux.

L'abreuvement du cheval. — Le docteur F. Tangal, chef de la station expérimentale de physiologie animale de Buda-Pesth, a entrepris récemment une série d'expériences, afin de rechercher les relations existant entre l'assimilation des aliments et l'abreuvement des animaux.

De ces essais, il résulte que chez le cheval le moment d'absorption de la boisson (avant, pendant ou après le repas), n'a aucune influence sur l'assimilation des substances alimentaires; quand on fait boire le cheval après le repas une plus grande quantité de grains est entraînée de l'estomac dans l'intestin, il en est de même lorsqu'on fait boire l'animal entre l'avoine et le foin.

Tous les chevaux soumis à ces expériences ont bu plus d'eau quand on les a fait boire après le repas ; la quantité minimum d'eau absorbée a été observée chaque fois que les animaux ont bu avant la nourriture.

Lorsqu'on change de régime, à partir du jour où le mode d'absorption après la nourriture fait place au mode d'absorption avant la nourriture, le poids de l'animal diminue ; il se maintient au contraire lorsqu'on fait l'expérience inverse. Le poids minimum reste constant pendant toute la période de l'administration de la boisson avant la nourriture ; il en est de même du poids maximum pendant le temps où l'on fait boire les animaux après le repas.

Quand les chevaux commencent à boire avant la nourriture, ils mangent avec moins d'avidité pendant les premiers jours; au contraire, on ne remarque aucun changement quand on commence à faire boire les animaux après le repas.

Les résultats du Dr Tangal sont en contradiction avec la théorie actuellement admise d'après laquelle il vaudrait mieux faire boire les animaux avant de leur donner toute nourriture, les avantages étant les suivants : assimilation plus grande par suite d'une plus grande production de sucs digestifs, suppression de l'entraînement des grains dans l'intestin par l'eau de boisson.

D'après l'auteur, il semble résulter que l'administration de la boisson après le repas est préférable; en tout cas, lorsqu'on voudra augmenter chez un cheval le fonctionnement des voies urinaires, il faudra toujours le faire boire après qu'il aura mangé.

TABLE DES MATIÈRES

Pages.

PRÉFACE VII

PREMIÈRE PARTIE

THÉORIES GÉNÉRALES ET MÉTHODES DE REPRODUCTION

CHAPITRE PREMIER. — **L'espèce. — La race. — La variété. — La variation** 3

L'espèce, p. 3. — La race, p. 6. — La variété, p. 31. — La variation, p. 32.

CHAPITRE II. — **La variation expérimentale** 37

L'âge est-il une cause de variation? p. 42. — La maturité des cellules-germes est-elle une cause de variation? p. 44. — La condition du Soma est-elle une cause de variation? p. 45. — Le changement d'habitat est-il une cause de variation? p. 47. — Le croisement comme cause de variation, p. 49. — L'action atténuante des croisements, p. 53. — Causes douteuses de variation, p. 57. — Les besoins de l'organisme comme cause de variation, p. 58. — L'action directe de l'ambiance et l'hérédité d'usage comme causes de variation, p. 59. — La télégonie comme cause de variation, p. 59.

CHAPITRE III. — **Les origines de l'espèce chevaline et le transformisme.** 62

Origine du cheval avant la découverte américaine, p. 63.

CHAPITRE IV. — **Le sang. — Le demi-sang. — Le croisement. — Le métissage** 69

Le sang, p. 69. — Le demi-sang, p. 72. — Le croisement, p. 77. — Le métissage, p. 87. — Retour à l'ancêtre, p. 91. — Atavisme et caractères latents, p. 93. — Ressemblances diverses, p. 94.

CHAPITRE V. — **Dissociation de la notion de fraternité** 95

CHAPITRE VI. — **Sélection zootechnique** 104

CHAPITRE VII. — **Les aptitudes du demi-sang** 108

Le cheval de selle, p. 108. — Le cheval de chasse, p. 113. — Le hack, p. 119. — Le cheval d'attelage, p. 119.

CHAPITRE VIII. — **Les races et variétés de demi-sang du monde** 122

Le pur sang arabe (aryen, assyrien, oriental), p. 123. — Les chevaux du nord de la Russie, p. 126. — Les chevaux autochtones de l'Autriche-Hongrie, p. 127. — Le cheval espagnol, p. 129. — L'anglo-arabe, p. 129. — Les dérivés du sang arabe, anglais, ou anglo-arabe en Allemagne, p. 132. — Le cheval Orloff, en

Pages.

Russie, p. 134. — Les dérivés de l'arabe ou de l'anglo-arabe en Hongrie, p. 135. — Le cheval barbe ou berbère, p. 136. — Les chevaux métis du Royaume-Uni, p. 138. — Les chevaux légers de l'Irlande, p. 142. — Les dérivés français du cheval de pur sang anglais, p. 144. — Les chevaux trotteurs français, p. 149. — Les dérivés allemands du cheval de sang, p. 150. — Les chevaux de la Prusse orientale, p. 152. — Le cheval du Hanovre, p. 155. — Le cheval de l'Oldenbourg, p. 157. — Les chevaux du Schleswig et du Holstein. p. 157. — Le cheval du Mecklembourg, p. 157. — Les chevaux du Danemarck, p. 158. — L'élevage du demi-sang en Belgique, p. 159. — Les trotteurs américains, p. 160. — Des familles issues de trotteurs, p. 162.

DEUXIÈME PARTIE

LE CHEVAL DE DEMI-SANG

CHAPITRE PREMIER. — **Le demi-sang galopeur** 167

Le cheval d'armes, demi-sang galopeur, p. 167.

CHAPITRE II. — **Le demi-sang trotteur** 176

Société d'encouragement pour l'amélioration des chevaux de demi-sang et les courses au trot, p. 176. — La déformation du demi-sang trotteur, p. 183. — Chevaux de trot et chevaux de galop, p. 191. — Le demi-sang, cheval de courses plates de l'avenir, p. 196.

CHAPITRE III. — **La production du cheval de remonte** 202

Le cheval de troupe en France, en Allemagne et en Angleterre, p. 205.

CHAPITRE IV. — **Le cheval et l'automobile** 212

CHAPITRE V. — **Concours hippiques, achats d'étalons, exportations et importations** 220

Les concours hippiques, p. 220. — Concours hippiques en Amérique, p. 221. — Achats d'étalons, p. 223. — Le rapport sur les haras, p. 224. — Exportations et importations, p. 226.

TROISIÈME PARTIE

L'ÉLEVAGE

CHAPITRE PREMIER. — **L'élevage** 231

Du terrain nécessaire pour élever des chevaux, p. 231. — Pâturages, 235. — Choix des reproducteurs; Qualités à rechercher; Défectuosités et tares à éviter, p. 240. — Age auquel la jument peut être saillie, p. 242. — La saillie, p. 242. — Hygiène de la jument pendant la gestation, p. 243. — Précautions à prendre au moment de la mise-bas, p. 244. — Soins à donner à la mère et au nouveau-né, p. 245. — Alimentation et hygiène du poulain depuis sa naissance jusqu'à l'âge le plus opportun pour le vendre au maximum de bénéfice possible, p. 246. — De la nécessité de l'exercice pour les étalons et les juments, p. 249.

CHAPITRE II. — **Fécondation. — Fécondité. — Infécondité. — Gestation.** 253

La Fécondation des poulinières. Rôle de la Fécondation dans la descendance, p. 253. — L'infécondité des juments et l'ovulase, p. 261. — Les causes de l'infécondité des hybrides, p. 268. — L'exploration rectale dans le diagnostic de la gestation, p. 270.

QUATRIÈME PARTIE

L'ENTRAINEMENT

Pages.

CHAPITRE PREMIER. — **L'entraînement** ... 277

Modifications organiques, p. 277. — Modifications physiologiques, p. 278. — Vitesse, p. 279. — Écuries et boxes, p. 279. — La destruction des mouches dans les écuries, p. 280. — Pistes, p. 281. — Nourriture, p. 282. — Boissons, p. 284. — Pansage, p. 284. — Soins spéciaux, p. 286. — Des purgations, p. 286. — Des suées, p. 286. — Des lavements, p. 286. — Ferrure, p. 286. — Condition, p. 287. — Surentraînement, p. 288. — Soins hygiéniques avant et après la course, p. 288.

CHAPITRE II. — **L'entraînement du demi-sang galopeur** ... 290

CHAPITRE III. — **L'entraînement du trotteur** ... 293

Dressage et entraînement du trotteur monté, p. 293. — Dressage au sulky, p. 296. — De l'enlevé, p. 296. — Enrênement, p. 296. — Guêtres, p. 299. — Ferrure, p. 299. — Les poids aux pieds, p. 300. — Entraînement du trotteur américain, p. 300.

CHAPITRE IV. — **Entraînement du cheval de raid** ... 302

Ajustement du cheval, p. 303. — Ajustement du cavalier, 304. — Progression du travail, p. 304.

CHAPITRE V. — **Entraînement du hunter, du polo-pony, du cheval de concours hippique** ... 306

Préparation du cheval de chasse, p. 306. — Dressage et entraînement du polo pony, p. 306. — Préparation du cheval de concours hippique, p. 312.

CHAPITRE VI. — **Les Fraudes** ... 314

Fraudes dans les courses au trot, substitutions de chevaux, p. 314. — Maquillage des chevaux, p. 315.

CINQUIÈME PARTIE

L'ALIMENTATION

CHAPITRE PREMIER. — **L'alimentation** ... 319

Le problème de l'alimentation, p. 319. — Alimentation de l'étalon, p. 327. — Alimentation de la jument poulinière, p. 328. — L'alimentation minérale chez les poulinières, p. 328. — Alimentation du poulain, p. 333. — Alimentation des chevaux adultes, p. 334. — L'abreuvement du cheval, p. 334.

Tours. — Imprimerie DESLIS FRÈRES, 6, rue Gambetta.

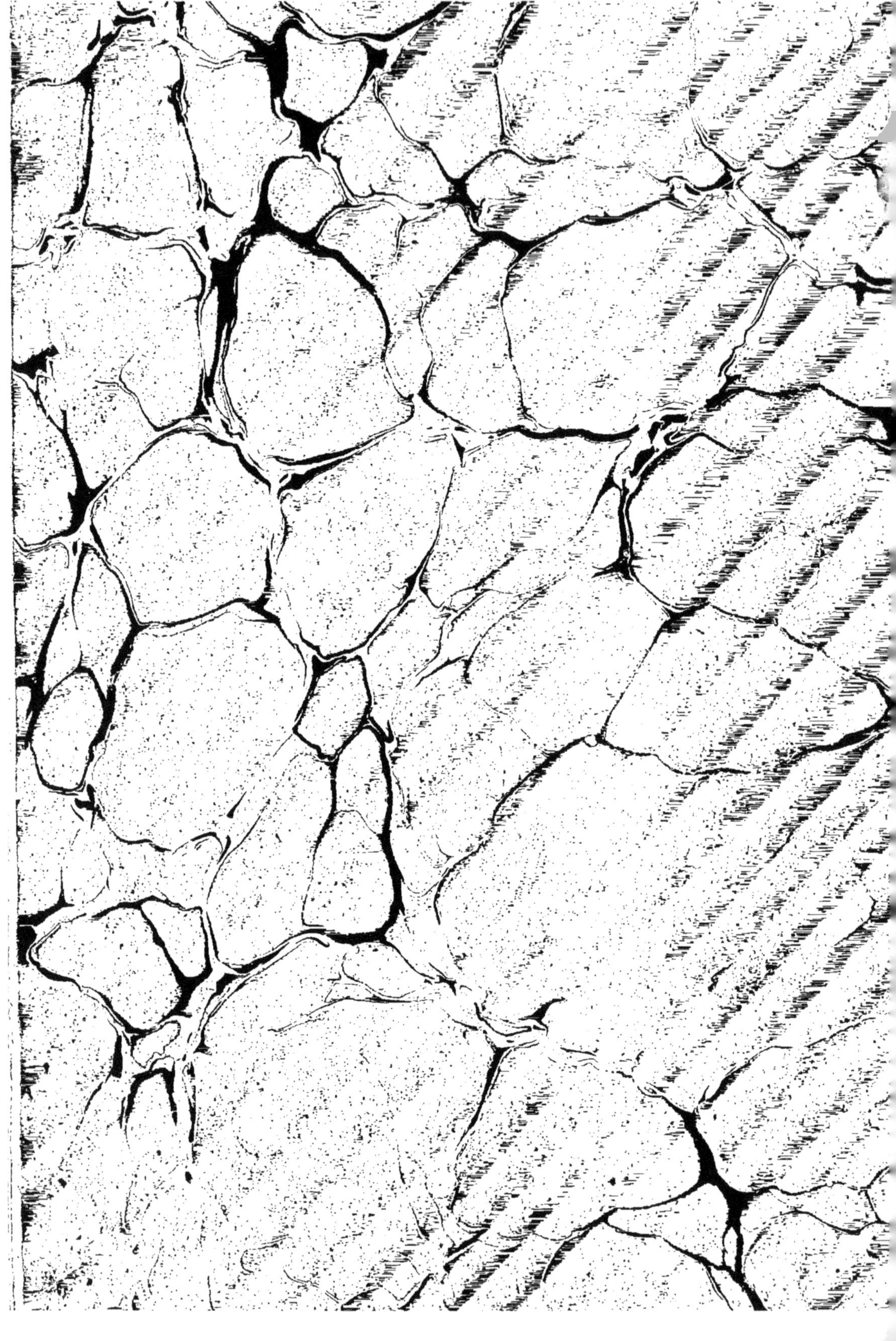

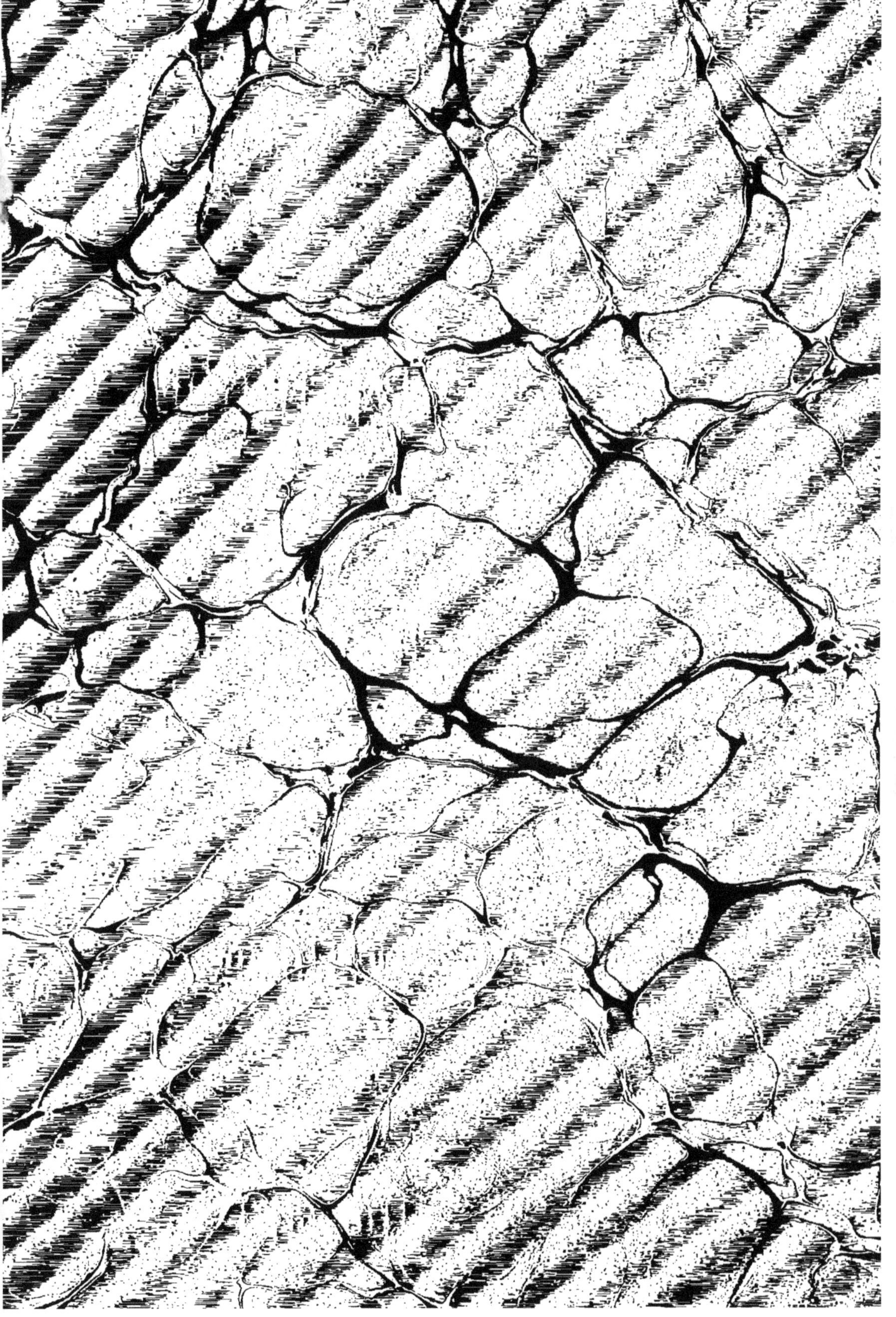

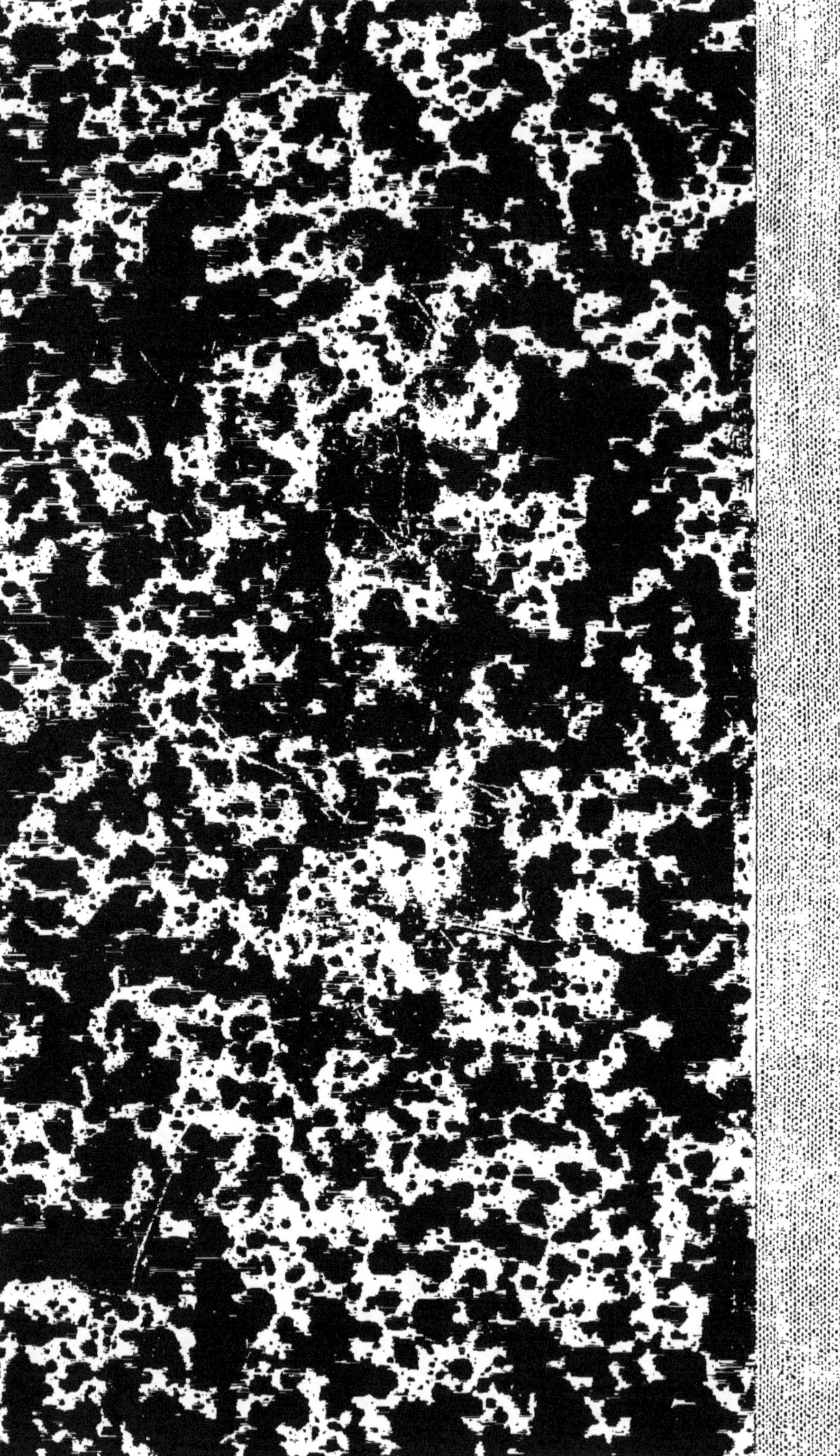